# 최신안보학

이동삼 · 송우근 공저

Security

백산출판사

# PREFACE

안보란 대내외적 위협으로부터 내재적 가치를 보존하는 것이다.

우리나라는 지형의 특성상 중국, 러시아, 일본 등의 강대국으로 둘러싸여 있고, 같은 민족이긴 하지만 적대적 정치체제를 유지하고 있는 북한과 인접해 있다.

인접해 있는 강대국들과 대한민국을 비교해 본다면, 국가의 인구나 면적으로 단순 비교해 볼 때 중국과는 30~100 : 1, 러시아와는 3~170 : 1, 일본과는 2~4 : 1 정도의 차이가 있다. 북한과 대비해서는 인구는 우리가 두 배 정도이나 면적은 북한이 조금 넓다. 미국과는 6~100 : 1의 인구와 면적 규모를 가진다. 그 덩치로 볼 때 대한민국이 안보를 유지한다는 것은 대단히 어려운 일이라 여길 수 있다.

성경에 나오는 다윗과 골리앗을 키나 몸무게로 비교해 본다면 2~4 : 1 정도가 된다. 골리앗은 역전의 장수인데다, 청동 갑옷과 투구를 비롯하여 발끝부터 머리까지 청동 장비로 중무장 하고 나왔는데 비해, 다윗은 맨몸으로 목동 작대기와 돌맹이 하나로 대적을 하였으니 그 전투력을 현대적 개념으로 비교한다면 몇 백대, 몇 천대 1이라고 해도 과언이 아닐 것이다.

다윗이 덩치의 절대적인 약세에도 불구하고 전쟁을 승리로 이끈 데는 외형적인 규모를 극복할 수 있는 그 무엇이 있었기 때문이라는 것을 우리는 잘 알고 있다.

아마도 나라를 구해야 한다는 신념과 이길 수 있다는 믿음, 그리고 평소 목동으로서 양떼를 들짐승으로부터 지키기 위한 돌팔매 기술에 대한 자신감 등이었을 것이다.

그래서 안보의 본질은 무엇이며 안보를 유지하기 위한 방법은 무엇인가를 잘 알고, 현존하는 위협의 실체를 파악하고 적절히 대비한다면 우리는 외형적인 약세에도 불구하고 다윗이 골리앗을 대적하여 소중한 가치를 지켜냈던 것처럼 우리가 추구하는 소중한 가치들을 보존할 수 있을 것이다.

흔히 안보의 정의와 개념이라고 통칭하는 안보의 본질에 대한 평가는 학자들마다 논리 있는 주장들이 있으나, 국가안보(national security)의 사전적 의미는 국가안전보장의 준말로 걱정, 근심, 불안이 없는 국가 상태라는 의미를 갖는다.

국방대학교에서는 "국가안보란, 군사 · 비군사에 걸친 국내외로부터 기인하는 각종 각양의 위협으로부터 국가목표를 달성하는데 있어서 추구하는 제 가치를 보전 · 향상시키기 위해서 정치 · 외교 · 사회 · 문화 · 경제 · 군사 · 과학기술에 있어서의 제 정책체계를 종합적으로 운용함으로써 기존의 위협을 효과적으로 배제하고, 또한 일어날 수 있는 위협의 발생을 미연에 방지하며 나아가 발생한 불의의 사태에 적절히 대비하는 것"이라고 정의한다.

미국의 유명한 『사회과학 백과사전』에는 "내적 또는 외적인 위협으로부터 내재적 가치를 보존하는 것"(To keep internal value from external and internal threats)으로 정의하고 있다.

냉전이 종식되면서 기존 국가 간의 대규모 군사력을 동원한 침략전쟁과 같은 전통적 안보위협은 상대적으로 줄어든 반면, 범세계적인 조직범죄나 마약, 환경파괴와 같은 초국가적 위협이 안보의 핵심주제로 부상하였다. 그리고 도시화로 인한 인구집중 및 산업화로 인한 과학기술의 발달로 재난발생시 피해규모가 엄청나게 커지고, 쓰나미와 같은 자연재해 발생 시에는 전쟁 못지않게 대량의 인명피해를 유발시키고 있다.

2001년 미국에서 발생한 9 · 11테러는 일시에 도시 한가운데에서 3천여 명의 목숨을 앗아간 대참사로서, 불특정 다수에 대한 무차별적인 테러가 새로운 안보의 위협으로 등장케 하였다. 또한 최근 이라크의 사담 후세인 정권 몰락이나 리비아 카다피의 42년 독재정권 종식 등의 사태에서 보는 바와 같이 내부적 갈등고조나 내란 등도 또다른 유형의 안보위협으로 부상하고 있다.

현대의 안보는 포괄적 안보라고 하는데, 전통적인 안보개념에 추가하여 테러, 재해 · 재난, 환경파괴, 새로운 전염병 등으로부터 인류의 보편적 가치를 수호하고 인간의 안전한 삶을 보호하려는 국가와 국민의 총체적 안위를 지키려는 안보개념이다. 국가안보의 영역이 전통적 안보위기 영역, 재난위기(자연재해, 인적재난) 영역, 국가 핵심기반위기 영역, 국민생활안전위기 영역을 포함하는 포괄적 안보(comprehensive security) 개념이 정착돼 가고 있는 것이다.

우리가 현재 살고 있는 이 땅에서 모든 구성원이 각자가 가진 소중한 가치들을 보존하고, 더욱 향상시킴으로써 최대 다수가 최대의 행복을 누리는 나라가 되도록 만들고 그것을 자손 대대로 물려주는 것, 그것이 안보의 시작이며 끝이라고 해도 과언이 아닐 것이다.

본서는 장차 군의 간성이 되고자 하는 학생들을 주 대상으로 하고, 일반인들도 쉽게 이해할 수 있도록 국가안보에 대하여 보다 구체적으로 논의해 볼 수 있는 내용 위주로 정리하였다.

먼저 인간의 본성과 이데올로기 및 국가론에 대하여 소개를 하고, 안보의 정의와 개념 및 개념의 변천에 대하여 정리하였다. 그리고 안보를 유지하기 위한 여러 가지 방법을 같이 연구해 본 후에 우리 대한민국의 안보환경과 대한민국 안보에 절대적인 영향을 미치고 있는 미국의 안보정책과 한미동맹에 대하여 간단히 설명하였다. 그리고 대한민국을 위협하고 있는 실체는 어떤 것인지 주변 강대국과 북한의 위협에 대하여 살펴본 후 우리가 지향해야 할 안보를 위한 과제에 대하여 토의해 볼 수 있도록 내용을 추가하였다.

특히 우리가 지향해야 할 안보과제에 대해서는 집단안보에 대한 대책과 분단국으로서의 특성을 고려한 최고 수준의 조치와 최저 수준의 조치에 대하여 소개하였다.

나름대로 정성을 다하였으나 부족한 부분이 많을 것으로 생각된다.

국가안보에 대한 청년세대의 인식을 고취시키고 싶은 저자의 투철한 사명감이 미흡한 부분을 대신하였으면 한다.

2012년 저자

# CONTENTS

## 제2부 국가안보의 개념과 방법



## 제3부 한국의 안보환경과 안보정책

제1부

# 국가안보 연구를 위한 기초

# 제1장

# 인간본성과 사회변혁

인간의 모든 행태가 정신적 영상이나 그 확신에 크게 영향 받지 않았던 시대는 한 번도 없었으며, 그러한 것을 통해서 인간은 세계를 인지하고 판단하여 왔다. 모든 이데올로기는 특정시대의 필요와 열망에 따라 제기되었고 상이한 역사적 경험에 부응하여 다른 것들로 대치되거나 수정되어 왔다. 현존하는 제 이데올로기의 존재 이유를 해명할 수 있는 유일의 방법은 먼저 출발점에서부터 시작하는 길이며 현재까지의 변화과정을 추적해보는 일이다.[1)]

인간사회는 유사 이래 수많은 정치사상과 이데올로기를 연구하고 또 그러한 사회를 경험하면서 살아왔다. 최선이라 여겼던 이데올로기가 또다른 이데올로기의 도전을 받아 분투 끝에 새로운 이데올로기로 전환되어 전쟁이나 사회변혁이 이루어지고 변혁된 사회는 다시 변혁을 준비하는 반복의 연속이 인간사회의 본질적 요소로 자리잡고 있다. 전쟁이나 사회변혁의 시기 때마다 그 시기를 전후한 여러 가지 사정들(예컨대, 경제적인 문제나 정치적인 문제 혹은 특정계층의 이익이나 심지어 개인의 자존심에 따른 사정 등)이 공통적이든 개별적이든 존재해 온 것으로 평가되고 있다.

이와 관련하여 우리는 전쟁이나 사회변혁을 일으키는 보편적인 요인 혹은 사회변혁 때마다 나타나는 공통적인 요인은 과연 있는 것인가? 라는 의문을

1) 이홍구 역, F. M. 왓킨스, 『근대정치사상사』, 을유문화사, 1976, pp. 15~16.

갖게 되고 있다면 그 보편적 혹은 공통적 요인은 무엇일까? 하는 강한 호기심을 갖게 된다. 여기에 전쟁과 사회변혁의 공통적 혹은 보편적 요인으로서 인간의 본성을 의심해 보는 시각이 생기게 되며, 인간의 본성과 전쟁 또는 사회변혁 간에는 어떠한 관계가 있는 것인가? 전쟁과 사회변혁이 과연 인간의 본성에 의해 영향을 받는 것인가? 하는 문제가 제기된다.

따라서 본 연구[2)]에서는 제1절에서 인간의 본성에 대한 정치사상가들의 논의들을 살펴보고, 제2절에서 인간본성과 전쟁 및 사회변혁과의 관계를 분석해 봄으로써 인간의 본성이 사회변혁에 어떻게 작용하는가를 고찰하는 한편, 근대 이전의 동·서양 정치사상가들의 저술에서 나타난 각각의 주장들을 입체적으로 대비해 보기로 한다.

## 1. 인간의 보편성과 본성

### 1) 아리스토텔레스와 플라톤의 주장

아리스토텔레스는 "인간은 정치적 동물"이라고 했다. 스콜라 철학자 토마스 아퀴나스는 인간은 정치적 동물이라고 한 아리스토텔레스의 말을 옮겨 설명하면서 "인간은 본성상 정치적, 다시 말해 사회적이다(homo est naturaliter politicus, id est, socialis)"라고 했다.[3)] 정치적이라는 말과 사회적이라는 말을 동의어로 사용하기도 했다. 정치적인 것을 정의하자면, 이는 공적 영역에서 다루는 공적인 것이라고 말할 수 있다.

고대 그리스에서는 사적인 것과 구별되는 공적 영역에서 민주적 토론에 의한 정치영역이 형성되어 있었으나, 중세의 봉건적 사회구조에서는 왕을 정점으로 하는 수직적·경제적 생산관계가 곧 정치관계를 의미한 것이다. 원래

2) 본 내용은 송우근 박사의 논문 "인간본성과 사회변혁의 관계에 관한 연구"를 재인용한 내용임.
3) 김선욱, 『정치와 진리』, 책세상, 2005, p. 44.

사적 문제였던 것이 공적 영역에 들어와 공적 관심을 획득한 것을 사회적인 것이라 부른다. 이 사회적인 것의 등장과 더불어 공적인 차원에 속한 문제들에 혼돈이 발생하게 되었다.

이로써 현대에서는 사적 문제와 공적 문제의 구분이 불분명해졌고, 개인 생활에서 개인의 중요성까지도 변화되어 버렸다. 사적인 것이 공적인 영역에 들어왔다고 해서 공적인 것으로 전환되지는 않는다. 그러나 그것은 공적 영역을 사적인 것을 위해 기능하는 것으로 전환시켜 버리고, 이와 더불어 공적 영역에서만 가능한 인간의 복수성에 바탕을 둔 인간의 활동을 잠식하고 파괴하는 결과를 초래한다.

인간이 정치적 동물이라는 주장은 경제지상주의에 물든 인간성 회복을 외치는 선언이 될 수 있다. 인간은 서로 다른 가치를 추구하고 드러내면서 인간다운 삶을 살 수 있기 때문이다. 그래서 우리는 '인간은 정치적 동물'이라고 정의한다.[4]

플라톤[5]은 인간을 이원적으로 보는 견해를 제시한 바 있는데, 이 이원론에 의하면, 인간의 영혼이나 정신은 육체와는 별개로 존재하는 비물질적인 실체이다. 플라톤은 인간의 영혼이 파괴될 수 없다. 즉 영혼은 인간이 탄생하기 전에도 계속 존재해 있었고, 그가 죽은 후에도 영원히 존재한다고 주장했다. 이러한 이론들이 『국가론』에서 언급되고 있지만, 이들에 대한 그의 주요한 논의는 다른 대화들, 특히 「메노」와 「파에도」에서 나타나고 있다. 영혼의 비물질론과 불멸론은 『국가론』에서 중심적인 주제로 다루어지지는 않았지만, 형상의 세계와 인간이 지각할 수 있는 물질의 세계라는 플라톤의 대비와 자연히 관련되는 이론이다. 왜냐하면, 그는 인간에게 있어서 육체가 아니라 영혼이 형상들에 대한 지식을 얻을 수 있고 도덕의 관심이 된다고 주장했기 때문이다.

---

4) 상게서, pp. 45~59.

5) 이병길 역, Plato 저, 『국가론(Politeia)』, 박영사, 2006, 제4권.

『국가론』에서 보다 중점적으로 논의되고 있는 것은 영혼을 세 부분으로 나눈 이론이다. 가령 목이 타는 갈증을 느끼나, 물에 독이 있다는 사실을 알고 있기 때문에 손에 넣을 수 있는 물을 마시지 못하는 사람의 경우에 일어날 수 있는 정신적 갈등을 생각해 보라. 플라톤은 그 사람의 마음에 그 물을 마시도록 유혹하는 첫 번째 요소를 욕망 혹은 정욕(배고픔, 갈증 혹은 성욕 같은 모든 육체적 욕망을 뜻함)이라고 부르고, 두 번째 요소를 이성이라고 부른다. 플라톤은 인간의 마음에는 이 외에도 세 번째 요소가 존재하고 있음을 증명할 수 있다고 믿는 바, 즉 시체더미를 보고자 하는 불같은 욕망을 느끼나 그것을 보고자 하는 자신에게 혐오를 느끼는 사람의 이야기에서 예를 들고 있듯이 스스로에 대한 화나 분개의 감정이 느껴질 때 생기는 정신적 갈등의 경우가 그것이다. 그는 여기서 욕망과 갈등을 일으키는 것은 이성이 아니라 분개나 화 또는 혈기(Spirit) 등 여러 가지 명칭으로 부를 수 있는 세 번째 요소라고 주장한다. 플라톤은 어린아이들이 이성을 갖추기 훨씬 전에 혈기를 보여 준다고 생각하고 있는데, 이 혈기는 일종의 자기주장 혹은 이기심 같은 것으로서 내면적 갈등이 생길 때는 보통 이성의 편에 선다는 것이다. 이성, 혈기, 욕망은 어느 인간에게서나 나타나지만, 어떤 요소가 우세한가에 따라 각각 지식욕, 성공욕, 소유욕 등의 주된 욕망을 가진 세 가지 유형의 인간이 나타나는 것이다.

플라톤은 이 세 요소 중 어느 하나가 지배적인 요소가 되어야 한다는 데 분명한 견해를 보이고 있다. 형상들을 지적인 사유에 의해서만 인식할 수 있는 궁극적인 실제로 보는 그의 관점에서 예상할 수 있듯이 플라톤은 이성이 혈기와 욕망의 두 요소를 통제해야 한다고 생각한다. 그러나 영혼의 세 요소는 각기 따로따로 적당한 역할을 맡고 있는데, 인간에게 이상적인 조건은 이 영혼의 세 요소가 이성에 의해 통제되면서 서로 조화로운 화합을 이루는 데에 있다. 플라톤은 이와 같은 이상적인 조건을 그리스 말로 '디카이오시네(dikaiosune)'라고 기술하고 있으며, 이 말은 '정의'라는 말로 보통 번역되고 있으나 정확한 영어 번역은 어렵다. 이 말을 개인에게 적용시켜 볼 때, 개인의 '행복' 혹은 '정신건강'이라는 뜻이 플라톤이 사용한 개념을 좀더 잘 전달해 줄 것이다. 그의 스승인 소크라테스와 그 이후의 많은 그리스철학과 마찬가지로, 플라톤은 지적인 사유 곧 지식을 강조하고 있다. 그의 이와 같은 강조는 동시에 바로 도덕에 대한 강조가 된다. 왜냐하면, 이는 철학자는 어떻게 사는 것이 바람직한가 하는 덕의 문제가 지식과 도덕이 각기 달리 의견을 제시해 줄 수 있는 문제라기보다 곧바로 인간 지식에 대한 문제라고 보고 있기 때문이다. 어떻게 살아야만 하는가를 말해 줄 수 있는 진리의 문제에 있어서도 이 진리는 우리의 지적 사유에 의해서 변하지 않는 완전무결한 비물질적인 형상들을 알게 될 때 인식될 수 있는 것이다.

플라톤은 인간의 본질에 관한 이론에 있어서 마지막 주요 특징은 우리 인간이 근원적으로 사회적인 존재라는 지적이다. 각 개인은 자급자족할 수가 없다. 왜냐하면, 각 개인은 혼자 힘으로는 마련할 수 없는 마련할 수 없는 필요한 것들이 많기 때문이다. '의-식-주'와 같은 물질적인 필수품의 경우만 보더라도 인간은 완전히 다른 사람의 힘을 빌리지 않고 혼자서 이러한 모든 것을 마련할 수는 거의 없다. 이러한 인간이 대부분의 시간을 생존하기 위한 싸움에 소비해 버리고 만다면 친교나 놀이, 학문과 같은 특수한 인간적인 활동을 할 여지는 거의 갖지 못하게 될 것이다. 그러나 분명한 사실은 개개인은 각각 다른 적성과 관심을 가지고 있다. 따라서 농부와 기능공, 군인과 행정가들이 있게 되는데, 그들은 각각 한 종류의 일에 전문가가 되게끔 천성과 교육과 경험에 의해서 적합한 직업을 갖게 되는 것이다. 이러한 분업은 직업을 택하는데 있어서 다소 비현실주의적인 양자택일보다 더욱더 효과적이다. 플라톤에 의하면(물론 전형적인 그리스인의 관점이기도 하다) 사회생활을 한다는 것은 인간의 자연스러운 현상으로서, 인간 이외 어떤 것도 인간보다 더 자연스럽게 사회생활을 영위할 수 없는 것이다.[6]

---

6) 임철규 역, Leslie Stevenson 저, *Seven Theories of Human Nature*, Oxford University Press, 1974. pp. 38~40.

## 2) 기독교 교리와 마르크스 및 니체의 주장[7)]

인간에 대한 기독교의 교리는 인간을 우주 안에서 특별한 위치를 차지하게끔 이 인간을 창조한 하느님과의 관계 속에서 관찰하고 있다. 인간의 본질에 대한 기독교적 인식에 있어서 가장 중요한 점은 자유의 개념과 바로 하느님의 실체인 사랑을 실현할 수 있는 능력이다. 이 사랑(그리스어로는 아가페(agape))은 단순히 어떤 종류의 인간적인 애정과 동일시되어서는 안 되는 것으로서, 그 본질에 있어서 궁극적으로 신성한 것이며 하느님에 의해서만 주어질 수 있는 것이다.

마르크스의 인간 개념에서 가장 독특한 관점은 우리의 본성이 본질적으로 사회적, 즉 "인간의 진정한 본질은 사회적 관계의 총체성"이라는 관점이다. 먹어야 할 필요성 같은 뚜렷한 몇몇 생물학적인 사실 말고는 마르크스는 개인적인 인간의 본질 같은 것은 없다고 이야기하는 경향이 있다. 즉 한 사회 혹은 한 시대에 인간들에게 적용되는 것이(심지어 보편적으로 적용되는 것이) 다른 장소 혹은 다른 시대의 인간들에게 적용되는 것은 아니라는 것이다. 한 인간이 무엇을 하든 그것은 본질적으로 사회적인 행동으로, 그 행동은 어떤 형식이든 간에 그와 관련을 맺고 있는 다른 사람들의 존재를 전제로 하고 있다는 것이다. 우리가 먹고, 자라고, 성교를 하고, 배설하는 방식조차도 사회적으로 습득된 것이다. 이와 같은 사실은 무엇보다도 모든 생산활동에 적용되는데, 왜냐하면 생업에 필요한 도구의 생산은 어떤 방식이든 간에 인간의 협동을 요구하고 있다는 점에서 전형적인 사회적 활동이기 때문이라는 것이다. 이 말은 사회가 개인에게 영향을 주는 하나의 추상적인 실체라는 것이 아니라, 그 개인이 어떤 종류의 개인이며, 어떤 종류의 일을 행하고 있는가를 그가 살고 있는 사회가 어떤 성격의 사회인가에 의해서 결정된다는 뜻이다.

한 사회에서 본능적인 것으로 보여지는 것, 예를 들어 여자의 어떤 역할이

---

7) 임철규 역, Leslie Stevenson 저, *Seven Theories of Human Nature*, Oxford University Press, 1974. pp. 59~60, pp. 82~84.

다른 사회에서는 전혀 다른 것일 수도 있다. 마르크스의 대표적인 '잠언'을 보자. "인간의 의식이 그들의 존재를 결정하는 것이 아니라, 그 반대로 사회적 존재가 그들의 의식을 결정한다." 현대 용어로 말하면, 이 결정적인 요점을 이렇게 요약할 수 있다. "사회학은 심리학으로 환원될 수 없다. 즉 개인에 관계되는 사실만 가지고 인간에 대한 모든 것이 설명될 수 없으며, 그들이 살고 있는 사회의 성격 역시 고려되어야 하는 것이다." 이 방법론적인 논점이 마르크스의 가장 뛰어난 공헌 중의 하나이며 가장 광범위하게 받아들여지고 있는 것 중의 하나이다. 이 이유 하나만으로도 그는 사회학을 창시한 시조 중의 한 사람으로 인정되어야 한다. 그리고 이 방법은 물론 마르크스가 정치학과 경제학에 관해 도달한 특정한 결론에 우리가 동의하건 안하건 간에 받아들여질 수 있는 것이다.

그러나 마르크스에게도 인간의 본질에 대해서 규정했음직한 보편적인 개념이 적어도 하나는 있는 것 같다. 그 개념은 인간은 활동적인, 생산적 존재로서, 생업에 필요한 도구를 생산하는 사실로 해서 다른 동물과 구별된다는 것이다. 인간에게 있어서 자신의 생계를 위해서 일한다는 것은 자연스러운 일이다. 이와 같은 사실에는 경험적인 진리가 있는 것이 틀림없지만, 마르크스는 또한 이 사실로부터 가치 판단을 끌어내고 있다. 즉 인간에게 있어서 올바른 종류의 생활이란 것이다. 이런 입장은 소외를 산업노동에 있어서의 성취의 결핍으로 보는 그의 진단 속에, 그리고 모든 사람이 어느 방향에서도 자신의 재능을 자유롭게 계발할 수 있는 미래의 공산주의 사회에 대한 처방 속에도 함축되어 있는 것이다. 마르크스가 휴머니스트로 불려져 왔던 것은 그의 초기 저서 속에 드러난 이 논점 때문임에 틀림없다.

니체는 "우리는 더 이상 금욕적 이상에 근거한 의지(willing)가 무엇으로 표현되는지 숨길 수 없다 : 인간적인 것, 나아가 동물적인 것, 그리고 더 나아가 물질적인 것에 대한 혐오, 감각과 이성 자체에 대한 공포, 행복과 아름다움에 대한 두려움, 그리고 일절의 현상과 변화, 생성, 죽음, 희망으로부터 탈피하려는 갈망(渴望), 그리고 결국에는 이러한 갈망 자체로부터도 탈피하려는 갈망, 이 모든 것이 의미하는 바는 (과감히 말하자면)無에의 의지(a will to nothingness), 즉 삶에 대한 혐오이자 삶의 가장 근본적인 전제들에 대한 반항인 것이다. 그러나 그것은 여전히 하나의 의지(will)임에는 틀림없다. ……여기에서 결론으로 서두에 말한 것을 되풀이 하자면, 인간은 의지하지 않기(not will)보다는 무(nothingness)를 의지할 것이다"[8]라고 하였다.

### 3) 프로이트 및 스키너와 로렌츠의 인간본성에 관한 주장[9]

프로이트의 기초 개념들을 네 개의 주요 항목 밑에 요약하고자 한다. 첫째는 정신영역에 있어서 결정론(모든 사건은 그에 앞선 충분한 원인이 있다는)의 엄격한 적용이다. 예전에는 한 사람을 이해하는 데 아무런 중요성이 없다고 생각되었던 것들, 즉 실언이나 잘못된 행동, 그리고 꿈과 같은 것들이 프로이트는 한 사람의 정신 속의 숨은 원인들에 의해 결정된다고 생각했다.

두 번째의 주요 논점인 무의식적인 정신 상태에 대한 가정은 첫 번째 논점에서 생겨난다. 그러나 우리는 이 무의식의 개념을 정확히 이해하도록 조심해야 한다. 우리가 계속해서 의식하지 않더라도(다행스럽게도!) 언제든 필요할 때마다 불러낼 수 있는, 예를 들어 어떤 특정한 사실이나 사건에 대한 기억과 같은 정신적 실체가 많이 존재한다.

세 번째 주요한 특징은 그의 본능 혹은 '충동'에 대한 이론-혹은 이론들이다. 왜 이론 혹은 이론들이라고 말하는가 하면, 이 본능론이 그의 저술에서 가장 다양성 있는 부문 중의 하나이기 때문이다. 본능은 정신적 장치에서 동인이 되는 것이며, 우리 정신 속의 모든 '에너지'는 이 본능에서만 나온다.

네 번째, 개개 인간의 성격에 대한 발생적 혹은 역사적 이론이다. 이는 성

---

8) Friedrich Nietzsche, On the Genealogy of Morals, trans. Walter Kaufmann and R. J. Hollingdale, together with Ecce Hom(New York : Random House, 1967), Preface, S. 28.
9) 임철규 역, Leslie Stevenson 저, *Seven Theories of Human Nature*, Oxford University Press, 1974. pp. 97~102, p. 125, p. 148, pp. 169~170.

격은 꼭 유전적 기질만이 아니라 경험에도 의존한다는 자명한 공리를 이야기하는 것이 아니다. 프로이트는 특정한 충격적 경험은, 겉으로는 잊어버린 것 같아도 한 사람의 정신적 건강에 계속적인 해독을 미친다고 하는 브로이어의 발견으로부터 출발했다. 그리고 프로이트의 정신분석의 원숙한 이론은 이 사실로부터 귀납적 결론을 내리고, 어른의 성격에 있어서 유아기와 소년시절 초기 경험의 절대적 중요성을 강조했다.

스키너가 가정한 것은, 유기체 내부의 생리학적 상태들은 단지 그 유기체의 행동에 끼치는 그 환경(유기체의 과거와 현재)의 영향을 중재할 뿐이라는 것이다. 그러므로 그는, 심리학은 환경의 영향을 직접 행동과 연결시켜 주는 법칙에 그 관심을 한정시켜야 한다고 생각한다. 여기에는 가정이 두 가지로 분리될 수 있다. 첫째는, 인간행동은 어떤 종류의 과학법칙에 의해서 지배된다는 것이다. 즉 "우리가 인간생활에서 생기는 이러저러한 일에 과학의 방법을 이용하고자 한다면, 우리는 행동이 법칙에 지배되며 또한 결정되어진다는 것을 가정해야만 한다." 두 번째는, 이러한 법칙들이 환경적 요소들과 인간행동 사이에 인과적 관계를 밝혀 준다는 것이다. 즉 "우리의 독립적 변수들(행동의 원인들)은 외부적 조건들로서, 행동은 그 외부적 조건들과 함수관계를 이룬다는 것이다."

로렌츠는 인간을 다른 동물들로부터 진화된 동물의 하나로 본다. 우리의 실체와 그 생리가 현저하게 다른 동물들과의 연속성을 보여 주고 있는 것처럼, 로렌츠는 우리의 행동 양태들도 기본적으로는 동물과 유사한 것이라고 예견한다. 우리 자신을 동물과 본질적으로 다른 것으로 생각하는 것은, 자유의지의 이름이든 다른 무엇 때문이든, 하나의 환상이다. 우리의 행동은 모든 동물의 행동과 똑같은 자연의 인과법칙에 종속되고 있으며, 우리가 이 사실을 인식하지 않는 한 사태는 우리에게 나쁘게만 되어갈 것이다. 물론, 우리는 여타의 동물 세계와 정도에 있어서 다르며, 우리는 진화에 의해서 이만큼까지 오게 된 지상 최고의 성취 결과이다. 우리의 행동을 원인적으로 설명한다는 것은 반드시 우리의 '존엄성(dignity)' 혹은 '가치(value)'를 폐기하는 것은 아니며, 한편 우리가 자유롭지 않다는 것을 보여주는 것도 아니다. 왜냐하면, 우리 자신에 대한 지식이 차츰 증가됨에 따라 우리 자신을 통제할 수 있는 힘도 증가되기 때문이다. 로렌츠는 이러한 철학적 물음들을 아주 깊이까지 진전시키지는 않았지만, 그는 자신이 스키너보다는 그 문제들에 대해서 훨씬 더 민감하다는 것을 보여 주고 있다.

인간 본질에 대한 로렌츠의 견해에서 결정적인 포인트는 다른 많은 동물들과 마찬가지로, 우리는 우리 자신의 종족을 향해 공격적인 행동을 하는 생득적 충동을 가지고 있다는 이론이다. 그는 이 사실만이 왜 갈등과 전쟁이 인간 역사를 통해 일어나고 있으며, 이성적인 존재들이 왜 끊임없이 비이성적인 행동을 하는가에 대해 설명을 할 수 있다고 생각한다. 그는 프로이트의 죽음의 본능이론도 인간 본질에 관한 동일한 기본적인 사실에 대한 해석이라고 말한다. 로렌츠는 우리의 생득적 공격성에 대해서, 그리고 그 유별난 집단적인 공격성(왜냐하면, 대부분의 파괴적 싸움)은 개인 설명을 하려 한다. 그는 우리 조상들의 어떤 진화 단계에서 그들이 인간 외적인 환경의 위험을 다소 극복하게 되었을 때, 비로소 주요한 위험은 다른 인간의 무리로부터 오게 되었다고 생각한다. 그러므로 이웃한 적대적 종족들 간의 경쟁은 자연 도태에 있어 주요한 요소가 되었으며, 따라서 '전사의 용맹(warrior virtue)'에 잔존가치가 있게 되었다(자연도태는 종뿐만 아니라 문화의 진화도 결정할 수 있다). 선사시대일 것이라고 가정되는 이 단계에서는 다른 무리들과 싸우기 위해서 가장 잘 뭉친 무리들이 가장 오래 잔존하는 경향이 있었다. 이런 사실에 의해서 로렌츠는 인간무리가 흥분하여 공격적이 되고 모든 이성과 도덕적 절제를 잃게 되는 말하자면, 그가 '호전적 열광(militant enthusiasm)'이라고 일컫는 그런 경향을 왜 갖게 되었는가를 설명한다. 이 호전적 열광은 우리의 선사시대의 조상들의 집단적 방어본능으로부터 진화해 온 것이다.

### 4) 밀과 홉스 및 사르트르의 주장

존 스튜어트 밀은 "인간은 자신이 소중히 여기는 것과 대립되는 것에 대해서는 쉽사리 관용을 베풀지 못하는 천성을 타고났다"[10]고 지적한 바 있다.

홉스는 자연적 욕구(natural appetite)와 자연적 이성(natural reason)을 두 가지의 가장 자명한 인성의 기본적 전제로 제시하고 있다. 인성의 과학적 설명을 기도하고 있는 홉스는 우선 자연적 욕구에 대하여 사람의 감각기능(sensuousness)에 뿌리를 두고 있는 것으로 설명하며, 이를 동물과 공유하고 있는 인간의 속성, 즉 인간의 동물적 본성으로 규정하고 있다. 자연적 욕구는 외계의 사물에 반응하면서 욕망(desires)과 배척(aversion)의 작용을 낳음으로써 인간을 다른 동물과 마찬가지로 끊임없는 운동 상태로 몰아넣는다. 홉스는 이와 같은 기계론적 기능(mechanistic conception)에 의해서만이 어떠한 도덕적 편향성도 배제된 과학적 설명이 가능하다고 믿었다.[11]

사르트르의 주장은 인간의 자유에 관한 것이다. 그의 견해로는 우리는 "자유롭도록 저주받은" 것이다. 우리가 자유롭기를 그만 둘 자유가 없다는 것을 제외하면, 우리의 자유에는 한계가 없다는 것을 강조한 것이다.

### 5) 동양사상에서의 인간본성에 관한 주장

순자는 "사람의 본성은 악한 것"[12]으로 보았다.

맹자는 "사람들은 모두 '남에게 차마 어쩌지 못하는 마음'을 가지고 있다. 남을 불쌍하게 여기는 마음이 없으면 사람이 아니고, 불의를 부끄러워하고 미워하는 마음이 없으면 사람이 아니고, 겸손하고 양보하는 마음이 없으면 사람이 아니며, 옳고 그름을 판단하는 마음이 없으면 사람이 아니다. 측은지심은 인(仁)의 단서요, 수오지심은 의(義)의 단서요, 사양지심은 예(禮)의 단

---

10) John Stuart Mill, 『자유론(On Liberty)』, 책세상, 2006, p. 28.
11) 김영국 외, 『Leo Strauss의 정치철학』, (서울대학교출판부 : 1996), 243쪽에서 재인용.
12) 안외순 옮김, 『순자』, 책세상, 2006, p. 113.

서요, 시비지심은 지(智)의 단서다. 사단(四端)을 가지고 있으면서도 스스로 인의를 행할 수 없다고 말하는 자는 자신을 해치는 자요, 자기 군주가 인의를 행할 수 없다고 말하는 자는 군주를 해치는 자이다"라고 하였다.

### 6) 소결론

"인간은 정치적 동물"이라고 아리스토텔레스가 2,300여 년 전 언급한 이래 이에 대한 많은 논란이 있어 왔다. 논의의 결과가 어찌되었던 인간이 정치적 혹은 사회적 동물이라고 할 때, 그것은 특수한 개인이나 단체에 한한 것이 아니라 인간의 보편성에 관한 것으로 간주될 수 있을 것이다.

아리스토텔레스가 인간을 정치적인 동물로 보았다면, 플라톤과 마르크스는 인간의 사회적 측면을 강조하고 있다.

사회적 문제와 정치적 문제는 서로 다른 문제로 사안별로 구분되는 것이기보다는 공적 영역에서 다루어지는 문제가 갖는 두 측면으로 이해되어야 할 것이다. 올바른 척도가 있어 이를 기준으로 답을 끌어내는 부분이 사회적인 것이고, 이와는 달리 개성과 인간의 복수성이 드러나는 부분이 정치적인 것이다. 이 양자는 서로 밀접히 연결되어 있지만 뗄 수 없을 만큼 뒤얽혀 있는 것은 아니다. 양자의 특성이 전적으로 다르기 때문에 서로 분리해 구별해야 하고, 정치적인 것은 정치적으로 다루어야 한다. 인간이 사회적 동물인가 정치적 동물인가를 묻는 물음이 중요한 것은 소극적으로는 정치적 관심이 사회적 관심에 압도되지 않아야 한다는 의식에서이고, 적극적으로는 사회적 관심 위에 정치적 관심을 놓아야 한다는 의식에서이다.[13)]

인간의 본질에 대한 기독교적 인식에 있어서 가장 중요한 점은 자유의 개념과 하느님의 실체인 사랑을 실현할 수 있는 능력이라고 하였고, 프로이트는 정신적 본능과 환경적 경험의 중요성을 강조하였으며, 스키너는 인간의

13) 김선욱, 『정치와 진리』, 책세상, 2005, pp. 57~58.

행동이 그 외부적 조건들과 함수관계를 이룬다고 하였다.

밀과 사르트르는 개인의 자유의지를, 니체는 권력에의 의지를 인간본성의 주제어로 설명하고 있고, 로렌츠는 자신의 종족을 향한 인간의 공격성을, 홉스는 자연적 욕구와 자연적 이성 사이의 상호작용으로 인간본성을 설명하고 있다. 순자와 맹자를 중심으로 한 동양사상에서도 인간의 본성이 악하거나 이를 제어하려는 선한 마음들이 있다는 것으로 요약될 수 있다.

위에서 살펴본 바와 같이 인간의 본성은 충동적이고 자기중심적이며 개인의 무한한 자유를 갈망하고 사회적 존재로서 기본적으로 권력에의 의지가 있는 것으로 요약된다. 그러면서도 이러한 본능적 본성을 제어하고자 하는 정신적 측면의 요소, 즉 이성적이거나 금욕적 혹은 타인의 자유를 존중하고자 하는 본성도 있는 것으로 평가된다. 이러한 본성은 정치적 또는 사회적 유기체로서의 역할에서 부정적이거나 긍정적인 형태로 작동한다고 볼 수 있다.

## 2. 인간본성과 사회변혁과의 관계

### 1) 아리스토텔레스와 플라톤의 주장

플라톤은 "국제에 다음 가는 것이 과두제이며 이것은 재산평가에 의존하는 통치체제로 여기서는 부자만이 권력을 쥐고 가난한 자는 이것이 박탈되어 있는"[14] 것으로 보고, "국가 내에 약점이 있을 때에는 민주적 동맹군을 불러들이게 되어 내란이 일어나며, 가난한 자들이 그들의 적을 정복하여 어떤 자들은 죽이고 추방하며, 그 나머지에게는 평등한 자유와 권력을 나누어줌으로써 민주제가 발생, 행정관들이 추첨제로 선출되어 통치한다"고 하였으며, "민주제의 관용성, 사소한 것들에 대한 무관심, 우리가 국가를 일으켜 세우는 데 있어 소중하게 설정하였던 훌륭한 원칙들에 대한 멸시… 아주 비범한 자질을

14) 이병길 역, Plato 저, 『국가론(Politeia)』, 박영사, 2006, pp. 339~360.

가지고 태어난 자를 제외하고는 어릴 때부터 훌륭한 일들 속에 싸여서 놀고 이것들로 약을 삼고 배우고 하지 않고서는 훌륭한 사람이 될 수 없는 것인데… 민주제는 우리들의 좋은 생각을 짓밟고 정치가로 되기 위해 종사할 일에 대해서 돌아보지도 않으며 인민의 친구라고 명명만 한다면 누구이건 상관할 것 없이 명예를 주어 떠받들게 되며… 민주제는 다양하고 무질서하며 평등한 자들에게나 평등하지 않은 자들에게나 한결같이 일종의 평등을 베푼다"고 하였다.

"이러한 사회 상태에서는 선생들이 제자들을 두려워하여 아부하고, 제자는 제자대로 그의 선생들을 멸시하며, 노유(老幼)가 한결같이 같고 젊은 것이 나이 먹은 자의 행세를 하고, 아들과 더불어 말에 있어서나 행동에 있어서 맞서려고 하며, 나이 먹은 자는 젊은 것들과 어울려 노소동락하고 완고하고 권위를 지니는 같이 남이 생각하는 것을 두려워하여 일부러 젊은이들을 모방하고… 지나친 자유는 국가에 있어서나 개인에 있어서나 지나친 노예상태로 전락할 뿐이며 이에 따라 민주제가 참주제로 전환되며, 특히 가장 극심한 자유의 형태에서 악화된 참주제와 노예제의 형태가 발생한다"고도 하였다.

아리스토텔레스는 "정치에 있어서 그들의 참여권이 그들이 가지고 있는 선입관과 일치하지 않는다고 생각되는 경우에 언제든지 반란을 일으키게 되는 것이며…, 두 가지 종류의 변혁이 정체에 일어나며 현존하고 있는 것으로부터 다른 어떤 것으로 변전케 하고자 할 때와 정치구조 그 자체에는 영향을 미치지 않는 것으로서 가령 정체를 동요하지는 않고 과두정치이든 군주정치이든 혹은 어떠한 것이든 간에 그 관리를 그들 자신이 장악하고자 할 때 일어나는 것이다. 열등한 자들은 평등한 사람이 되고자 반란을 일으키고, 평등한 사람들은 우월자가 되기 위해 반란을 일으킨다. …혁명을 일으키는 동기는 이득과 명예에 대한 욕구 또는 불명예와 손실에 대한 공포이며, 혁명을 일으키는 사람들은 그들 자신을 위해서도 또는 그들의 친구들을 위해서도 처벌이나 불명예를 회피하고자 하는 것이다. 그 외에는 교만, 공포, 과도한 지배, 모멸, 국가의 어느 한 부분의 불균형한 세력의 확대 등의 원인이 있으며 또 한 종류의 원인으로서는 선거음모, 부주의, 사소한 일에 대한 등한, 각 성분의 부동성 등이 있는 것이다"[15]라고 하였다.

### 2) 마키아벨리와 니체의 주장

마키아벨리는 "우리 시대에 위대한 업적을 성취한 군주는 자신의 약속을 별로 중시하지 않고 오히려 인간을 혼동시키는 데에 능숙한 인물들이라는 것을 알 수 있다. 군주는 동물로서 그리고 인간으로서 싸워야 한다. 군주는 모름지기 인간에게 합당한 방도를 사용할 뿐만 아니라 짐승을 모방하는 방법도 알아야 한다. 현명한 군주는 신의를 지키는 것이 그에게 불리하게 작용할 때 그리고 약속을 맺은 이유가 더 이상 존재하지 않을 때, 약속을 지킬 수 없으며 지켜서도 안 된다. 필요하다면 군주는 전통적인 윤리를 포기할 태세가 되어 있어야 한다.

군주는 상기한 모든 성품을 실제 구비할 필요는 없지만, 구비한 것처럼 보이는 것은 반드시 필요하다. 가급적이면 올바른 행동으로부터 벗어나지 말아야 하겠지만 필요하다면 비행을 저지를 수 있어야 한다"[16]고 하였고, "전쟁은 군주의 직업이다. 군주는 전쟁, 전술 및 훈련을 제외하고는 그 밖의 다른 어떤 일이든 목표로 삼거나 관심을 가져서는 안 되며, 또 몰두해서도 안 된다. 어떠한 기예는 세습적인 군주로 하여금 그 지위를 보존하게 하고, 종종 일개 시민을 군주로 만들 만큼 효과적인 것이다. 무력을 갖추지 못한 군주는 경멸을 받는다. 군사업무에 정통하지 않은 군주는 자신의 병사들로부터 존경받지 못하며, 그 역시 그들을 신뢰할 수 없다. 이런 이유로 군주는 항상 군사에 관심을 가져야 하며 평화 시에도 전시보다 더 관심을 가져야 한다. 이를 실천하는 데에는 두 가지 방법이 있는데, 그 하나는 훈련을 하는 것이고, 다른 하나

15) 이병길 외 역, 아리스토텔레스 저, 『정치학』, 박영사, 2006. pp. 186~190.
16) 강정인 외 역, 니콜로 마키아벨리 저, 『군주론』, 까치글방, 2006, pp. 123~125.

는 연구를 하는 것이다"[17]라고 하기도 했다.

근대 철학자 니체에 대해 20세기 대표적 정치철학자로 평가받는 레오 스트라우스는 "근대 철학자 중 자연(nature)의 복귀를 주창함으로써 근대성의 극복 가능성을 제시한 철학자로 평가한다. 권력에의 의지(the will to power)의 최상의 표현으로서 인간의 '자연화(Vernaturlichung)'는 새로운 가치창조의 행위이며, 이는 자연에 대항하여 인위적 가치와 지식의 절대성을 확보하려는 근대성을 극복하기 위한 시도"라고 평가한 바 있는데, 스트라우스는 니체의 진리관을 이원적으로 해석하였다. "진리는 특히 도덕과 관련된 경우 인간이 만들어낸 산물이다. 도덕적 관점에서 볼 때 자연은 혼돈과 무질서를 의미한다. 이러한 자연에 질서를 부여하려는 '권력에의 의지'의 한 표현이 도덕적 진리의 창조이며, 이는 이데올로기나 허구(虛構)로서 '자연에 대한 전제(tyranny against nature)'에 기반하는 것이다. 요컨대, 질서와 진리는 인간의 창조적 행위, 즉 권력에의 의지에서 기원되는 것이다"[18]라고 평가하기도 했다.

### 3) 홉스와 밀의 주장

토마스 홉스는 "정치 · 사회적 영역에서 가장 크게 작용하는 인간본성은 허욕(vanity)과 공포(fear)이다. 허욕은 삶의 보존과 자기이익의 증진을 위해서 누구에 대해 어떠한 것도 행하고자 하는 욕구이며 공포는 생명과 이익을 위협하는 혐오감이나 이를 회피하려는 태도"라고 하였으며, "만인에 의한 투쟁의 관점에서 개인의 생명보존을 위해 저항할 수 있다"[19]고 한 바 있다.

자연 상태에 대한 분석을 통해서 정치질서의 가능성과 불가피성을 논증하는 방식으로 그의 정치철학을 전개해 간다. 자연 상태는 모든 구성원들의 행동을 규제하는 공동의 권위체의 수립 없이 살아가는 상태이다. 홉스는 인간

17) 강정인 외 역, 니콜로 마키아벨리 저, 『군주론』, 까치글방, 2006, pp. 102~103.
18) 김영국 외, 『Leo Strauss의 정치철학』, (서울대학교출판부, 1996), pp. 326~333.
19) 김영국 외, 『Leo Strauss의 정치철학』, (서울대학교출판부, 1996), p. 236에서 재인용.

의 정념에 대한 분석에서 자연 상태의 본질을 연역한다. 홉스의 설명에 의하면, 능력 면에서 대체적으로 평등관계에 놓여 있는 인간은 허욕의 지배를 받아 움직이기 때문에 치열한 경쟁관계에 빠지게 된다. 허욕이 지배하는 인간들 사이의 평등관계는 곧 서로가 서로에 대해 치명적 손실을 가할 수 있는 평등한 능력(equal ability to kill each other)을 가지고 있음을 의미한다. 사람들의 가장 중요한 관심사가 삶의 보존이기 때문에 평등한 삶의 능력은 중요한 관건으로 등장한다. 또한 삶의 보존에 대한 관심은 죽음의 공포라는 강력한 정념을 불러일으킨다. 홉스는 죽음의 공포가 사람들로 하여금 평화를 지향하도록 하는 행동을 불러일으킨다고 본다. 자연적 권리를 일절 양도하는 사회계약체제는 이러한 맥락에서 승인된다.

홉스의 사회계약은 각자가 가진 자연적 권리의 상호 포기를 공개적으로 서로 확인하고 다짐하는 정치적 절차이다. 계약을 통해서 사람들은 상대방이 기꺼이 그러는 한 자신의 모든 것에 대한 권리를 내놓아야 한다. 동시에 자신에 대하여 타인에게 허용하는 것만큼만 자신이 타인에 대해 가지게 되는 자유에 만족해야 한다. 이러한 의미에서 홉스의 사회계약이론은 철저한 호혜성(互惠性, reciprocity)의 원칙에 입각해 있음을 알 수 있다.[20]

밀은 그의 저서 『자유론』에서 인간이 개인적 자유에 기반을 두고 사회가 개인을 상대로 정당하게 행사할 수 있는 권력의 성질과 그 한계를 제시하면서 사회변혁에 관련된 생각의 일단을 보여주고 있는데 "권력을 제한하는 방법에는 두 가지가 있다. 첫째, 정치적 자유 또는 권리라고 하는 어떤 불가침 영역을 설정하고 권력자가 이를 침범하면 의무를 위반한 것으로 간주해서 피지배자들의 국지적 저항이나 전면적 반란을 정당한 것으로 인정한다. 둘째, 좀더 시간이 흐른 뒤에 통용된 것이지만, 국가가 중요한 결정을 내릴 때 구성원 또는 그들의 이익을 대표하는 기관의 동의를 얻도록 헌법으로 규정한다.

권력이 지배자 손에 집중되어 있고 또 그들이 행사하기 편리한 형태를 띠

20) 상게서, p. 237.

고 있기는 하지만, 그것은 사실상 인민의 권력인 것이다. 권력을 행사하는 '인민'은 그 권력이 행사되는 대상과 늘 같은 것은 아니다. '자치'라고 말하지만, 실제로는 각자가 스스로를 지배하기보다, 각자가 자기 이외 나머지 사람들의 지배를 받는 정치체제가 되고 있다. 게다가 인민의 의지라는 것도 엄밀히 말하면, 가장 많은 수를 차지하는 사람들 또는 인민들 가운데 가장 활동적인 일부 사람들, 다시 말해 다수파 또는 자신을 다수파로 받아들이도록 만드는 사람들의 의지를 뜻한다.

정치영역에서 '다수의 횡포'는 온 사회가 경계하지 않으면 안 될 큰 해악 가운데 하나로 분명히 인식되고 있다. 사회가 그릇된 목표를 위해 또는 관여해서는 안 될 일을 위해 권력을 휘두를 때, 그 횡포는 다른 어떤 형태의 정치적 탄압보다 훨씬 더 가공할 만한 것이 된다. 정치적 탄압을 가하는 사람들과는 달리 웬만해서는 극형을 내리지 않는 대신, 개인의 사사로운 삶 구석구석에 침투해 마침내 그 영혼까지 통제하면서 도저히 빠져나갈 틈을 주지 않기 때문이다.

사회는 이런 방법을 통해 다수의 삶의 방식과 일치하지 않는 그 어떤 개별성도 발전하지 못하도록 방해한다. 그러나 분명히 강조하지만, 집단의 생각이나 의사가 일정한 한계를 넘어 개인의 독립성에 함부로 관여하거나 간섭해서는 안 된다."[21]

밀은 인간의 자유에 초점을 두고 사회변혁에 대한 인간의 역할을 제시한 바 자유에 관한 아주 간단명료한 단 하나의 원리를 천명하고자 한다.

"다른 사람의 행동의 자유를 침해할 수 있는 경우는 오직 한 가지, 자기 보호를 위해 필요할 때뿐이다. 다른 사람에게 해를 끼치는 것을 막기 위한 목적이라면, 당사자의 의지에 반해 권력이 사용되는 것도 정당하다고 할 수 있다. 이 유일한 경우를 제외하고는, 문명사회에서 구성원의 자유를 침해하는 그 어떤 권력의 행사도 정당화될 수 없다. 이 원리가 정신적으로 성숙한

21) 서병훈 역, John Stuart Mill, 『자유론(On Liberty)』, 책세상, 2006, pp. 18~25.

사람에게만 적용될 수 있다는 사실을 굳이 부연할 필요는 없을 것이다. 미개 사회에 사는 사람들도 이 대상에서 제외하는 것이 좋다. 왜냐하면, 그런 사회에 사는 사람들은 아직 미성년자인 것으로 보아도 무방하기 때문이다"와 같이 자기보호를 위해 필요할 경우 타인의 자유를 침해할 수 있다고 주장하였다.

### 4) 순자와 맹자의 주장

순자는 "사람의 본성은 악한 것으로 본성에 방종하고 사람의 성정을 좇으면 반드시 쟁탈이 일어나 사회등급의 구분을 무너뜨리고 예의 이치를 어지럽혀 끝내 폭동으로 귀결된다"[22]고 하였다.

맹자는 "군주에게 큰 과오가 있으면 간하고, 반복해서 간해도 군주가 듣지 않으면 군주의 자리를 바꾼다"[23]고 했고, "선왕들은 남에게 차마 어쩌지 못하는 마음으로 남에게 차마 어쩌지 못하는 정치를 펼쳤다. 남에게 차마 어쩌지 못하는 마음으로 남에게 차마 어쩌지 못하는 정치를 펼친다면 천하를 다스리는 것은 손바닥 위에 놓고 움직이는 것과 같다"고 하였으며 "편벽된 학설을 상대로 그 가려진 바를 알고 지나친 학설을 상대로 그 매몰되어 있는 바를 알고, 사악한 학설을 상대로 그 괴리된 바를 알고, 둘러대는 학설을 상대로 그 궁색한 바를 알 수 있다는 것이다. [이런 학설들은] 마음에서 생겨나 정치를 해치고, 정치에 드러나 일을 해치게 된다. 성인[공자]께서 다시 살아오신다 하더라도 반드시 내 말을 [옳다고] 따르실 것이다"[24]라고 하기도 했다.

---

22) 안외순 옮김, 『순자』, 책세상, 2006, p. 113.
23) 안외순 옮김, 『맹자』, 책세상, 2006, p. 123.
24) 상게서, p. 123.

## 3. 결 론

플라톤은 "지나친 자유는 국가에 있어서나 개인에 있어서나 지나친 노예 상태로 전락할 뿐이며 이에 따라 민주제가 참주제로 전환되며, 특히 가장 극심한 자유의 형태에서 악화된 참주제와 노예제의 형태가 발생한다"고 하여 인간본성에 따른 자유성에 의해 사회변혁이 일어날 수 있다고 진단하였다.

아리스토텔레스는 "정치에 있어서 그들의 참여권이 그들이 가지고 있는 선입관과 일치하지 않는다고 생각되는 경우에 언제든지 반란을 일으키게 되는 것이며…"라고 하여 인간본성에 따른 정치적 측면의 개인적 욕구가 사회변혁의 한 원인이 될 수 있음을 지적하였다.

마키아벨리는 "군주는 동물로서 그리고 인간으로서 싸워야 한다. 군주는 모름지기 인간에게 합당한 방도를 사용할 뿐만 아니라 짐승을 모방하는 방법도 알아야 한다…, 필요하다면 군주는 전통적인 윤리를 포기할 태세가 되어 있어야 한다…, 필요하다면 비행을 저지를 수 있어야 한다"는 등 인간의 본성에 순응하여 사회를 변혁하는 것이 바람직한 것임을 시사하고 있기도 하다.

니체는 "질서와 진리는 인간의 창조적 행위, 즉 권력에의 의지에서 기원되는 것이다"라고 하여 인간의 본성인 권력에의 의지에 따라 질서와 진리가 유지될 수 있다는 점, 즉 사회변혁이 필요하다는 견해를 제시하였고, 홉스는 "만인에 의한 투쟁의 관점에서 개인의 생명보존을 위해 저항할 수 있다"고 하여 인간본성에 충실하기 위해 사회변혁이 불가피함을 역설하였다고 볼 수 있겠다.

밀이 "정치적 자유 또는 권리라고 하는 어떤 불가침 영역을 설정하고 권력자가 이를 침범하면 의무를 위반한 것으로 간주해서 피지배자들의 국지적 저항이나 전면적 반란을 정당한 것으로 인정한다"든가, "다른 사람의 행동의 자유를 침해할 수 있는 경우는 오직 한 가지, 자기 보호를 위해 필요할 때뿐이다"라고 지적한 것도 결국 인간의 본성 중 가장 중요한 부분(밀의 경우 '자유')

이 침해될 우려가 있을 경우 사회변혁의 시도가 타당한 것으로 보는 견해일 것이다.

동양사상에서도 “사람의 본성은 악한 것으로 본성에 방종하고 사람의 성정을 좇으면 반드시 쟁탈이 일어나 사회등급의 구분을 무너뜨리고 예의 이치를 어지럽혀 끝내 폭동으로 귀결된다”고 한 순자의 사상이나 “군주에게 큰 과오가 있으면 간하고, 반복 간해도 군주가 듣지 않으면 군주의 자리를 바꾼다”고 한 맹자의 사상에서 인간본성에 따라 어떠한 경직된 정체라도 변혁될 수 있음을 시사해 주고 있다.

위에서 살펴본 바와 같이 전쟁과 사회변혁은 인간의 본성에 의해 시도되고, 때로는 인간본성의 유지와 보장을 위해 전쟁과 사회변혁의 필요성이 제기되거나 될 수 있다는 것이 근대 동서양 정치사상가들의 견해임을 알 수 있다.

여기서 인간본성과 사회변혁과의 관계를 유추할 수 있는 바, ‘사회변혁은 인간의 본성에 기인하고 인간의 본성은 사회변혁의 필수조건은 아니더라도 충분조건이 될 수 있다’는 결론이 가능하다고 본다.

요약하면, 결국 인간의 본성은 충동적이고 자기중심적이며 개인의 무한한 자유를 갈망하고 사회적 존재로서 기본적으로 권력에의 의지가 있는 것으로 요약된다. 그러면서도 이러한 본능적 본성을 제어하고자 하는 정신적 측면의 요소, 즉 이성적이거나 금욕적 혹은 타인의 자유를 존중하고자 하는 본성도 있는 것으로 평가된다. 이러한 본성은 정치적 또는 사회적 유기체로서의 역할에서 부정적이거나 긍정적인 형태로 작동한다고 볼 수 있겠다.

이러한 인간본성과 전쟁 및 사회변혁과의 관계를 고찰해 본 결과 전쟁과 사회변혁은 인간의 본성에 의해 시도되고, 때로는 인간본성의 유지와 보장을 위해 사회변혁의 필요성이 제기되거나 될 수 있다는 것이 근대 동서양 정치사상가들의 견해임을 알 수 있다.

여기서 인간본성과 전쟁 및 사회변혁과의 관계를 유추할 수 있는 바, ‘전쟁과 사회변혁’은 인간의 본성에 기인하고 인간의 본성은 전쟁과 사회변혁의 필수조건은 아니더라도 충분조건이 될 수 있다’는 결론이 가능하다고 본다.

유사 이래 인간사회는 수많은 정치사상과 이데올로기를 연구하고 또 그러한 사회를 경험하면서 살아왔다. 최선이라 여겼던 이데올로기가 또다른 이데올로기의 도전을 받아 분투 끝에 새로운 이데올로기로 전환되어 전쟁과 사회변혁이 이루어지고 변혁된 사회는 다시 변혁을 준비하는 반복의 연속이 인간사회의 본질적 요소로 자리잡고 있다. 전쟁과 사회변혁의 시기 때마다 그시기를 전후한 여러 가지 사정들이 공통적이던 개별적이던 존재할 것인데, 그 공통적이고 보편적인 원인을 인간의 본성에서 찾을 수 있는 바, 정치현실에 있어서도 급속한 변화와 충격 혹은 점진적 정치발전의 해법을 인간의 본성으로부터 구할 수 있을 것이다.

# 제2장

# 이데올로기와 안보

앞서 인간의 본성과 사회변혁과의 관계에서 살펴본 바와 같이 개인의 관계에서부터 국가의 관계에 이르기까지 사회변혁이 시도되고 그 수단으로서 전쟁이 발발할 때 그 기저에는 인간의 본성이 자리잡고 있다고 할 수 있을 것이다.

그러나 개별적 인간의 공격적 본능이 사회변혁과 전쟁을 유발할 수는 없을 것이다. 사회변혁이나 전쟁을 유발하는 데는 조직화된 막강한 힘이 필요하기 때문이다.

따라서 개별본능의 집합체라 할 수 있는 다수의 공통된 힘의 발휘가 필요할 것인데 다수의 신념이 바로 그것이라 할 수 있다. 즉 한 사회에서 다수가 본능적으로 염원하는 신념들이 그 사회를 변혁시킬 만한 힘을 가질 때 변혁이 가능하고 전쟁 또한 유발가능성이 높아진다고 본다.

사회 구성원 다수가 본능적으로 염원하는 신념들이 제도화됨으로써 이데올로기가 형성되고, 그러한 이데올로기를 중심으로 한 사회와 국가들이 영위되어 왔다는 사실이 역사적으로 증명되고 있다. 본 장에서는 이데올로기란 무엇인지를 살펴보고 역사적으로 존재하고 발전해 왔던 이데올로기를 개관하면서 특히 자유주의와 사회주의 그리고 자유민주주의와 사회민주주의 등 우리의 현실과 관련이 있는 이데올로기에 대하여 논의해 보기로 한다.

# 1. 이데올로기란?

## 1) 학문적 개념

이데올로기는 이데아 '관념(觀念)', '이념(理念)'을 기원으로 한 희랍어 이데아(idea)와 로기(logy) '논리(論理)', '과학(科學)'의 합성어로서 관념형태, 이념, 사상, 기본적 사고양식, 허위의식 등으로 번역되어 사용되고 있다.

이데올로기라는 용어를 처음 학문적으로 사용한 것은 18세기 프랑스의 유물론자 D. 드 트라시의 『이데올로기 개론』(1801)에서였다. 그의 이데올로기(관념학)는 관념의 형성과정을 개인의 심리 · 생리적 기반에 결부시키는 것으로서 단편적인 심리적 고찰에 그친 아쉬움이 있었다. K. 마르크스와 F. 엥겔스의 『도이치 이데올로기』에 이르러 사람들의 관념형태가 사회의 전체적 구조에 계통적으로 관련지어졌고, 『경제학 비판』 서문에서 이데올로기론의 성립을 보게 되었다.

그 후 이 말은 점점 국제적으로 사용되었으며, 동시에 이 말의 의미와 내용도 달라지기 시작하였다. 현재 이 말의 보다 더 중요한 의미는 어떤 집단이나 사회에 특별하게 긴밀한 연관성을 가지고 있는 일련의 신념이나 관념 또는 태도 등을 가리키는 것으로 쓰여지고 있다.

마르크스와 엥겔스는 자본주의 사회의 계급구조를 '해부학적'으로 규명했는데, 이데올로기에 관해서도 ① 그것이 본인의 사회적 존재에 따라 결정되며, ② 따라서 필연적으로 계급성 · 당파성을 지니고, ③ 피지배계급은 지배계급의 이데올로기를 그 경제적 착취의 사실과 결부하여 폭로할 필요가 있다고 강조하였다. "의식이 존재를 규정하는 것이 아니라 존재가 의식을 규정한다"는 유물론 원칙이 이데올로기론에 자리하게 된 것이다. 그는 특히 관념론적 입장에서 생각하는 이데올로기는 허위의식이라고 규정하였다. 마르크스는 어느 시대에서나 지배자의 이데올로기가 지배적이라는 사실을 인정하면서 그에 대한 피지배자의 이데올로기 투쟁의 무기로서 자신의 이데올로기론을 정립하였다.

이에 대하여 사회학에서의 이데올로기론은 그것을 특수적이라 하여 '보편적 이데올로기'의 견해를 주장한다. K. 만하임에 의하면 그것은 자신의 이데올로기에 적대하는 이데올로기의 허위성을 폭로하는 데 그치지 않고, 자신의 입장까지를 이데올로기론적 고찰의 대상으로 하려는 견해라는 것이다. 만하임은 계급대립을 초월한 인텔리겐치아의 입장에 의해서 보편적 이데올로기의 견해를 지지할 수 있다고 보았다. 그러나 현실적으로는 그와 같은 인텔리겐치아 자체가 어떤 사회적 기반에 의해 제약을 받고 있어 반드시 '보편적'일 수는 없는 것이다.

## 2) 학자별 개념

이데올로기에 대하여 연구한 학자로는, 만하임(Karl Mannheim, 1960, Ideology and Utopia)과 마르크스(K. Marx and F. Engels, 1927, The German Ideology), 트라시(Destutt de Tracy, 1754~1836), 그리고 베이컨(Francis Bacon, 1620, Novum Organum) 등이 있다.

베이컨은 아리스토텔레스의 형식논리학적 연역체계에 의한 학문적 전통의 기원이 된 오르가논을 경험적 방법의 귀납체계로 대체시키면서 우상(idola)을 벗기 위한 새로운 사유양식을 주장했다. 이것은 다음 시기의 이데올로기론이 전개되는 지적 기반을 이루었다.

계몽주의자 트라시가 처음 사용했던 이데올로기란 말은 우리의 사유가 구성되는 방법을 조사·기술하는 것인 '관념의 학(the science of ideas)'으로써, 이념들은 물질적 환경에서 도출되며 따라서 경험적 연구가 지식의 유일한 원천으로 간주되었다. 트라시는 이데올로기를 마음의 자연사로 파악한 것이다. 그러나 그의 이러한 경험적 자유주의 사상과 비판적 이데올로기론은 비현실적 형이상학으로 간주한 나폴레옹에 의해 정치·사회적 도발로 인식되었다.

마르크스와 엥겔스는 이데올로기를 토대로부터 구성되는 사회적 의식형태로서 인간과 사회에 대한 그릇된 관념들의 체계이며, 일종의 허위의식(false consciousness)으로서 각 시대의 지배적 관념은 지배집단의 계급적 이익과 요구를 반영하는 것으로 보았다.

만하임은 지배계급의 계급적 이익실현과 기존 지배질서의 방어를 위한 보수적 성격의 이데올로기와 사회질서의 변화에 목적을 두는 유토피아를 구분하고, 이데올로기는 역사적 관계 속에서 파악되어야 하는 시한적(time-bound) 이념임을 강조했다. 즉 만하임은 인간의 본성과 인간관계의 제관념은 단지 일정한 역사적 경험의 맥락에서만 이해 가능한 것임을 주장함으로써 마르크스주의의 보편성을 인정하지 않는다. 또 만하임은 이데올로기를 적의 이익을 제거하려는 의식적 은폐와 위장의 관념형태인 개별적 이데올로기(particular ideology) 및 일정한 시대와 집단의 전체적 세계관과 역사적 생활의 산물로서의 관념체계인 전체적 이데올로기(total ideology)로 구분하고, 전체적 이데올로기에는 시대정신(Zeitgeist)이 작용한다고 보았다. 그는 다시 전체적 이데올로기를 특수적 파악(special formulation)과 보편적 파악(general formulation)으로 나누고, 전자는 자신의 사고가 사회적 존재와 입장에 구속되지 않는 절대적인 것이라는 확신 하에 상대방의 사고와 그 허위성을 폭로하는 관념형태로서 그 대표적 예로 마르크스주의를 들었다. 한편, 후자는 자신과 상대방의 사고가 모두 사회적 존재와 입장에 구속된다는 인식에서 출발하는 관념형태로 생각하고 이러한 보편적 파악을 통한 객관적인 사회적 지식을 가능케 하는 사유를 지식인(intelligentsia)에게서 기대했다.

### 3) 보편적 개념

이데올로기란 인간 · 자연 · 사회의 총체에 대하여 사람들이 품게 되는 의식형태이며, ① 그들의 존재에 그 근저적(根底的)인 뜻을 부여하며(가치체계), ② 자신과 객관적 제 조건에 대한 현실적 인식을 가져오며(분석체계), ③ 원망(願望)과 확신에 의해 자신의 잠재적 에너지를 의지적으로 활성화함(신념체계)과 더불어 ④ 구체적인 사회적 쟁점(社會的爭點)에 대한 수단과 태도의 선택도식(選擇圖式)을 포함한다. 이러한 내용을 가진 의식형태가 사회집단(정당 · 조직 · 세대 · 계층 · 계급 등)에 의하여 공유되면 그곳에 '사회적 이데올로기'가 성립한다. 또 이 사회적 이데올로기가 구체적인 각 개인의 생활을 통하여 내면화하면 각 개인의 '개인적 이데올로기'가 형성된다.

사람들은 갖가지 사회적 이데올로기가 뒤섞인 가운데서 전통적 요인이나 심리적 요인의 영향을 받으면서도 기본적으로 그 사회의 구조에 적응하는 어떤 개인적 이데올로기의 담당자가 되는 것이다. 사람들은 싫든 좋든 이데올로기에 의해 현실을 파악한다. 올바른 가치와 정확한 분석을 포함하는 이데올로기는 뛰어난 현실인식을 가져오며, 그것에 의해서 사람들의 사회적 요구에 올바른 실천적 해결의 길잡이를 제공하게 될 것이다.

이에 반하여 단순한 주관적 원망이나 비합리적 확신에 크게 의존하는 이데올로기는 일시적으로 폭발적 에너지를 결집하는 경우가 있다 하더라도 그 비합리성 때문에 마침내 역사의 흐름에서 빗나가고 만다. 독일에서의 나치즘이나 일본의 군국주의 또한 비합리적인 신화에 기초를 둔 이데올로기의 전형이었다.

다시 말해, 이데올로기는 사회적으로 존재하고 또 개인이 품고 있는 자연 · 인간 · 사회에 관한 포괄적인 관념의 체계이지만, 이러한 의식형태가 계급이나 계층, 정당이나 여러 조직 등의 사회집단에 의하여 공유되면 '사회적 이데올로기'가 성립한다. 이 사회적 이데올로기가 구체적인 여러 개인들의 생활을 통해서 내면화되면 각 개인의 '개인적 이데올로기'가 형성된다. E. 프롬에 의하면, "개개인이 가지고 있는 특성 중에서 어떤 것을 빼낸 것으로, 한 집단에서 대부분의 구성원이 가지고 있는 성격구조의 본질적인 중핵"이라고 정의된 '사회적 성격'도 사회의 구조적 조건과 이데올로기를 매개하는 작용을 하는 것이라고 볼 수 있다. 그런데 이데올로기에는 마르크스나 엥겔스가 문제로 삼은 것처럼 단순한 주관적인 소망이나 비합리적 확신에 의존하고 현실의 과학적 분석이 결여된, 허위의식으로서의 이데올로기가 있다. 예를 들어, 나치즘이나 일본의 군국주의는 계급이나 계층을 초월한 국민적 공감대 속에서 성립한 허위의식의 이데올로기를 기반으로 하고 있었다. 그러나 과학적 인식에서 나온 이데올로기는 현실을 보다 깊이 인식하고, 사람들의 존재에 의미를 부여하며, 소망과 확신에 의하여 자기의 잠재적 에너지를 활성화시켜 사회적 쟁점을 훌륭하게 실천하는 것을 지향한다.

이데올로기는 사회를 통합시킨다. 그러나 이데올로기의 가치를 극단화하면, 그 기능은 사회의 발전을 위한 통합의 수준을 넘어 사회를 경직시킨다. 사회와 사회 구성원들에게 오직 이데올로기에 부합하는 것만을 요구하고 강제하고, 예외와 다양성을 인정하지 않음으로써 가치는 획일화된다. 인간의 가치는 이데올로기에 매몰되어 결국 인간의 삶은 왜곡된다. 지난 한 세기 동안 빚어졌던 국가 간의 전쟁과 살상, 내부 구성원들에 대한 구속과 인권 유린 등은 모두 이러한 이데올로기의 폐해라고 할 수 있다.

## 2. 자유주의와 사회주의

지난 200여 년 간에 걸쳐서 정치행태나 전쟁 등 인간의 모든 행태가 정신적 영상이나 그 확신에 크게 영향을 받지 않았던 시대는 한 번도 없었으며, 그러한 것을 통해서 인간은 세계를 인지하고 판단하여 왔다고 할 수 있다.

미국 혁명과 프랑스 혁명 시에 지대한 역할을 수행하였던 자유주의에서부터 시작하여 모든 이데올로기는 특정시대의 필요와 열망에 따라 제기되었고, 상이한 역사적 경험에 부응하여 다른 것들로 대치되거나 수정되어 왔다. 예컨대, 자유주의가 자유민주주의로, 사회주의가 사회민주주의나 공산주의로 대치되었다가 다시 새로운 형태의 이대올로기로 대치되고 있으며, 북한과 같은 주체사상이라는 독창적 이데올로기로 변질된 경우도 있다.

현존하는 여러 이데올로기를 설명할 수 있는 방법은 그 출발점에서부터 시작하여 변천하는 과정을 추적해 보는 것이다. 그렇게 함으로써 현재의 이데올로기가 지닌 영향의 범위와 특성을 해석할 수 있을 것이다. 자유주의와 사회주의를 고찰해 보는 것은 이러한 이유에서이다.

### 1) 자유주의

자유주의(自由主義, liberalism)는 자유를 최상의 정치적 가치로 삼는 정치적 전통이며, 정치철학적 관점이자 이데올로기이다. 자유주의는 서구의 계몽주의 시대에 기원을 두고 있지만, 이 용어는 역사적으로 시대와 지역마다 그리고 사용되는 맥락에 따라 서로 다른 의미로 사용되고는 하였다.

대체로 자유주의는 개인의 권리를 강조한다.[25] 그것은 인권, 법의 지배, 권력분립을 통한 권력통제, 자유로운 경제활동이 보장되는 시장경제 등을 특징으로 한다. 오늘날 자유주의자들은 자유롭고 공정한 선거, 법에 의한 모든 시민들의 동등한 권리와 기회가 보장되는 자유민주주의를 지지하며, 서구 대부분의 국가와 비서구권의 상당수 국가에서 수용되고 있다.

자유주의는 과거의 정부이론에서 핵심이었던 왕권신수설, 세습적 지위, 국교화된 종교 등의 가정들을 부정한다. 그들은 기본적 인권을 주창하며, 이는 인간의 생명과 자유 그리고 재산에 대한 권리를 포함한다. 자유롭고 평등한 개인들을 기초로 개인의 기본적 인권을 지키기 위하여 사회와 각종 제도들이 성립된다고 말한다.

고전적 자유주의자들은 정부의 간섭을 부정하고 기업가의 자유로운 경제활동과 개인의 재산권을 강조하며, 자유로운 시장질서에 맡겨야 한다고 주장

---

25) 토머스 페인은 그의 저서 『상식』에서 인간이란, 모든 그의 책략을 구사하도록 내버려 두면 자신이 가진 자유를 가지고 타인의 자유를 해치는 목적에 사용하는 경향을 가지고 있다는 점을 인정하고, "경제적 가치를 포함하여 인간생활에 나타나는 대부분의 절대적 가치들은 자발적인 사회적 행위의 결과로 생기는 것이다. 따라서 정부의 일차적 역할은 그 자신의 고유한 가치를 창조하는 것이 아니라 사회가 창조하여 낸 가치를 파괴적인 인간들이 해치지 못하도록 막는 데 있다"라고 하였다.

한다. 이에 반하여 사회적 자유주의자들은 차별철폐법안, 공공서비스, 대중교육, 적극적인 과세 등으로 정부가 시장에 상당한 개입을 할 수 있음을 지지한다. 그리고 정부는, 실업자에게는 실업수당을, 무주거자들에게는 주택을, 아픈 사람들에게는 의료적 혜택을 주는 방식 등으로 충분한 복지를 제공하여야 한다고 말한다. 이 주장은 북유럽 복지국가의 탄생에 큰 역할을 하였다. 한편, 정부실패와 복지국가가 갖는 큰 정부로서의 비효율성을 비판하며 힘을 얻은 신자유주의들은 정부의 규제를 최소화하고 시장에 좀더 큰 역할을 맡길 것을 주장한다.

자유주의라는 용어는 자유민주주의라는 맥락 속에서 더 널리 사용되는데, 이 단어의 의미상 정부의 권한은 제한되고 시민의 권리는 법적으로 분명히 규정하는 민주주의를 가리킨다. 이것은 거의 모든 서구의 민주주의에 적용되고 있고, 그렇기 때문에 자유주의 정당에만 관계를 맺고 있는 개념이라고 할 수 없다.[26)]

### 2) 사회주의

사회주의란 사회의 부(富)를 생산하는 데 필요한 재산의 사회에 의한 소유와 노동에 바탕을 둔 공정한 사회를 실현하려는 사상이다. 사회주의라는 말은 1827년 영국 오언파(派)의 출판물에 'socialism'으로 처음 등장하였고, 이와는 별도로 1832년 프랑스 푸리에파의 출판물에 'socialisme'로 등장하였다. 사상과 운동의 역사상 사회주의와 공산주의의 구별은 엄격하지 않으나, 오늘날

26) 자유주의와 신자유주의를 비교하면,
첫째, 신자유주의는 자유주의와 달리 현실주의의 가정을 일부 수용하고 있다. 예를 들면, 국제체계의 무정부성을 인정하는 것과 합리적 행위자로 국가를 바라보는 것이다. 이것이 신자유주의와 자유주의가 다른 점이다.
둘째, 신자유주의와 자유주의의 공통점은 제도의 역할에 있다. 현실주의에서는 오직 국가만이 주요한 행위자로 보는 반면, 신자유주의와 자유주의자들은 제도의 역할을 중시하고 주요한 행위자로 보는 관점이 공통점을 지닌다.

공산주의는 사회주의가 더욱 발전한 평등한 것으로 이해되고 있다.

사회주의 사상은 자본주의적인 여러 관계가 급격하게 형성된 19세기 전반에 유럽에서 등장하였다. 영국의 R. 오언, 프랑스의 C.H. 생 시몽과 F.M.C. 푸리에 등은 실업과 빈곤이 없는 사회는 생산수단이 공공의 소유이며, 모두가 노동에 종사하는 협동사회의 조직과 보급으로 실현할 수 있다고 주장하여 큰 파문을 일으켰는데, 그들이 역설하는 협동사회는 현실의 자본주의 사회가 아닌 유지(有志)에 의해 건설되는 것으로 실생활에서 벗어난 유토피아였다.

19세기 중반에 사회주의는 노동자계급의 해방운동과 결부되었다. 여러 사회주의사상이 나타났으나, 그 가운데 가장 영향력이 컸던 것은 K. 마르크스와 F. 엥겔스의 마르크스주의였다. 그들은 사회주의를 사회의 발전법칙, 특히 자본주의 발전의 필연적 결과인 신사회(新社會)로 규정하였다. 즉 자본주의에서 사회의 생산력은 급격하게 성장하고 대규모 생산은 사회적인 성격을 띠게 되지만, 이것은 생산수단의 사유, 자본가에 의한 노동자 착취라는 모순이 심화되어 빈곤 · 실업, 주기적 공황을 초래한다. 이 모순은 생산수단의 사유폐지와 그 사회화, 국민경제의 계획적 · 조직적 관리에 의해서만 해결된다. 마르크스와 엥겔스는 사회주의로의 변혁은 노동자계급에 의해 달성되는 것이라고 하여, 사회주의 사상을 노동자계급의 대중적 운동과 결부시키고 노동자계급의 정치적인 조직과 운동의 필요성을 역설하였다. 그들에 의하면, 자본주의에서 사회주의로의 이행은 혁명을 필요로 하며, 승리한 노동자계급은 사회주의를 조직하고, 생산력을 급속하게 발전시키기 위해 자신들의 국가를 필요로 한다. 그들은 계급투쟁은 혁명 후에도 계속되며, 구지배계급의 저항을 물리치기 위해 이행기에는 프롤레타리아 독재가 필요하다고 하였다. 사회의 생산력이 더욱 발전하고 사람들의 도덕수준이 향상되었을 때, '각자는 능력에 따라서 일하고, 필요에 따라서 받는다'는 공산주의의 원칙이 실현되어, 그때에는 권력조직인 국가가 없어진다는 것이다. 마르크스주의의 사회주의는, 역사 및 자본주의 사회 · 경제에 대한 과학적 분석에 바탕을 둔 것이었으므로 과학적 사회주의라고 하였다. 1864년에 창립된 제1인터내셔널은 각국의 각종 사회주의자의 집합체였는데, 마르크스와 엥겔스가 지도적 역할을 하여 마르크스주의의 국제화에 기여하였다. 그러나 파리 코뮌이 진압된 뒤, 각국 정부의 탄압으로 해산하였다. 각국 사회주의정당의 연합체로서 설립된 제2인터내셔널의 중심은 독일사회민주당이었다. 그리고 다른 유럽 여러 나라에서도 잇따라 노동당 · 사회당 · 사회민주당 등이 결성되었다. 이들 정당은 일반적인 경향으로서 마르크스주의를 그 지도이념으로 하고 있었다. 이들 사회주의정당은 각국의 정치과정에 영향을 주어 노동자계급의 사회적 지위를 향상시켰으나, 파리 코뮌을 마지막으로 러시아 등 일부를 제외한 유럽 여러 나라에서는 혁명적인 상황이 없었다. 제2인터내셔널은 노동자계급의 국제연대를 기본 원칙으로 하였는데, 제1차 세계대전이 발발하자, 사회주의정당의 다수파가 자국의 전쟁정책 지지를 결의함으로써 각 당은 분열되고 제2인터내셔널도 붕괴되었다. 러시아에서 사회주의혁명이 성공함에 따라 사회주의는 사상과 운동 면에서 한 국가에서의 실현과정에 들어갔고, 운동으로서의 사회주의운동도 새로운 단계로 접어들었다. 러시아의 혁명과 사회주의 건설을 지도한 것은 V.I. 레닌을 지도자로 하는 좌파인 러시아사회민주노동당이었고, 이 당은 우파(수정주의)인 사회주의정당과의 차이를 명확히 하기 위해 러시아공산당으로 개칭하였다. 같은 해 각국의 좌파 사회민주당 · 공산당에 의해 제3인터내셔널(약칭 코민테른)이 결성되고, 가입하는 당 명칭은 원칙적으로 공산당이 되었다. 코민테른과 각국 공산당은 러시아혁명과 소비에트정권을 지지하고, 처음에는 러시아혁명을 유럽 여러 나라의 혁명 모델로 삼았다. 그러나 제2인터내셔널계의 사회민주당 · 사회당에서는 우파가 지도권을 장악하고, 그들은 러시아혁명과 소비에트정권을 비판하며 혁명이 아닌 개혁노선을 취했는데, 그때의 모델은 독일사회민주당이 정권에 참가했던 바이마르시대의 독일(1919~32)이었다. 독일에서 나치당이 정권을 장악하여 나치당 이외의 모든 당을 탄압하고, 파시즘이 수립되어, 사회주의 운동에 큰 타격을 주었다. 코민테른은 사회주의를 직접 지향하지 않는 반파시즘 통일전선 노선을 결정하고, 각국 사회당 사이에도 공산당과의 협력 분위기가 고조되어, 프랑스와 에스파냐에서 사회당·공산당 등이 참여하는 인민전선 정부가 수립되었으나, 프랑스의 인민전선 정부는 해체되었고, 에스파냐의 인민전선 정부는 붕괴되었다.

제2차 세계대전 말기부터 그 직후에 걸쳐 동유럽 여러 나라에서는 전시에 결성된 반나치스 통일전선을 기반으로 공산당이 주도하는 통일전선 정권이 수립되었다. 아시아에서도 베트남·북한·중국에 공산당 중심의 새로운 국가가 수립되었으며, 이들도 사회주의국가의 성격을 띠게 되었다. 코민테른은 해체되었는데, 냉전 개시와 동·서유럽 사이의 긴장이 격화되는 가운데, 소련과 동·서유럽 주요 국가들의 공산당 연락조정기관으로 코민포름이 결성되었다. 그러나 코민포름은 각국의 상황을 무시한 지도로 인해 구체적인 성과 없이 해체되었다. 사회당계열의 국제조직은 사회주의 인터내셔널로 재발족되었는데, 여기에 가입한 사회당 및 사회민주당의 대부분은 마르크스주의에서 이탈하였고, 특히 서독의 사회민주당은 59년 마르크스주의 지도이념을 포기하였다. 제2차 세계대전 뒤 사회주의사상은 과거의 식민지 또는 종속국이었던 발전도상국으로 확산되었다. 몇몇 국가에서 외국자본과 상인이 지배하는 사적(私的) 경제의 배제, 국유경제의 발전을 중심으로 한 사회주의적 방법으로 서유럽 제국으로부터의 경제적 독립과 자국의 사회적·경제적 후진성을 극복하려는 사상이 나타났다. 마르크스주의를 지역조건에 맞추어 수정한 아프리카사회주의, 전통적인 종교를 기반으로 하는 이슬람사회주의 등을 지도이념으로 하는 발전도상국이 사회주의를 지향하는 국가들이다.

제2차 세계대전까지 사회주의국가는 러시아와 몽골뿐이었는데, 전후에 그 수가 크게 늘어 사회주의 국가로는 16개국에 이르렀다. 사회주의국가들 가운데 알바니아는 쇄국주의를 취하고 있으며, 중국은 1960년대와 70년대에 소련과 대립하였는데, 70년대 이후로는 사회주의 국가들보다도 미국을 비롯한 서방측과의 협력을 중요시하였고, 베트남전쟁 뒤에는 베트남과의 관계가 악화되었다. 한편, 캄보디아 문제를 둘러싸고 베트남·러시아·중국이 대립하였다.

대부분의 사회주의 국가들은 서방측의 자본주의 국가들보다 경제적·사회적으로 낙후되어, 이들 국가들은 후진성 극복을 위해 공업의 급속한 발전에 역점을 두고 사회주의 공업화의 노선을 실행해왔다. 몇몇 국가에서는 공업화 자금을 농업에서 충당하려는 이른바 사회주의적 본원축적(本源蓄積) 정책을 취하여 농업생산 발전에 지장을 초래하게 되었고, 또 노선과 정책의 강행으로 프롤레타리아 독재의 확대해석과 개인숭배가 나타났으며, 전통적 정치문화와 권위주의, 그리고 민족주의도 소련의 스탈린 문제, 중국의 마오쩌둥[毛澤東] 문제가 그 대표적인 예이다.

1960년대 말에 소련과 동유럽 여러 나라에 '발달한 사회주의', '성숙한 사회주의'라는 말이 나타났다. 이것은 사회주의가 체제로서 안정되어 있고, 경제적으로도 발전수준이 높은 사회주의를 뜻하나, 이 기준에서 본 발달한 사회주의국가는 소련뿐이고, 동유럽 국가들은 발달한 사회주의로의 과도기에 있다. 그러나 1990년대에 들어서자, 소련마저도 경제문제 등으로 서방과의 개방을 시도하던 과정에서 이에 반발한 군부가 1991년에 일으킨 '8월 쿠데타' 실패 이후 공산당 해체와 함께 새로운 사회주의를 모색하고 있다.[27)]

사회주의 경제는 기본적인 생산수단, 기본적 경제부문의 국유를 특징으로 하고 있다. 농업은 생산농업협동조합이 일반적이지만, 러시아의 경우 국유농장의 비중이 증대하여, 생산농협인 콜호스의 역할은 작아지고 있다.

사회주의 국가에서 정치의 중심은 마르크스주의를 지도이념으로 하는 각국 공산당이다. 국가에 따라 차이는 있지만, 일반적인 경향을 보면 공산당의 중앙기관은 당의 하부기관 · 정부기관 · 연구기관 등의 협력 아래 국가의 장기적 정책을 장기계획 형태로 결정하며 당면한 중요 문제에 관한 정책도 결정한다. 당의 결정은 국가기관과 사회단체에 의해 구체화되어 실시되는데,

27) 소련은 1990년 개혁과 개방정책으로 연방이 붕괴되어 독립연합국가로, 이어서 러시아로 개명되면서 사회주의의 대폭적인 수정이 있었고, 동유럽의 소위 소련의 위성국가들이 사회주의체제를 획기적으로 수정하였으며, 중국 또한 2000년대의 세계적 이데올로기 조류에 편승하여 대폭적인 수정과 변화를 보이고 있다. 북한의 경우는 독특한 이데올로기 체제를 공고히 하면서 조선인민민주공화국이라는 국명으로 변화된 사회주의 이데올로기를 유지하고 있다.

그때 당의 하부기관과 당원은 결정사항의 실시에 있어서 적극적인 역할을 수행한다.

이상과 같은 과정에서 당 내외의 여러 가지 요인이 작용하고, 제각기 독자적인 이익을 지닌 사회계층과 사회집단이 이 과정에 영향을 주고 있다. 사회주의 여러 나라에서 체험된 바에 의하면 당 지도부에 의한 독단, 객관적 조건의 과소평가, 당원과 일반국민의 정치적 · 사회적 의식의 경시, 사회과학 성과의 무시, 당내 민주주의와 사회주의민주주의의 침해는 일시적으로는 성공하지만, 장기적으로는 혼란과 후퇴를 가져온다는 것을 보여준다. 마르크스주의는 근대적 합리주의의 소산인데, 실제로는 일부 국가에서 당의 최고 지도자를 신격화하고 그 언동을 정치의 절대적인 지침으로 삼는 권위주의적인 개인숭배로 나타났으나, 개인숭배는 지도자의 사망과 함께 붕괴되고 있다.

## 3. 자유민주주의와 사회민주주의

### 1) 자유민주주의

자유민주주의(自由民主主義, liberal democracy)는 우리가 흔히 '민주주의'라고 부르는 자유민주주의 체제로서 전형적인 제한적 민주주의이다. 자유민주주의는 정치권력의 구성원리로서의 민주주의와 민주적으로 구성된 공권력의 제한원리로서의 자유주의의 결합의 결과이며, 자유주의와 민주주의가 결합된 정치원리 또는 정부형태이다.

자유민주주의가 가장 중요시하는 가치로 인권의 보호, 서양의 자유경제체제의 유지, 인격의 발달을 들 수 있는데, 이런 자유민주주의의 핵심에는 다음의 5가지의 특성을 내포한다.

① 자유(liberty)

② 평등(equality)

공산주의에서 모든 인간이 모든 면에서 평등하고 완전하다는 가정에서 공산사회를 건설할 수 있다고 믿는 것과는 달리, 자유민주주의에서는 어떠한 한정된 면에서 평등하다는 것이다.

③ 주권재민의 원칙

주권재민이란 권력이 지역사회의 일부나 특정 개인에게 속하는 것이 아니라 그 구성원 전체에 속한다는 뜻이다.

④ 국민참여의 원칙

시민에 의해 발의되는 개별적인 시민활동(예 : 서한작성), 협동적 또는 집단적 행동(정치적 단체나 클럽), 캠페인 운동, 선거 등에 국민은 참여할 수 있는데, 국민의 과도한 정치적 참여가 고대 민주주의에는 최적일지 모르겠지만, 수천만 이상의 인구를 가진 나라들에서는 오히려 혼란과 무질서를 불러일으킬 수 있다.

이것을 위해서는 적어도 다음 세 가지가 전제되어야 한다. 첫째, 공공정책에 있어서 진정한 국민의 의사가 표시되어야 하고, 둘째, 권력을 가진 자는 국민이 무엇을 요구하는지를 알아야 한다. 그리고 셋째, 국민의 의사를 알아낸 뒤에는 그것을 여러 가지 방법으로 충실하게 행동으로 옮겨야 한다.

⑤ 다수결의 원칙

이에는 '절대적' 다수결의 원칙과 '제한된' 다수결의 원칙이 있다. '절대적' 다수결의 원칙이란 다수결 원칙에는 양보나 제약이 있을 수 없다는 입장이며 '제한된' 다수결 원칙이란 "다수냐 소수냐 하는 것이 문제가 아니며, 제3의 대안이 있다"는 것이다. 그것은 법률에 모든 다수와 소수집단이 소속해야 하고 통제를 받아야 한다는 설이다. 그 법률 중에 출판, 언론, 종교의 자유라든지 적법절차들이 예가 될 수 있겠다.

래리 다이아몬드(Larry Diamond) 교수는 자유민주주의를 민주주의와 입헌적 자유주의의 결합으로 보면서 11가지의 요소를 들고 있다.

① 선거의 결과가 불확실하고 반대표도 상당하며 헌법원리를 부정하는 정치적 세력은 정당의 설립과 선거의 참여가 부정된다.
② 군을 비롯하여 민주적인 책임을 지지 않는 기관은 선거에 의해 선출된 기관에 복종한다.
③ 시민은 자유롭게 만들고 참여할 수 있는 다양하고 독자적인 결사와 같이 그들을 표현하고 대표하는 여러 경로를 가질 수 있어야 한다.
④ 개개인에게 실질적인 신념의 자유, 의견의 자유, 토론의 자유, 표현의 자유, 출판의 자유, 결사의 자유, 집회의 자유, 청원의 자유 등이 보장되어야 한다.
⑤ 시민들이 정치적으로 독립된 언론과 같이 정보를 획득할 수 있는 여러 경로가 있어야 한다.
⑥ 행정권력은 독립된 사법부, 의회, 다른 공적 기관 등에 의하여 견제되어야 한다.
⑦ 시민의 자유는 독립되고 평등한 법적용을 하는 사법부에 의하여 효과적으로 보장되어야 한다. 사법부의 결정은 존중받고 공권력에 의하여 강제될 수 있어야 한다.
⑧ 시민은 법 앞에 정치적으로 평등하다.
⑨ 소수자는 억압받지 아니한다.
⑩ 법의 지배원리는 시민들의 인권을 보장해야 한다.
⑪ 헌법의 최고규범성이 보장되어야 한다.

프리덤 하우스는 자유민주주의를 시민의 자유를 보호하는 대의민주주의로 정의한다.

마르크스주의자인 김세균 교수는 "(정치체제로서의) 자유민주주의는 다른 계급들에 대한 부르주아계급의 정치적 지배를 '민주적 방식'으로 관철하는 정치형태"라고 규정한다.

대한민국 헌법상의 자유민주적 기본질서와 자유민주주의의 관계에 대해서는 견해의 대립이 있다. 해당 표현은 1972년 '유신헌법'에서 처음 등장하였는데 평화통일 조항과 함께 들어왔다. 이에 대해 이를 냉전 완화라는 세계정세 가운데 반공주의라는 소극적 이데올로기에 기초한 권위주의 체제를 유지하려는 당시 정권이 안고 있던 고민의 산물로 분석하는 견해가 있다. 한편, 자유주의적 민주주의와 자유로운 민주주의의 인식은 구분되어야 한다고 하면서, 당시 헌법 개정에 참가한 헌법전문가들이 양자의 차이를 인식하지 못했을 가능성을 제기하는 학자도 있다.

한편, 대한민국의 헌법재판소는 "자유민주적 기본질서에 위해를 준다 함은 모든 폭력적 지배와 자의적 지배, 즉 반국가단체의 일인독재 내지 일당독재를 배제하고 다수의 의사에 의한 국민의 자치, 자유·평등의 기본원칙에 의한 법치주의적 통치질서의 유지를 어렵게 만드는 것으로서 구체적으로는 기본적 인권의 존중, 권력분립, 의회제도, 복수정당제도, 선거제도, 사유재산과 시장경제를 골간으로 한 경제질서 및 사법권의 독립 등 우리의 내부체제를 파괴·변혁시키려는 것"이라고 명시하고 있다.[28)]

자유민주주의는 현재 지구상에서 가장 선호되는 정치체제임에도 자유주의적 속성이 지배적인 데서 비롯되는 여러 결함들을 지니고 있다.

자유민주주의는 국민적 지배의 측면보다는 권력의 제한과 통제 문제에 더 많은 관심을 기울이고 있다. 국민의 정치참여는 주로 선거를 통해서만 이루

28) 독일연방헌법재판소는 '자유롭고 민주적인 기본질서(Freiheitliche demokratische Grundordnung)'를 "모든 폭력적 지배와 자의적 지배를 배제하고, 다수의 의사와 자유 및 평등에 의거한 국민의 자기결정을 토대로 하는 법치국가적 통치질서"라고 규정했다.

어진다. 자유민주주의는 과연 스스로 이론적으로 표방하는 '인민주권론'에 충실하지 못하며, 자유민주주의는 오직 대의정부(representative government)에만 집착한다. 그래서 유권자이며 지배자인 국민은 실질적인 지배자의 위치에 서지 못하게 된다. 또한 사회 속에서도 '자유경쟁'과 '기회의 균등'이라는 자유민주주의적 구호에도 불구하고 빈부격차와 사회적 불평등이 부추겨지고 깊어진다. 그러나 이러한 부정적인 현상을 극복하기 위한 국가의 개입은 '개인의 자유'를 보호한다는 명분으로 억제된다. 왜냐하면, 국가 자체가 자유주의적 국가이기 때문이다. 아울러 정치·제도적 영역을 벗어난 사회의 다른 분야, 예컨대 산업조직이나 경제구조에서의 민주화도 마찬가지로 기꺼이 받아들여지지 않는다.

현재 최상의 민주주의 체제로 주장되는 자유민주주의는 형식적으로 모든 사람의 자유와 평등을 보장하고 있음에도 불구하고 실질적으로는 사회구성원 모두의 이해를 포괄적으로 대변하고 있지 못하고 오히려 경제적·정치적 영향력을 누리고 있는 기성의 집단에 의한 소외집단 또는 약자지배를 지지하고 보장하는 불평등한 사회진화론적 성격을 보여준다는 견해도 있다.

### 2) 사회민주주의

사회민주주의라는 용어는 1840년대에 이미 프랑스와 독일 등에서 사용되기 시작하였으며, 19세기 중엽에는 사회주의 정당들의 당명 혹은 이념을 지칭하는 용어로 사용되었다. 사회민주주의 운동은 부르주아 계급의 이익 및 정치적 민주주의에 초점이 맞추어진 '부르주아 민주주의'를 비판하면서 민주주의를 사회·경제적 영역으로 확대시키고 프롤레타리아 계급이 역사의 주역으로 등장하는 사회를 추구하였다. 20세기의 전환기에 독일에서는 사회민주주의 진영 내에서 마르크스주의에 토대를 둔 혁명적 사회주의 노선과 베른슈타인이 제안한 사회민주주의적 개혁주의 노선 사이에 큰 충돌이 벌어진다. 이때 베른슈타인이 제기한 수정주의 이론을 사회민주주의 운동의 이론적 초석으로 보고 있다. 사회민주주의 운동은 무엇보다도 사회의 불공정성을 시정하려는 것을 목표로 하고 있다. 사회정의, 좀더 좋은 생활, 자유, 그리고 세계평화를 위해서 노력하는 운동이기도 하며, 민주적이고 점진주의적 방식에 의한 사회주의 건설을 추구하고 있다.

계몽주의, 자유주의, 마르크스주의, 윤리적 사회주의 등이 사회민주주의의 지적 발전에 직·간접적인 지적 원천으로 작용하였다. 계몽사상가들은 사회개혁의 방법과 관련하여 폭력혁명을 믿지 않았을 뿐만 아니라, 정치제도가 한 특권계급을 위해서가 아니라 모든 국민의 이익을 위해서 만들어져야 된다고 생각하였다. 사회민주주의는 바로 계몽사상가들의 이러한 세계관으로부터 지적 원천을 제공받았다. 사회민주주의 운동의 이론적 토대를 제공해주었던 페이비어니즘과 수정주의는 모두 자유주의에 큰 신세를 지고 있다. 또 급진적 휴머니즘에서 출발하여 소외를 비판하는 것이 사회민주주의의 핵심이라는 관점에서 사회민주주의는 마르크스주의에서 그 사상적 뿌리를 발견할 수 있다. 윤리적 요소는 19세기 후반 독일에서 전개된 신칸트학파의 윤리적 사회주의에서 좀더 구체적으로 드러난다.

베른슈타인은 1890년대 후반에 마르크스주의에 대한 수정을 요구하면서 수정주의 이론을 제시하였다. 베른슈타인이 20년간 마르크스주의 이론가로 활동하다가 1890년대 중반에 사회민주주의자로 전향한 데에는 몇 가지의 정치, 경제, 사상적 배경들이 깔려 있다. 그는 정치적으로 혁명의 가능성 및 효용성에 대한 회의, 독일 제국의회 선거에 도입된 보통선거제에 대한 기대, 그리고 사민당이 제국의회 선거에서 획득한 높은 지지율 등에 고무되어 민주적 방식에 의한 사회주의 건설론에 관심을 갖게 되었다. 수정주의는 이러한 정치, 경제적 배경 외에도 페이비언 사회주의 및 신칸트학파의 윤리적 사회주의로부터 많은 영향을 받으면서 형성되었다. 베른슈타인은 마르크스주의가 너무 결정론적으로 기울어져 있고 사회적 생산의 하부구조와 법적, 정치적 상부구조에 대한 마르크스의 주장이 너무 일면적이라고 비판하였다. 또 자본주의제도의 부도덕성과 모순을 계속해서 비판하였다. 그는 사회주의자들은 자본주의 사회에서 사회주의 사회로 이행하기 위한 해결점을 꼭 자본주의 붕괴론과의 연관 속에서가 아니라 자본주의의 발전이라는 현실을 인정한 가운데서 찾아야 한다고 주장하였다. 수정주의는 정치적으로 의회민주국가 개념을 제시하였고 정치적 민주주의만 달성되면 민주적 방식에 의한 사회주의 건설은 충분히 가능하다고 주장하였다. 수정주의의 내용 속에는 자유에 대해 강조했는데, 베른슈타인은 집단적 자유만이 아니라 개인의 자유도 마찬가지로 중요하다고 생각하였다.

베른슈타인의 사회주의론은 경제적 평등을 지향하는 사회주의적 여러 특징들을 존중하면서 거기에 민주적 원칙을 첨가하고 여기에다가 다시 자유를 강조하는 방식으로 사회주의와 민주주의와 자유주의의 조화로운 결합을 시도한 것이었다. 정통 마르크스주의자들은 수정주의를 사회주의 이론이라기보다는 오히려 부르주아 급진주의에 가까운 이론이라고 비판하였다. 수정주의가 이론적 측면에서 새로운 평가를 받게 된 것은 제2차 세계대전 이후 서유럽의 사회주의 정당들이 이론과 실천 양면에서 명실상부하게 사회민주주의적 개혁정당으로 탈바꿈하면서부터였다.

사회민주주의자들은 케인즈의 일반이론 속에서 그들이 절박하게 필요로 했던 어떤 것, 즉 정부관리적 자본주의 경제라는 대안을 발견했다. 케인즈 경제학은 사회민주주의자들로 하여금 국유화 계획을 포기한 가운데 공공복지를 위한 새로운 개혁안, 즉 '복지국가'라는 훌륭한 이데올로기를 발전시키도록 이끌었다. 1920~30년대에 걸쳐서 사회민주주의는 본질적으로 유럽적이었다. 러시아에서 사회민주주의 운동은 볼셰비키혁명 이후 완전히 좌절되었다. 이탈리아 등에서는 파시즘의 등장과 함께 사회주의 운동 전체가 침몰하였다. 미국에서는 사회주의 운동 자체가 발달할 수 없었다. 결국 양차 세계대전 사이에 사회민주주의 혹은 사회민주주의는 주로 서유럽 선진국, 특히 의회민주주의의 전통이 확립된 나라들에서만 제한적으로 실험된 이념이었다.

사회민주주의자들은 제2차 세계대전이 끝난 후 몇 년 사이에 세계정치무대에서 매우 강력한 영향력을 가진 정치세력으로 등장하였다. 유럽의 거의 모든 다른 나라들에서 사회주의 정당들이 연정에 참여하거나 혹은 강력한 야당으로서 정치적 영향력을 행사하였다. 사회민주주의자들은 1950년에 프랑크푸르트에서 사회주의 인터내셔널의 새로운 창설대회를 개최하고 「사회민주주의의 목적과 임무」를 선언하였다. 이 선언은 우선 사회민주주의의 목표가 자본주의의 극복에 있다는 것을 분명히 하였다. 사회주의 인터내셔널은 강령의 제1장에서 "사회주의자들은 자유로운 가운데 민주적 수단을 가지고 새로운 사회 건설을 위해 노력하며", 또한 "자유 없는 사회주의는 없다. 사회주의는 민주적으로만 실현될 수 있으며, 민주주의는 사회주의를 통해서만 완성될 수 있다"라고 주장하였다. 사회민주주의는 프랑크푸르트 선언에서 "모두 공동의 목적, 즉 사회적 평등, 더 높은 복지, 자유 그리고 세계평화의 사회질서를 위하여 노력한다." "사회민주주의는 모든 형태의 제국주의에 대하여 투쟁한다"고 선언하였다. 사회민주주의 정당들은 집권하면서 복지국가를 만들고 공산주의의 확산을 저지하는 데 중요한 역할을 하였다. 그러나 영국의 경우 수입세나 상속세와 같은 조세를 통해 재산의 재분배를 도모한 노동당 정부의 노력에도 불구하고 영국 사회는 여전히 부가 편중되었으며, 사회주의자들의 집권을 경험하지 못한 서양의 다른 산업사회와 크게 다르지 않았다. 스웨덴의 경우도 사회민주주의적 통치가 스웨덴을 완전한 이상주의 사회로 만들지는 못했고, 그들은 다만 자유주의적 자본주의 사회의 남용을 치유하는 데 초점을 맞추었다.

20세기 후반 서유럽 선진국가들에서 실험된 사회민주주의는 정치적으로는 민주주의와 자유에 토대를 둔 정치제도를 확립하고 경제적으로는 일부 기간산업의 국유화와 복지국가를 지향하는 내용으로 집약되었다.

# 제3장

# 국가론

## 1. 국가의 정의

국가는 고대 그리스의 폴리스(Polis)라는 도시국가가 역사상 가장 먼저 그 모습을 나타낸 후에 현대국가로 발전되어 왔다. 국가라는 글자도 영어에서는 state, 이탈리아어에서는 stato, 독일어에서는 Staat로 사용되고 있다. 이러한 단어들은 르네상스시대에 사용된 라틴어의 stato의 '선다'는 말에서 유래되어 status의 지위 또는 신분이란 의미로 전환된 후 오늘날에는 state의 국가라는 의미로 변환되어 사용하고 있다.

국가란 말이 처음 사용된 것은 마키아벨리(N. Machiavelli, 1469~1527)의 「군주론」이었으며, 그는 저서에서 "역사상 오늘날까지 인간을 다스린 또한 다스리고 있는 국가나 정치조작은 모두 공화국 아니면 군주국의 어느 하나였다"고 말함으로써 국가라는 말을 공화국, 군주국, 도시국가의 모든 것을 포괄하는 용어로 일반화하였다.

그렇다면 국가란 어떤 의미를 가지고 있는 것인가?

아리스토텔레스(Aristotele : 384~322, B.C.)는 "국가란 정치적인 동물이라는 인간성에 의하여 결정된 불가피한 공동사회에서 완전한 생활, 즉 행복하고도 명예로운 자족생활을 위해 인간의 능력을 최대한 발휘할 수 있는 생활

형성체"라고 말했다.

막스 베버(Max Weber)도 "국가를 일정한 영역 안에서 정당한 물리적 강제력의 독점을 효과적으로 요구하고 행사하는 인간의 공동체"라고 정의했다.

국가는 일정한 지역을 기반으로 하고 그곳에서 거주하는 모든 주민 위에 유일한 권위를 가지는 권력조직을 갖추게 된 정치사회를 지칭하고 있다. 따라서 국가는 국경에 의해서 다른 나라와 구분된 영토가 있고, 그 국가에 귀속되어 있는 국민이 있으며, 국가 내에서 유일한 최고의 권위를 가진 국가권력, 주권이라는 세 가지를 불가결의 요소로 하고 있다.

『국어대사전』에서도 "국가는 일정한 영토를 가지고 거기에서 살아가는 삶들에 대하여 통치권을 행사하는 단체이며, 국민 · 영토 · 주권의 3가지 요소로 구성된다"고 말하고 있다.

이상의 견해를 종합해 보면, "국가란 국가를 구성하는 영토(영역) 위에서 생활하는 일체의 인간과 인간 집단이 외부의 위협으로부터 방어하고, 내부의 치안을 확보하여 일정한 목적을 달성하기 위해 정부라는 조직을 가지는 조직된 국민 단체"라고 정의할 수 있다.

따라서 국가는 국민 · 영토 · 주권을 지키기 위한 통치권의 주체가 되며, 국가존립의 최대목적은 국가와 국가가 대립하는 환경 속에서 자신을 보호하며 국민의 생명과 자유를 보장하고 국민의 복리를 증진시킬 수 있어야 한다.

## 2. 국가의 영역

### 1) 국가영역의 정의

국가의 영역이 그리스 도시국가에서는 인적인 단체로서 간주되는데 지나지 않았고, 봉건국가에서는 토지가 소유권적인 영유의 대상으로 간주되어 근대적인 통치대상으로서의 영토개념이 형성되지 못했으며, 오늘날 같은 영역

개념은 근대 국가가 형성되면서 시작되었다.

국가의 영역이란 국가가 지배권을 행사할 수 있는 공간적 한계로서 영토·영해·영공으로 구분하고 있다. 즉 국제법상으로 특정의 국가에 소속하고, 그 주권 밑에서 국가가 자유롭게 지배하고 처분할 수 있는 구역을 말하며, 영토는 국가영역의 가장 기본적인 부분으로서 영토를 중심으로 주변의 바다와 그 상공을 국가의 영역으로 하여 국가가 실력으로써 지배할 수 있는 일체의 공간을 말한 것이다.

국가는 이 영역 내에서 국제법 및 국제조약에 따라 금지되지 않는 한 입법·사법·행정의 통치행위와 선점·양도·할양·병합·매각의 처분권한을 갖게 된다. 그러나 국가영역은 국제조약에 따라 변경될 수도 있다. 그동안 영해의 폭이 연안으로부터 3해리(1해리는 1.852m)였지만, 1982년 국제해양법이 12해리로 확대되고, 배타적 경제수역(EEZ)은 200해리가 되었다. 이에 따라 해양을 가진 국가는 배타적 경제수역(EEZ)에서 해양자원과 해저자원에 관해서도 소유권이 인정되었다.

### 2) 영 토

영토는 국제법과 국제조약에 따라 국가통치권이 배타적·독점적으로 행사할 수 있는 구역으로 국민의 독립 존재를 유지할 수 있는 생활 기지를 말한다. 영토는 광의적 의미로서 토지, 지하, 수상, 수중, 해저지하, 공중 등이 포함되고, 협의적 의미로는 국가영역의 기본이 되는 지상 및 지하를 의미한다.

현대국가는 정치적, 경제적, 군사적, 역사적 관점에서 영토의 소유권을 둘러싸고 갈등하게 되고, 지하 매장자원의 소속과 배분문제로 분쟁하게 된다. 그러나 모든 국가들은 이런 문제들을 사활적 국가이익 차원에서 자국의 소유로 주장하고 있기 때문에 해결이 어려워지고, 결국에는 평화적 방법보다는 무력적 방법으로 해결하는 경우가 많이 있다.

예컨대, 중국은 2006년과 2008년에 제주도 서남쪽의 수중에 있는 이어도의 한국 해양탐측기지를 국제법적 효력이 없다며 자국영토라고 주장하였다.

한반도 최남단 섬인 마라도에서 서남쪽으로 149km 떨어진 곳에 있는 수중 암초로 꼭대기가 수면 4.6m 아래 잠겨 있다. 한국해양연구소는 2003년에 이어도 종합해양과학기지를 건설했다.

중국은 해양과학기지 건설과정에서 몇 차례 이의를 제기했다. 중국은 수중에 있는 이어도를 해양 영유권 분쟁으로 유도하고 있지만, 한국 최남단 섬인 마라도와 이어도의 거리는 149km인 반면에 중국 장쑤성 앞바다 가장 동쪽에 있는 통다오에서 이어도까지의 직선거리는 247km나 된다.

따라서 한국은 국제법상 자국 EEZ 안에 인공구조물을 설치할 수 있을 뿐만 아니라 이어도 주변의 해저 역시 한국의 대륙붕이기 때문에 해양 영유권을 주장하는데 아무런 문제가 없다.

또 다른 사례로써, 일본은 한국 영토인 독도를 일본 영토라고 하면서 영유권을 주장하고 있다. 일본이 1905년 1월 28일 독도를 일본 영토로 선언한 후 4주 뒤인 2월 22일 시마네 현의 현 고시 40호로 한국 독도를 다케시마로 명시하고, 오키제도의 소관으로 둔다고 공시했다.

특히 2005년 3월 16일 시마네 현은 다케시마 날을 제정하고, 2006년 3월에는 일본의 중 · 고등학교 교과서 내용에 일본영토로 게재하였으며, 동년 4월 14일에는 독도지역의 한국 측 배타적 경제수역(EEZ)에 수로출량을 하겠다고 국제수로기구(IHO)에 출량계획을 통보함으로써 한 · 일 간에 외교적 갈등을 야기하고, 독도를 국제분쟁 지역화했다.

일본은 정책지침에서 공공연히 독도 영유권 주장을 포함시키는 등 독도문제를 수면 아래의 영토 문제에서 수면 위의 영토 분쟁으로 부상시켰다. 일본이 독도 영토 편입을 주장하는 근거는 ① 근세 초기 이래 독도는 일본 영토였고 영토 편입 직전까지 오랫동안 일본이 실효적 점령을 했으며, ② 영토 편입 당시 독도는 주인 없는 돌섬이었으므로 무주물선점을 한 것이라는 두 가지 논리로 집약할 수 있다.

그러나 독도는 한국의 영토이며, 그 근거는 다음과 같다.

첫째, 지정학적 근거로서 한국 영토인 울릉도에서 독도까지 거리는 48해리인데, 일본 오키제도에서는 이 거리의 약 2배인 82해리가 된다. 따라서 독도는 지정학적으로 가까운 한국 영토에 포함되는 것이다.

둘째, 역사적 근거로서 ① 독도는 신라시대에 울릉도와 더불어 우산국을 형성하였으며, 우산국은 신라 지증왕 13년(512년) 신라에 귀순하여왔다. 그 이후 계속 고려와 조선을 거쳐 현재까지도 한국의 관리에 있으며, ② 일본이 1905년 시마네 현 고시 40호 행정조치를 취한 것은 독도가 일본의 고유 영토가 아님을 증명한 것이다.

셋째, 일본은 제2차 세계대전의 결과를 마무리하기 위해 연합국과 일본 사이에 맺어진 대일평화조약(Treaty of Peace with Japan)에 실려 있는 제2조에 일본은 한국의 독립을 인정하고 제주도, 거문도 그리고 울릉도를 포함하는 "한국에 대한 모든 권리, 영유권과 청구권을 포기한다"의 3개 섬에 대한 해석에 있어서 한국과 일본은 큰 의견 차이를 보이고 있다.

일본은 명기된 세 섬에서 독도가 빠졌다고 주장하고 있으나, 대일평화조약에 3개 섬은 중요한 섬으로 제시하여 언급된 것이며, 또한 울릉도에 딸린 독도는 당연히 한국의 영토에 포함된 것이다.

예컨대, 1943년 12월 1일 루스벨트 미국대통령, 처칠 영국총리, 장개석 중국주석은 일본이 제1차 세계대전 이후 획득하고 점령한 태평양의 모든 도서들을 박탈하고 한국의 자유와 독립을 결의했다. 1945년 7월 25일 연합국의 포츠담선언은 일본영토를 혼슈, 규수, 시코쿠 및 연합국이 결정한 도서로 제한하였다. 일본은 1945년 8월 14일 항복문서에서 포츠담선언에 동의하고, 또한 1946년 6월 22일 연합국 최고사령관 지령 제1033호는 일본선박 및 승무원의 독도 12해리 내 접근을 금지시켰다. 1951년 샌프란시스코 평화조약 제2조에서 일본은 한국의 독립을 인정하고 제주도, 거문도, 울릉도 등을 포함한 한국영토에 대한 모든 권리, 소유권과 청구권을 포기하라고 규정했다. 독도가 구체적으로 명시되지 않은 것은 울릉도에 포함된 섬이기 때문에 국제법상으로 독도는 한국영토가 된다.

이와 같은 사실들은 독도가 역사적으로나 국제법상으로 한국영토라는 것을 증명해 주고 있는 것이다. 특히 1951년 6월 6일 공포된 일본 총리부령 24호에는 일본 땅에 속하지 않는 도서는 울릉도, 독도, 제주도라고 확실히 명시하고 있다. 이것은 일본이 1905년 시네마 현이 독도를 편입한 지방고시보다 높은 일본정부 차원의 공식적인 한국령임을 시인한 것이다.

그러나 일본에 의해 독도문제가 국제해양법재판소 등의 심판대상이 될 가능성도 배제할 수 없다. 그러면 한국이 아무리 무시하려고 해도 일본과의 영유권 다툼은 피할 수 없게 된다.

2006년 9월 중국은 중국 국경 안에서 전개된 모든 역사를 중국 역사로 만들기 위한 동북공정 정책으로 고구려 역사를 왜곡하며 고구려 영토와 백두산 지역에 대한 영유권을 주장하였다.

2006년 러시아는 두만강 상류에서 유속에 밀려 두만강 하구에 섬을 이룬 녹둔도에서 제방을 쌓고 러시아 영토로 편입함으로써 통일 후에 한국과 영토분쟁의 원인을 제공했다.

두만강 하류에 있는 녹둔도는 여의도 면적의 4배 크기로 조선시대 세종대왕의 6진 개척 이래로 이순신 장군이 3년간 주둔했으며, 방책을 설치하고 농경지로 개간한 조선 땅이었다.

그러나 지금은 두만강 상류의 모래가 유속에 밀려와 섬과 러시아 쪽 강변 사이에 쌓이면서 러시아 육지와 연결되었으며, 러시아 군사기지가 자리잡고 있다.

북한은 1990년 러시아와 국경을 체결하면서 녹둔도를 러시아 영토로 양해함에 따라 러시아는 북한 접경지역에 제방공사를 완성하였다. 러시아는 녹둔도에 대한 실효적 점유와 영유권 주장에 힘을 얻게 됨에 따라 통일 한국에서 녹둔도 반환은 더욱 어려워질 수 있고 영토분쟁의 불씨로 남게 되었다.

21세기 한국은 일본, 중국, 러시아의 역사 왜곡 및 영토 영유권 주장에 대한 허구성을 증명하고, 역사적 사실을 확보하기 위해서는 그 국가들의 논리를 제압할 수 있는 각종 역사적 자료와 지도들을 충분히 확보하고 합리적이고 정당성을 입증할 수 있는 당당한 대응전략을 개발하고 대처해야 한다.

### 3) 영 해

영해란 국가 영토에 인접해 있는 해역으로서 국가주권이 미치는 범위를 말하며, 영해는 자국과 타국가의 경계선에 접해 있는 강, 호수, 바다 등으로 구성된다. 강에서 국경을 나누는 경우는 중국과 러시아의 국경을 흐르는 아무르강, 우스리강이 있으며, 한국과 중국의 압록강, 한국과 러시아의 두만강 등이 있는데, 이런 강을 국제강이라고 한다.

또한 국가의 국경선을 호수로 나누는 경우가 있는데, 카스피해를 사이에 둔 러시아와 이란이 국경을 나누고, 북미주 지역의 5대 호수 가운데 미시간 호수를 제외한 4개 호수에서 미국과 캐나다가 국경을 나누었고, 탄자니아와 우간다는 빅토리아 호수를 끼고 국경을 나누고 있다.

그리고 국경을 해양에서 나누고 있는 경우가 많이 있다. 국가의 연안해는 최저 간조 때의 수륙분계선을 기준으로 하여 정하고, 그 폭은 3해리, 6해리, 12해리 등 각 국가에 따라 서로 다르나, 한국은 영해법의 시행에 따라 12해리를 적용하고 있다. 연안국가는 연안으로부터 12해리 폭의 해양과 배타적 경제수역(EEZ : Exclusive Economic Zone)의 200해리를 지배하지만, 예외로서 반도국가의 좁은 해협이 타 국가와 중첩될 경우나 타국가의 영해를 통과하지 않고는 해양을 나갈 수 없거나 혹은 나가기 힘든 경우에는 국제법에서 국제해협을 다시 규정하고 있으며, 한국의 주요 해상수송로도 영향을 받고 있다.

일반적으로 선박의 공해상 통항은 자유라는 공해자유의 원칙이 주어져 있고, 타국가의 영해에 대해서도 연안국가의 평화, 질서 또는 안전을 해치지 않는 한 외국선박의 무해통항권이 인정되고 있다. 그러나 전시에는 교전국가의 군함에 대해서 통항을 금지할 수 있고, 중립국가는 자국의 영해 내에서 행해지는 전투행위를 막을 권리가 있다. 특히 군함과 잠수함이 타 국가의 영해를 통항할 경우에는 연안국가의 허가를 얻어 해면상으로 항해하고 국기를 게양

할 의무가 있으나, 타국가의 영해를 무단으로 항해할 경우에는 영해침범행위가 되어 해당 국가로부터 경고, 정선, 임검, 나포, 격침을 당해도 국제법 위반이 아니며, 위반 국가측은 무해통항권을 주장할 수 없게 된다.

흑해로부터 지중해에 나가기 위해서는 보스포라스 해협을 통과하지 않으면 안 되지만, 해협이 터키국가의 영역 내에 존재하기 때문에 터키가 주권을 주장할 경우에 타국가의 군함 및 상선의 통항이 불가능하게 된다. 이 경우는 보스포라스 해협을 국제해협으로 지정하고, 일정폭의 해역에 관해서는 터키의 배타적 권리를 배제하고 있다. 이러한 국제해협으로서는 모로코와 스페인의 지블롤터해협, 인도네시아와 말레이시아의 말라카해협, 일본과 한국의 대한해협 등이 있다.

배타적 경제수역(EEZ)은 타국가의 선박이 통항하는 것은 문제없지만 허가 없이 타국가의 어선이 어업을 하거나, 조사선과 탐사선이 정선하거나, 해양자원의 포획과 조사, 굴착 등의 행위, 함정의 군사연습 등을 금지하고 있다.

예컨대, 2001년 6월 2일부터 5일까지 북한 상선인 백마강호, 영군봉호, 청진호, 대흥단호 등이 4차에 걸쳐 한국 정부에 사전 통보나 양해도 없이 제주도 해협 및 북방한계선(NLL)을 통과함으로써 영해를 침범하였다.

한국 해군은 북한 상선이 통신검문에 순순히 응해 군사적 조치를 취할 빌미를 찾을 수 없었고, 또한 2000년 6 · 15남북공동선언 후의 화해협력 분위기를 고려하여 북한 비무장 상선들에 대한 정선명령, 검문하거나 항해를 저지하는 등 적극적인 조치를 취하지 않고, 경고방송 및 근접감시를 실시하여 서해 연평도 북방한계선을 통과케 하였다.

그리고 한국정부는 같은 날 오후에 긴급 국가안전보장회의를 열어 강경책보다는 북한이 사전통보 및 허가요청 등을 할 경우에는 제주해협 통항을 허용하겠다는 유화책을 선택하였다.

이와 같은 상황에서 북한의 통항권을 분석하여 보면, 북한이 1953년 정전협정 이후 단 한 번도 제주해협을 침범하지 않았다는 점과 사전에 한국 측에 제주해협 통항을 협의하지 않았다는 점에 대해서 정치적 시험과 북방한계선 무력화 등 한국의 경계상태 및 대응태세를 떠보기 위한 정치적 · 군사적 목적일 수 있다.

다른 한편으로 북한은 제주해협을 통과함으로써 종전의 제주도 남쪽공해상으로 우회하던 것보다 항해거리가 단축됨으로써 시간 및 경비절감을 할 수 있는 새로운 항로를 개척하고, 국제법상 연안국가에 해를 끼치지 않는 범위 내에서 항해를 보장하는 무해통항권 확보 등의 의도도 갖고 있는 것으로 판단할 수 있다.

영해침범 사태에 대해 한국해군은 비상상황에 대한 대응방침을 규정해 놓은 합참 작전예규와 유엔사 교전수칙에 따르면 ① 경고사격, ② 승선을 통한 검색 및 정선, ③ 나포 등을 할 수 있다.

그러나 한국해군은 북한의 비무장상선에 대해 무선교신을 통한 통신검색과 경고방송 등으로 대응하고 무력을 사용하지 않았다.

한국해군의 행동은 한편으로 국가안보의 특수성을 고려한 신중한 행위라는 긍정적 측면과 군 본연의 임무를 훼손시키면서까지 유화적일 수 있느냐는 비판적 측면의 논란이 있었다.

한국해군이 영해침범에 대해 지극히 실무적 현장적 상황에서 유화적 대응을 했었던 것은 정치적 차원에서 남 · 북한의 화해 및 협력을 위한 햇볕정책과 남 · 북한의 특수관계, 그리고 국가안보정책의 큰 테두리 안에서 움직여지는 군사적 차원에서의 국방정책과 군사전략의 종속성이 있기 때문이다.

2001년 6월 15일 김대중 대통령은 6 · 15남북공동선언 1주년을 맞이하여 앞으로의 남 · 북한 관계와 최근 북한 상선의 제주해협 및 북방한계선 침범사건에 대한 한국해군의 대응은 적절한 것이었다고 평가했다.

북한은 2001년 6월 2일부터 4차례에 걸쳐 한국영해를 침범했다. 그러나 군 당국은 국제법상 무해통항권, 남북화해무드 등 정치적인 상황을 고려, 침범이 아니라 사실상 작전지역을 벗어난 통과라는 등의 이유로 평화적 대응을 함으로써 정부여당과 일부여론은 적절한 조치로 평가한 반면에, 야당 및 일부 여론에서는 강력한 군사적 대응을 요구한 여론이 비등했다.

이에 대해 김대중 대통령은 "현재 남북 간에 약간의 정체가 있지만 햇볕정책은 반드시 실현되어야 하고 이것 외에 대안이 없다. 소신을 갖고 햇볕정책을 실현하여 남 · 북간 평화공존과 교류 · 협력해 장차 10~20년 뒤에 평화통일을 하는 계획을 흔들림 없이 추진하겠다. 또한 북한 상선의 영해침범과 관련해서 진정한 화해는 확고한 안보 위에서 가능하다. 국민의 정부는 북한이 무력으로 다발하면 무력으로 응징한다. 역대 정부는 울진 삼척사건, 판문점 도끼만행 등 수많은 일이 일어났지만 무력으로 응징하지 못했다. 국민의 정부만이 연평해전에서 응징했다. 이번은 상대방이 비무장 상선이다. 영해에 들어와 나가라고 압력해서 내보냈다. 영해에 들어왔다고 꼭 총격을 하는 게 좋느냐, 그러면 세계 여론과 남북관계는 어떻게 되겠느냐, 군이 적절히 대응했다고 생각한다"라고 했다.

이와 같이 영해는 현대국가에서 정치 · 외교적, 경제적, 군사적으로 많은 갈등과 분쟁의 대상이 되고 있으나, 2005년 8월 15일 남북해운합의서를 협정하여 북한 민간선박이 제주해협을 통과할 수 있도록 했다. 북한 선박이 제주해협을 통과하면 53해리의 거리가 단축되고, 12노트 항행기준으로 소요시간 4시간 25분이 단축된다. 이에 따라 북한은 민간선박의 운항비용과 시간, 안정성을 확보할 수 있게 되었다. 또한 남 · 북한은 안전한 선박운항을 위해 필수적인 선결사항이었던 남 · 북 해상 당국 간의 통신망을 운용하도록 했다.

2005년 8월 15일 북한의 대동강호와 황금산호가 남포항에서 물자를 싣고 제주도와 추자도 사이 바다를 통해 동해의 청진항으로 통항함으로써 남 · 북한은 육상, 해상, 공중에서 화해와 협력으로 교류를 증진시켜 나갔다.

21세기 남 · 북한은 육상 · 해상 · 공중의 자유로운 통항에서 장애적이고 어려운 상황이 일어날 수도 있지만, 평화통일과 번영국가를 건설하기 위해서는 함께 극복하려는 인내 및 노력과 실천이 중요한 것이다.

### 4) 영 공

영공이란 영토와 영해로부터 수직선상의 공간으로서, 타국가의 항공기는 허가가 필요하고 사전에 허가를 얻지 않은 비행은 영공침범이 된다. 국가의 주권이 미치는 공간 안에서 영공은 영토 및 영해까지로 되어 있지만, 상공에 관해서는 어디까지 영공으로 인정할 것인가에는 많은 이론이 있다.

1967년 국제연합에서 채택한 우주조약은 국가에 따라 우주공간의 영유권을 인정하지 않고 있으며, 대기권과 우주공의 경계를 명확히 설정하는 것이 어려워지고 있다. 그러나 영공의 수직적인 한계에 대해서 명확한 기준은 없지만, 지구를 돌고 있는 인공위성의 최저궤도 이상의 공간을 우주공간으로 하고, 그 이하를 영공이라는 것이 일반적인 개념으로 되어 있다. 국가의 영공 중에 상층의 범위는 무제한이 아니고, 현재의 과학기술이 미치는 데까지라고 할 수 있다.

인공위성이 대기권 내에서 연소 · 낙하하는 일 없이 장기간 회전하는 위성이 출현하고 있는 오늘날에 대기권과 우주공간의 관계를 명확히 설정하는 것이 곤란해지고 있다. 예컨대, 더욱이 영공과 관련해서 문제가 되는 것은 지상 3만 6,000km 상공에 정지해 있는 위성에 대해서 위성의 바로 아래에 위치한 국가의 영공침범이 되는가의 논란과, 만약 과학기술의 발전으로 인공위성의 최저궤도가 그 이상의 상공으로 확대되었을 때를 두고 논란이 있다. ····다른 한편으로 미국 항공우주국의 정의는 80.45km 고도 이상까지 비행을 해야만이 우주비행을 했다고 인정하고 골든핀을 수여하고 있다.

요컨대, 21세기 과학기술의 발전으로 더욱 높이 비행할 수 있는 항공기가 미래에 출현하면, 그 영공의 범위는 더욱 확대될 수 있을 것이다.

## 3. 국가의 권리

### 1) 국가권리의 정의

국가의 기본적인 권리는 개인 간의 법이 마치 인간의 본성 및 이성의 고유한 어떤 내재적 권리에 근거를 두고 있는 것처럼, 국가들도 국가 기본권리를 가지고 있다는 이론에서 국가는 국제사회의 일익으로서 일정한 국제법상의 지위와 권리를 인정하는 것이다. 그 지위와 권리는 국가의 자유의사에 따라 주어진 것이 아니고, 국제사회의 일원이 됨으로써 인정되는 것인데, 이것은 국제법에 따라 국가로서 인정된 기본적 지위가 되기 때문에 국제사회의 일원으로서 기본적인 권리와 의무를 동시에 갖게 된다. 국가의 기본적인 권리라고 하는 것은 국제사회에서 자국보존의 권리와 의무로서 독립권, 평등권, 불가침권, 명예권, 외교교섭권 등으로 구성된다.

### 2) 독립권

독립권(Right of Independence)이란 국가가 국내문제나 외교관계에 있어서 외국의 간섭 없이 독립하여 주권을 행사할 수 있는 권리를 말한다.

국가는 국제법상으로 타국가의 관할 문제에 개입하지 않아야 하는데, 이것을 불간섭의 원칙이라 한다. 국제연합헌장에서도 자국의 국내문제에 타국가가 개입하거나 관여하는 것을 금지하고 있다. 예컨대, 1823년 미국 제5대 제임스 먼로(James Monroe : 1758~1831) 대통령은 ① 불간섭, ② 불개입, ③ 불가입의 3대 원칙인 먼로주의(Monroe Doctrine)를 발표했다. 불간섭이란 유럽국가들이 미국의 문제에 간섭할 수 없고, 불개입이란 미국도 유럽국가들의 문제에 개입할 수 없으며, 불개입이란 식민지화를 위한 국제기구에 가입하지 않는다는 주장이었다. 그러나 현대국가는 전통적 전쟁, 인권문제, 테러 및 대량살상무기, 국제적 범죄 및 마약 등 문제만큼은 불간섭, 불개입의 원칙을 적용하지 않고 국제적 문제로 설정하여 해결하기 위해 개입하고 있다. 1999년 3월 20일 코소보전쟁은 인류의 인권보호를 위한 전쟁이었다.

발칸반도의 유고슬라비아 밀로셰비치(Slobodan Milosevic) 대통령은 슬라브계의 세르비아인들을 앞세워 코소보 지역의 알바니아계 주민과 회교도에 대한 탄압과 학살행위로 인종청소의 살상전을 실시함으로써 국제문제화가 되었다. 이에 대응해 미국을 비롯한 NATO 국가들은 인권보호적 차원에서 코소보전쟁을 수행하여 밀로셰비치 대통령을 굴복시키고 국제재판소에서 인권범죄자로 단죄시켰으며, 동년 6월 3일에는 강제적으로 알바니아계 주민보호와 코소보자치권을 부여함으로써 민족 간 인권문제를 해결하였다.

그동안 아프리카 소말리아 해역에서 특정국가나 특정선박을 겨냥하지 않고, 어선 · 상선 · 유조선 등이 무차별적으로 일어난 해적들에 의한 해상테러를 방지하기 위해 2008년부터는 유엔개입으로 미국 · 러시아 · 영국 · 프랑스 · 중국 등 다국적군 해군으로 편성된 군사작전이 시행되었다. 홍해와 인도양을 연결하는 소말리아 해상은 매년 2만여 척의 선박이 통과하고 있는 주요 무역통로로 해적 출몰이 잦은 곳으로써, 한국의 선박과 선원들도 수차례에 걸쳐 해상납치되었다가 해상테러분자들에게 많은 금액을 보상하고 풀려났기 때문에, 한국해군도 2009년 3월부터 해상왕 장보고의 본영인 청해진을 본딴 청해부대 인원 310명과 구축함 문무대왕함 등이 파견되어 한국 선박 및 선원의 통행을 보호하는 임무를 수행하였다.

### 3) 평등권

평등권(Right of Equality)은 국제법상에서 모든 국가가 차별 없이 평등한 권리와 의무를 가지는 것을 말한다. 따라서 각 국가에 평등권이 있기 때문에 어떠한 국가도 타 국가에 대해서 자국의 주권을 강요하거나 행사할 수 없다.

### 4) 불가침권

불가침권(Right of Inviolability)이란 한 국가가 타 국가의 영역 · 국민 및 주권을 침해해서는 안 되는 의무를 가지게 되며, 이 권리의 침해는 국제법상의 불법행위가 된다. 국가는 불가침권을 보존하기 위하여 ① 국가는 불가침권을 침해하는 예방행위와 침해행위에 대해서 방지할 의무가 있고, ② 국가는 불가침권을 침해하는 타 국가에 대해 자국의 권리를 방위하기 위해서 자위권을 행사할 수 있는 권리가 있다. 국가는 독립권과 명예권 혹은 영유권 등을 침해당했을 때는 국제법상 인정된 규정에 따라 자위행위를 할 수 있는 것이 허락된다. 국가는 타 국가의 지상군, 전투기, 정찰기와 군함 등이 사전 통고 없이 영토 · 영해 · 영공을 침범해오는 경우에 공격할 수 있는 행위가 국제법상으로 인정되어 있다.

### 5) 명예권

국가는 국제법상으로 명예권(Right of Honor)이 인정되어 있으며, 이것은 국가위신(국가품격)에도 해당된다. 국가를 대표하는 대사와 영사 혹은 주재무관 등의 사람과 거주지인 대사관, 영사관, 그것에 부속하는 시설 등도 국가대표로서의 명예권이 부여되어 있기 때문에 침해하는 행위는 명예훼손에 해당된다. 또한 외국을 친선과 교육 등의 목적으로 방문하는 항공기, 군함과 그 승무원에게도 명예권이 주어진다. 국기를 의도적으로 파손하거나 불태우는 행위도 해당 국가의 명예를 훼손하는 것으로서 국가 간의 갈등을 불러일으키는 경우가 있다.

### 6) 외교교섭권

외교교섭권(Right of Diplomacy)이란 국가가 국제법상 인정될 수 있는 요건을 구비하면 주권국가로서 외국과 외교교섭을 할 수 있는 권리를 갖게 되는 것을 말한다. 현대국가에서 평화적 방법으로 국가 간의 갈등문제를 해결하는 데는 외교교섭권이 더욱 중요한 위치를 차지하고 있다. 이러한 외교교섭권은 국가 간의 조약체결이나 분쟁을 해결하는데 있어서 국력에 영향을 받게 되는데, 강대국가는 외교교섭권이 강하게 되고, 약소국가에서는 외교교섭권이 어떤 한계를 갖게 될 수도 있다. 이와 같이 국가의 권리는 국가가 준수해야 할 기본적인 권리로서 국가들 사이에 여러 가지 형태로 인정하고 있다.

## 4. 국력의 특징

### 1) 국력의 정의

현대국가는 자국의 생존을 위해 국가이익을 추구하려고 노력하고 있으며, 이 과정에서 상호간의 대립으로 인한 갈등 · 분쟁 · 전쟁으로 발전할 수 있는 요인이 존재하게 된다. 오늘날 냉혹한 국제관계에서 살아남기 위해서는 국가의 힘, 즉 국력은 필요하고 중요한 요소가 된다. 먼저 힘(Power)에 대해서 알아보면, 어떤 주체가 중대한 가치박탈이나 또는 가치를 박탈하겠다는 위협을 배경으로 하여 타인의 행동을 자신이 의도하는 방향으로 강제할 수 있는 능력을 의미한 것이다. 그런데 국가가 국가의 목적(목표)을 달성하기 위해서는 국가가 발휘할 수 있는 힘으로써 국력이 필요하다. 국력(National Power)이란 한 국가가 갖고 있는 또는 동원할 수 있는 인적 · 물적 자원과 기타 자원들을 실제로 행동에 옮기여 다른 국가의 행동을 변화시킬 수 있는 국가의 능력이라고 정의할 수 있다.

국가의 힘은 결코 군사력으로만 구성되는 것이 아니라 인구 · 영토, 경제적 · 기술적 자원과 기민한 외교정책 수행과 국가지도자의 선견지명, 결단력 그리고 능률적인 사회적 · 정치적 조직으로 구성된다. 그것은 무엇보다도 그 나라와 국민, 그들의 기량 · 활력 · 야심 · 기강 · 자발성 그리고 신념과 신화와 문화 등으로 이루어진다. 이러한 모든 요인들이 상호작용하는 방식에 의해서도 구성된다. 게다가 국력은 그 자체만의 절대적 범위 안에서만 고려된 것이 아니라 국가의 외교적 의무나 국가적 의무에 대한 충성심에서 고려되어야 한다. 그리고 다른 국가들과의 상대적 차원에서도 고려되어야 한다. 국력은 어떤 단일한 요소로 구성되는 것이 아니고 한 국가가 가지고 있는 또는 동원할 수 있는 인구, 영토, 경제력, 천연자원, 국민의 능력, 정부의 질과 지도력, 분화력, 과학기술력, 외교력, 군사력 등을 종합한 요소로 구성된다. 이와 같이 국력은 타 국가에게 직접적으로나 간접적으로 영향력과 강제력을 행사하여 국가이익을 추구하는 수단이 된다. 레이몬드 아론(Raymand Aron)은 "힘이란 그 어떤 일을 할 수 있고, 만들 수 있으며 파괴할 수 있는 능력을 갖는다"고 말하고 있는데, 이러한 국가의 힘으로서 국력은 국가 간에 적용하는 힘의 성격에 따라서 몇 가지로 구분할 수 있다.

첫째, 공격적인 힘과 방어적인 힘이다.

국가 간의 공격적인 힘이란 다른 국가에 대해서 자국의 의지를 강요할 수 있는 능력을 말하며, 방어적인 힘이란 다른 국가의 의지가 자국에게 강요하지 못하도록 할 수 있는 능력을 의미하는 것이다.

둘째, 잠재적인 힘과 실제적인 힘이다.

잠재적인 힘이란 어떤 국가가 소유하고 잠재된 인구 · 영토 · 천연자원 등 느린 속도로 변화하는 자원을 비롯해서 정치 · 문화, 애국심, 국민의 교육 정도, 산업능력, 과학기술 등 장기적인 자원에 해당되는 것이다. 실제적인 힘이란 평화시나 전시에 있어서 단기간에 동원될 수 있는 힘의 자원으로서 전시에 있어서 군사력은 실제적 힘이라고 말할 수 있다. 장기적이고 잠재적 힘의 자원이 중요하다는 사실은 1941년에 일본이 진주만의 미 해군함대를 기습 공격한 이후의 사태진전이 잘 말해주고 있다. 이 공격으로 태평양의 미 해군전력은 큰 타격을 받았다. 이로 인해 일시적으로 일본이 우월한 군사력으로 동남아시아 지역의 미군을 몰아내고 이 지역을 점령할 수 있었다. 미국 맥아더 장군은 일본군의 공격으로 필리핀에서 철수하면서 "나는 꼭 돌아온다"고 하였다.

장기적인 관점에서 볼 때 미국은 경제적 잠재력에 바탕을 둔 힘의 자원을 일본보다 더 많이 가지고 있었다. 미국은 이후 몇 년 동안 군사력을 증강하여 태평양의 일본 군사력을 조금씩 따라잡고 결국 능가하게 되었다. 일본의 패전 이후 맥아더장군은 미군 점령군사령관으로서 일본의 최고 당국자가 되어 다시 돌아왔다.

셋째, 평화시의 힘과 전시의 힘이다.

평화시의 힘은 한 국가가 정치 · 외교적인 힘, 경제적인 힘, 사회 · 심리적인 힘, 과학기술적인 힘, 지리적인 힘, 가용자원과 행동능력 등을 가지고 국제적 관행으로 인정되어 있는 합법적인 수단에 의존하는 힘을 말한다. 전시의 힘이란 군사적으로 동원할 수 있는 힘으로써 양적으로 측정하기 어려운 개념이지만 궁극적으로는 군사력이라고 말할 수 있다. 예컨대, 국제사회에서 국력이 약소한 국가는 힘의 비례에 따라서 국가이익을 양보하게 되고, 강대국가는 그만큼 국가이익을 취하는 유리한 협상 및 조약을 체결하게 된다. 그러나 국력이라는 것이 한 나라의 절대적인 힘을 말하는 것이 아니라 항상 상대적 힘을 의미하는 것으로서, 국가 간에 힘의 개념이 적용되어 경쟁하게 되고, 이것이 더 나아가서는 대립하는 상황으로 들어설 때는 갈등 · 분쟁 · 전쟁으로까지 확대 진행되기 때문에 모든 국가는 항상 국력을 키우기 위해 총력을 다하게 된다.

### 2) 국력의 요소

국력은 국가가 특정의 능력 · 계획 · 행동을 위하여 뽑아 쓸 수 있는 자원요소를 갖고 있다. 국력의 요소에 대해서는 많은 학자들에 따라 다르게 분류하고 있다. 카아(E. H. Carr)는 국력의 요소를 ① 군사력, ② 경제력, ③ 여론의 힘이라고 규정하고 있으며, 모겐소(H, J. Morgenthau)는 국력을 ① 지리적 요인, ② 식량과 원료 등의 천연자원, ③ 산업능력, ④ 전쟁에 대한 능력과 준비상태, ⑤ 인구, ⑥ 국민성, ⑦ 국민의 사기, ⑧ 외교능력, ⑨ 정치의 질로 구분하고 있다.

한스 모겐소에 의하면, "지리적 요인은 국가의 안전성을 유지해 주는 중요한 국가의 요소"라고 했다. 이를테면, 유럽대륙으로부터 바다에 멀리 떨어져 있는 미국은 타국가로부터 공격을 당할 수 있는 지리적으로 유리한 위치를 차지하고 있다.

천연자원은 국력의 중요한 구성요소이다. 즉 석유 · 철광석 · 핵연료와 같은 에너지 자원의 유무는 현대국가의 중대한 자원으로 대두되고 있다. 1973년의 중동전쟁을 계기로 하여 보여지게 된 석유 무기화는 국제관계에 있어서 실로 중대한 자원문제가 되었다. 석유를 중심으로 한 자원보유국의 민족주의는 대자본국과 자원 소비국에 커다란 영향을 미치고 있으며, 이러한 움직임을 중심으로 자원경쟁은 날로 심각해지는 것이 현실이다. 산업능력의 증대와 군비의 확충, 인구의 크기 등도 물론 중요성을 갖지만, 국민성이나 국민의 사기도 그것들에 못지않게 중요성을 갖고 있다.

국민성의 특징은 한 나라의 내외정책에 반영되며 국력의 유지 발전에 커다란 영향을 미친다. 그리고 국민의 사기는 국민의 평시 또는 전시에 있어서 그 정부의 대외정책을 지지하는 결의 정도로서 국력의 요소로 중요성을 갖고 있다.

이 밖에도 외교와 정치의 질도 중요성을 갖고 있다. 외교가 잘 되느냐 못 되느냐의 질은 한 국민의 힘을 형성하는 모든 요소 중에서 불안정한 것이긴 하지만 가장 중요한 것이다. 그것은 국민의 이해와 직접 관계가 되는 국제문제에 대해서 국력의 서로 다른 제 요소를 가장 효과적으로 발휘시키는 기술이고 수단이 되기 때문이다. 그러나 가장 좋은 대외정책도 좋은 정치가 뒷받침되지 못하면 무효로 끝나고 만다. 이런 의미에서 좋은 정치는 국력의 독자적인 필수조건으로서, 국력을 형성하는 요소가 되는 인적 및 물적 자원, 그리고 추구되어야 할 대외정책과의 균형과 조화가 중요한 것이다.

모겐소는 "국민의 사기가 국력의 혼이라고 한다면 외교는 국력의 두뇌"라고 말했다. 다른 한편으로 카아는 "힘이라는 것을 하나의 분할할 수 없는 전체"라는 것을 강조하면서, 그것을 군사력, 경제력 및 여론을 지배하는 힘으로 나누어 논했다. 카아는 특히 여론을 지배하는 힘으로서 선전, 선동, 홍보 등

심리전의 중요성을 제시하고, 이것이 현대전의 무서운 무기가 되고 있다고 했다.

그에 의하면, 궁극적으로 전쟁에 호소하는 것이 국가의 최후수단으로서 중요시되는 냉혹한 국제관계에 있어서 군사력이 중요한 무기가 되는 것은 너무나 당연하다. 그러나 경제력도 역시 중요한 무기이다. 현대전에서 군사력과 경제력의 관련성은 더욱 긴밀하게 되고 있다. 경제적 자급자족은 힘의 중요한 요소로서 요구되고 있으며, 또한 자본수출과 외국시장의 지배세력을 확장하기 위해 노력하고 있다. 이런 의미에서 국력은 매우 다양한 요소로 구성되어 있다. 스파이크맨(N. J. Spykman)은 ① 영토의 크기, ② 국경의 성격, ③ 인구의 크기, ④ 천연자원의 유무, ⑤ 경제 혹은 산업의 발달수준, ⑥ 재정능력, ⑦ 종족의 단일성, ⑧ 사회적인 단합의 수준, ⑨ 정치적인 안정도, ⑩ 국민정신으로 구분하고 있다.

이상의 내용을 종합하여 보면, 국력의 요소는 지리적 요소, 인구적 요소, 경제적 요소, 문화적 요소, 정치·외교적 요소, 사회·심리적 요소, 과학·기술적 요소, 군사적 요소로 구분할 수 있다.

### (1) 지리적 요소

지리적 요소는 대륙적 위치, 해양적 위치, 반도적 위치로 구분할 수 있으며, 여기에는 국토의 크기를 비롯해서 지형과 기후 및 기상의 요소 등이 영향을 미치게 된다. 국력의 요소로서 효과적인 군사력은 물론 노련한 국가외교가 극히 중요시되는 한편 지리적 요소가 중요한 의미를 갖게 되었다. 여기서 지리적 요소란 그 나라의 기후, 천연자원, 농토의 비옥한 정도, 교역로와 인접한 정도와 같은 요소도 있지만, 그것은 전반적인 번영에 중요한 것이다. 그보다는 다양한 전쟁에서의 전략적 위치라는 결정적인 요소를 말한다. 한 전선에 전투력을 집중할 수 있는가, 아니면 여러 전선에서 동시에 싸워야 하는가? 약소국과 국경을 접하고 있는가, 아니면 강대국과 국경을 접하고 있는가? 육군 또는 해군, 아니면 혼성군이 주력인가? 그에 따른 강점은 무엇이고 약점은 무엇인가? 생각만 있으면 전쟁에서 쉽게 빠져나올 수가 있는가? 타 국가에서 자원을 계속 지원받을 수 있는가? 등의 지리적 요소가 있다.

### (2) 인구적 · 문화적 요소

인구적 요소는 인구의 크기(강대국가가 되기 위해 인구는 7천만 명 내지 1억 명이 되어야 함), 인구의 성장률, 인구연령의 비율, 인구의 질로서 교육과 국민단결 수준 등이 국가의 힘에 영향을 미치고 있다. 또한 문화적 요소는 국민이 가지고 있는 국민적 가치 창조와 국가품격 등이 중요한 요소가 된다.

### (3) 경제적 요소

경제적 요소는 농수산업자원, 지하자원, 에너지자원. 생산능력으로서 산업화, 기술화 및 정보화 수준, 경제정책 등이 영향을 미치게 되는데, 이는 그 국가의 전쟁 지속성과 군사혁신 및 군사력 건설과도 직결되기 때문이다. 세계화된 무역과 커뮤니케이션(통신 · 항공 · 철도 · 컴퓨터 · 방송 보도매체 · 지식 정보화 · 생명공학)은 과학과 기술의 새로운 발전, 즉 지식정보 및 생명공학의 새로운 발전이 한 대륙에서 다른 대륙으로 신속하게 이전되고 있다. 경제대국이 정치 · 문화적 이유나 지정학적 안전보장의 이유로 군사소국이기를 원하는가 하면, 대단한 경제적 자원을 갖지 않은 나라가 그 사회를 동원하여 강력한 군사대국이 될 수도 있다. 그러나 경제력은 곧 군사력이라는 단순한 등식에 대한 예외는 다른 시기와 마찬가지로 이 시기에도 존재하므로 논할 필요가 있다. 왜냐하면, 정밀화되고 정보과학화된 현대 전쟁시대는 국가경제와 국가전략의 관계가 더욱 밀접해졌기 때문이다.

### (4) 정치 · 외교적 요소

정치 · 외교적 요소는 지리적 요소, 인구적 요소, 경제적 요소가 물리적인 힘의 요소가 된 반면에, 이것은 비물리적인 요소로서 정치제도와 정치지도력, 정부에 대한 국민의 이해도, 외교의 질적인 문제, 관료제도 등으로서 한 국가의 힘을 집결시키는 데 중요한 요소가 되는 것이다.

국가의 행동은 국민 · 정치지도자 · 외교관과 국가관료 등과 같은 다양한 개인들이 각각 행하는 여러 선택들이 국가 내의 여러 조직을 통하여 하나로 결집된 합성물인 것이다. 국가정치지도자는 어떠한 사람인가, 해당 사회와 정부의 형태가 어떤 것인가, 국가 관료들의 능력과 직업윤리성은 어떤 수준인가, 국가 간 혹은 세계적 상황이 어떠한가 등에 따라 정치 · 외교정책의 결과가 달라진다.

····정치 · 외교정책이란 국내에서, 국제사회에서 정부의 행동지침이 되는 원칙을 가리킨다. 정치 · 외교정책은 국가 지도자가 어떤 국가와의 관계에서 혹은 어떤 상황에서 추구하는 목표를 담고 있으며, 또한 그러한 목표를 추구하기 위한 일반적인 수단들을 담고 있다. 따라서 정치 · 외교정책의 목표는 정부의 여러 부처들이 그날그날 내리는 정책결정들을 일정한 방향으로 유도하여 국력을 결집한다.

### (5) 사회 · 심리적 요소

사회 · 심리적 요소는 교육 · 노동 · 복지 · 문화 · 역사 등의 사회적 요소와 국가에 대한 정신상태 및 윤리 · 도덕적 성격을 가진 국민성, 사기와 단결, 국민 여론 등의 심리적인 요소, 그리고 역사적 인식된 사실 등으로 연결되어 국력의 중요한 요소가 된다. ····국가의 다양한 사회 · 심리적 요소들은 국력이 된다.

6 · 25전쟁 당시 북한에 포로가 된 터키군은 다른 나라의 포로들과는 차이가 있었다. 터키군 포로는 단결하여 이탈자가 없었으며, 대단히 용감하고 모범된 포로생활을 하였다. 귀환 후에 이에 대한 질문에서 터키군의 대답은 "터키군이기 때문이다"라는 것이었다. 그 나라 민족이 갖는 가치체계나 사회적인 윤리도덕성과 역사인식 및 역사왜곡 등은 한 나라의 국민성으로 승화되어 행동반응으로 나타난다. 이는 사회 · 심리적 요소로서 평화 · 위기 · 전쟁시 국가의 통합성과 깊은 관계가 있다.

#### (6) 과학 · 기술적 요소

맥키버(R. M. MacKiver) 교수는 "과학 · 기술이란 지적인 통제방법으로서 사물과 인간을 마음대로 처리하며 통제할 수 있도록 하는 일체의 고안이나 기교"라고 말했다.

고도의 지능을 가진 인간은 일찍이 각종 기계와 기술의 발명을 통해서 '농업시대-산업시대-지식정보화시대'로 발전시켜 왔다. 특히 현대국가에서 지식정보화기술은 인간의 노동력을 덜어주고, 경제의 성과를 증대시켜 주며, 삶의 만족도를 넓혀 줌과 동시에 전쟁에서 필요한 합리적 · 기술적 수단을 제공해 주고 있다. 따라서 현대국가에서 지식정보화된 과학기술은 국력의 가장 중요한 요소가 된다.

#### (7) 군사적 요소

군사적 요소가 국력을 구성하는 가장 큰 요소라고 하여 군사력은 곧 국력이라고 말한 때도 있었다. 그러나 현대국가에서는 단순히 무기나 군대의 질이나 양으로 표현되는 좁은 의미의 병력이나 장비로 해석되는 군사력을 국력이라고 할 수 없고, 한 국가의 군사적 요소와 비군사적 요소가 통합된 힘을 국력이라고 한다.

21세기 평시나 전시에 국가를 방위하고 국민의 생명을 보호하기 위해서는 군사적인 수단은 가장 직접적인 요소가 되고 있다.

## 5. 국가이익과 국가정책

### 1) 국가목적

오늘날 국제사회에서 자국의 독립과 이익을 위해서는 "영원한 벗도, 영원한 적도 없으며 오로지 국가이익만이 있을 뿐이다"라는 말이 있다. 모든 국가 간에는 이익갈등으로 ① 분리운동을 포함한 영토분쟁, ② 정부장악을 위한 분쟁, ③ 무역 · 통화 · 천연자원 · 마약밀수 · 기타 경제적 분쟁, ④ 종족 · 민족 분쟁, ⑤ 종교분쟁, 이념분쟁이 발생하고 있다. 이와 같이 다양한 국가 이익과 국가생존을 확보하기 위해 국가들은 국가목적을 갖게 된다. 국가란 일정한 지역 위에 정부라는 조직을 가지는 국민단체이며 통치권의 주체로서 영토 · 국민 · 주권을 외국의 침략이나 국내의 폭력으로부터 방위하고, 국가를 번영시키기 위한 능력과 국민복지를 향상시킬 수 있는 사명으로서의 목적을 갖고 있다.

국가목적은 국가의 성격을 명백히 하기 위해서 그것이 어떤 목적을 가지고 있는 집단인가를 명시할 필요가 있다. 따라서 국가목적은 국가의 개념 내에 의미적으로 포함되는 종합사회의 존속 및 발전을 위하여 최고의 정치적 통제를 하게 된다. 즉 현대국가는 국가목적을 국민의 영속적인 염원이라고 정의하고, 모든 국가는 공통적으로 그 나라의 영속적인 염원으로서 안전 · 발전 · 복지에 관련된 국가목적을 가지게 된다.

국가목적은 한 나라가 행하는 모든 행동을 지배하는 기초적 지침이며, 광범하고 영속성이 있는 건국이념이나 국가이념 및 국가사명으로 표현함으로써 국가목표에 직접적인 영향을 미치는 특징을 갖고 있다.

국가목적의 달성기간은 무한이며, 요망하는 수준이 고차원적이기 때문에 국가목적의 표현은 개념적이고 추상적이며, 국가가 앞으로 달성할 수 있느냐, 없느냐 하는 문제도 크게 고려하지 않고 국가의 최고 소망사항을 국가목적으로 설정하게 된다. 이러한 국가목적은 그 나라 국민의 도덕적 가치와 이념, 전통문화나 역사적 경험, 또는 국가통치의 기본원칙 등 국내적 요소와 세계평화를 위한 국외적 요소 등에 의하여 결정된다. 현대국가는 국가목적을 지정하여 표시하는 경우도 있으나, 통상적으로 국가의 헌법(憲法) 전문(前文)에 그 국가가 지향하는 국가목적의 개념을 찾을 수 있고, 또한 국민의 열망을 집약하여 국가통치권자가 발표하는 경우도 있다.

예컨대, 대한민국의 헌법전문에서 국가목적을 알아보면 다음과 같다.

"유구한 역사와 전통에 빛나는 우리 대한국민은 3 · 1운동으로 건립된 대한민국임시정부의 법통과 불의에 항거한 4 · 19 민주이념을 계승하고, 조국의 민주개혁과 평화적 통일의 사명에 입각하여 정의 · 인도와 동포애로써 민족의 단결을 공고히 하고, 모든 사회적 폐습과 불의를 타파하며, 자율과 조화를 바탕으로 자유민주적 기본질서를 더욱 확고히 하여 정치 · 경제 · 사회 · 문화의 모든 영역에 있어서 각인의 기회를 균등히 하고, 능력을 최고도로 발휘하게 하며, 자유와 권리에 따르는 책임과 의무를 완수하게 하여, 안으로는 국민생활의 균등한 향상을 기하고 밖으로는 항구적인 세계평화와 인류공영에 이바지함으로써 우리들과 우리들의 자손의 안전과 자유와 행복을 영원히 확보할 것을 다짐하면서……"

헌법전문에서 국가목적은 국내적 요소로서 국가이념인 건국이념과 국가사명이 명시되어 있고, 국민의 영속적인 염원이라 할 수 있는 안전 · 발전 · 행복의 확보가 있으며, 국외적 요소로서는 항구적인 세계평화와 인류공영에 이바지하는 내용이 표현되어 있다. 즉 국가목적은 국가이념으로서 대단히 이론적이고 추상적으로 개념화하여 국가가 나가야 할 방향을 제시한다. 따라서 국가목적의 구체적 표현이 국가목표가 되고, 국가목표를 달성하기 위한 기본원칙이 국가정책이며, 국가정책의 실천적 수단이 국가전략이 됨으로써, 국가목적에 따라서 국가의 활동방향이 결정되는 것이다.

### 2) 국가이익

#### (1) 국가이익의 정의

국가이익(national interests)은 국민이익 또는 민족이익이라고 한다.

국가이익이란 "국민의 영속적인 염원인 국가목적을 추구하고, 국가가 처한 현실적인 상황 속에서 국가목표를 달성하기 위하여 국력을 집중하고 노력하는데 있어서 국가의지를 결정할 때 가치기준"이라고 정의할 수 있다. 국가이익이란 용어는, 16세기에 이탈리아 카사(G. D. Casa)가 최초로 경제적 이익으로 사용한 이래로 미국 정치학자 비어드(C. A. Beard)가 지금까지의 경제적 이익개념을 새로운 국가이익 개념으로 확대 해석하여 "국가가 유지되고 부강해질 수 있는 기준과 방식이라고 국가이익"을 정의하였다. J. 모겐소는 "국가이익을 경시한 국가는 국가를 위기로 빠져들게 할 수 있다"고 주장하면서, 국가의 생존이 최소한의 국가이익이라고 정의하였다. 국제정치는 근본적으로 서로 상반되는 이익의 세계를 기초로 하고 있으므로 냉혹한 국제사회에서 생존하고 번영하려면 힘으로 정의된 국가이익이 국가목표로 표현되고, 이 국가목표가 국가정책의 최선의 기준이자 이해의 척도가 되어야 한다고 하였다. 오스구드(Rober. E. Osgood)도 "국가이익을 국가이기주의 차원에서 하나의 동기와 목적으로 이해하고, 국가이익은 한 나라의 최고 정책결정과정을 통하여 표현되는 국민의 정치적 · 경제적 · 사회적 · 문화적 · 군사적 욕구의 갈망"이라고 정의하고 있다. 또한 허쯔(F. Hertz)는 "국가이익을 국가의 존립과 발전을 위해 필요한 국민의 열망 3대요소로서, 국가안전보장, 국가복지번영보장, 국가위신보장"이라고 말하였다.

**가) 국가안정보장**

국가안정보장(national security)은 국가와 국민의 안전으로서 국가적 번영을 가능케 하는 현실적 기반이며, 그것은 군사적으로나 외교적으로 보장되어야 한다. 따라서 국가는 대외정책을 매개수단으로 하여 국가이익을 추구할 경우에는 경제적 목표와 안전보장 목표 사이에 균형을 유지하여야 한다.

**나) 국가복지번영보장**

국가복지번영보장은 국가의 경제적 번영을 기반으로 성립되고 국민의 복지를 위하여 유익한 목표를 추구하는 것이다. 따라서 국가복지번영(national prosperity)은 물질적인 경제적 번영만을 의미하는 것은 아니며, 정신적 · 문화적 번영까지 포함하는 복지번영 개념이다.

### 다) 국가위신보장

국가안전보장과 국가복지번영보장이라는 국가이익을 의식의 형태에서 완성하는 국가의 자존심인 국가위신보장(national prestige)이다.

여기에서 자국이 대내적으로 바람직하다고 생각하는 가치를 보급하여 대중형태로 확대 재생산하고, 민족전통으로서 사명감과 결합되어 국가자존심으로 존재하게 되며, 대외적으로는 군사적 · 비군사적 영광이 국위선양으로까지 발전하게 되는데, 이러한 국가위신(국가품격)은 군사력 · 비군사력과 민족적 이념의 결합을 의미한다.

국가위신에 대한 사례는 미국과 중국의 자존심 싸움에서 그 중요성을 찾아 볼 수 있다.

2001년 4월에 일본 오키나와 카데나 미 공군기지를 출발한 미 해군소속 EP-3기가 남중국해 상공에서 정찰임무를 수행하던 중 영공 초계비행에 나선 중국 F-8전투기 한 대와 충돌한 후 중국 영토인 하이난다오에 비상착륙하였다. EP-3승무원 24명은 모두 무사하였으나 충돌한 중국 F-8 전투기는 추락하였고 조종사는 실종되었다. 중국은 이 사건의 책임이 미국에게 있다고 주장하고 사과할 것을 주장함으로써, 양국 간에 가장 큰 시각차를 보이는 쟁점은 사고 원인과 국가위신의 문제였다.

미국은 EP-3 정찰기의 통상적 정찰활동 중 중국 전투기 2대의 제지를 받는 과정에서 근접비행을 시도하던 중국 F-8기가 EP-3기 왼쪽 날개 아래에서 부딪쳤다고 주장하였으나, 중국은 미국 EP-3기가 중국의 영토를 침범해서 정보활동을 하였다고 비방하였다.

즉 미국 부시(George W. Bush) 대통령은 중국을 전략적 동반자 관계가 아닌 전략적 경쟁자 관계로 규정하고, 세계 유일한 최강대국의 자존심을 내세워 "중국은 우리의 정찰기와 승무원을 안전하게 즉각 송환해야 한다. 그리고 미국은 중국에 사과해야 할 어떤 요구도 받아들일 수 없다"고 말했다.

그 반면에 중국 장쩌민 주석은 "미국은 이번 사건에 대해 중국인들에게 사과하고 결과에 대한 모든 책임을 져야 한다. 정찰기는 하이난다오 공항에 있고,

24명의 승무원은 모두 무사하고 안전하다. 거리에서 남과 부딪쳤을 때 사과하는 것은 많은 나라에서 일반적인 일이다. 그런데 미국 정찰기는 중국 국경을 넘어와 놓고도 중국에 사과하지 않으니 받아들일 수 있는 행동인가?" 또한 "중국은 국가주권과 영토와 관련된 원칙적인 문제들에 대해서는 절대로 어떠한 외부의 압력에도 굴복하지 않는다. 우리 국가정책의 가장 중요한 목표는 국가주권의 독립과 영토와 민족적 존엄성을 수호하는 것이다"라고 말했다.

이와 같이 미국 정찰기와 중국 전투기 충돌사건의 사고 원인과 미국의 중국영해 정찰의 정당성 등에 대한 첨예한 의견대립은 국가위신을 위한 자존심 싸움이었다.

미국과 중국은 2001년 4월 11일에 끈질긴 외교적 · 군사적 줄다리기 끝에 나온 사과 표현은 매우 미안하다(very sorry)는 것이었다. 부시 대통령은 당초 사과불가 원칙을 천명해 왔지만 여의치 않자 '유감(regret)'을 표명하기도 했으나, 중국의 거부로 '매우 미안하다'는 용어를 사용하였다. 미국 측의 공식 창구역할을 맡았던 조지프 프루어 주중 대사가 탕자쉬안 외교부장에게 전달한 서한에서 미국은 실종된 조종사 유가족에게 매우 미안하게 생각하고, 또한 미국 정찰기가 구두 허락 없이 중국 영공에 들어가 착륙한 것에 대해서도 거듭 미안하다고 밝혔다. 다시 말해, 미국은 이번 사건으로 중국이 입은 손실에 대해 매우 미안하다는 뜻을 중국 국민과 실종 전투기 조종사 왕웨이의 유가족에게 전달해 주기 바란다고 분명히 밝혔다. 미국 측은 정찰기 승무원의 복지에 신경을 써준 노력에 대해 감사하다는 말도 덧붙였다.

당초 협상과정에서 중국 측 관리들은 말하는 사람이 잘못의 책임을 시인한다는 의미의 공식 사과용어인 다오첸이라는 단어를 요구했다. 이 의미는 '나의 잘못을 표명합니다'라는 것으로, 미국 측은 사고(accident)일 수도 있다며 이를 거부했었다. 결국 외교문서에서는 영어로는 Very Sorry, 중국어로는 선뻬아오첸이로 타협을 보았다. Very를 넣느냐 마느냐? 이를 중국어로 어떻게 번역하느냐? 추후 보상 또는 배상과 관련한 그 법률적 의미는 무엇이냐 등이 협상의 관건이었던 셈이다.

미국과 중국이 자존심을 걸고 맞붙었던 미국 정찰기와 중국 전투기 충돌 사건이 사건 발생 11일 후인 4월 11일에 미국의 사실상 사과와 중국의 승무원 석방으로 결정되었다. 그동안 국제법적 해석과 사과의 수위를 놓고 팽팽하게 전개된 사태가 극적으로 해결 국면을 맞은 것은 무엇보다 미국이 매우 미안하다는 외교적으로 상당히 높은 수준의 사과를 하고, 중국 측이 이를 수용했기 때문이다. 매우 미안하다는 표현은 절대 사과불가를 표방해 온 부시(George W. Bush) 행정부로서는 굴욕적으로 비쳐질 수도 있으며, 중국은 이 정도라면 당초 주장해 온 충분한 사과를 받았다고 판단했다. 특히 이번 사건은 미국과 중국의 국가위신을 위한 힘의 행사라는 성격을 띠어 세계적 주목을 받았다.

이번 사건이 집권 후 중국에 강경정책 의사를 공개적으로 표명해 온 부시 행정부의 콧대를 꺾어 놓을 호기로 간주했고, 미국도 중국을 굴복시킴으로써 패권적 지위를 확고하게 다지겠다는 전력적 의도를 숨기지 않았다. 이번 사건은 일단 미국의 사과를 받아낸 중국의 국가위신 확보 승리로 볼 수 있다.

이와 같이 허쯔(F. Hertz)는 국가이익을 국가안전보장, 국가복지번영보장, 국가위신보장으로 정의하고 있으며, 이러한 요소들은 상호보완적 관계에 있다고 말하고 있다.

이상의 주장들을 종합해 보면, 국가이익은 국가안전보장, 국가복지번영달성, 국가위신 증진, 유리한 국제질서의 창출 등이 국가이익의 기본적 내용이 되며, 그 예로써 한국의 국가이익도 그 내용을 포함하고 있다.

① 국가이익

② 국민의 안전보장, 영토의 보전, 주권의 수호를 통해 독립국가로 생존

③ 국가의 경제발전과 복리증진

④ 자유민주주의와 인권신장

⑤ 조국의 평화적 통일 달성

⑥ 세계평화와 인류공영에 기여 등이 포함되어 있다.

### (2) 국가이익의 유형

#### 가) 사활적 이익

사활적 이익(vital interests)이란 국가의 존립에 직접적인 위협으로 치명적 손실을 가져올 사안들에 대한 이익이다.

국가의 생존과 안전, 존속 등과 같이 광범위하며, 중요성에도 최우선시 되는 이익으로서 자국 영토와 동맹국가 영토의 물리적 안보, 국민의 안전, 경제적 번영, 주요기관 시설보호 등이 이에 해당한다. 이러한 사활적 국가이익을 지키기 위해서는 필요시 군사력을 독단적으로 과감히 사용할 수 있는 것이다.

사활적 국가이익의 결정기준은 가치요소와 비용, 그리고 위험요소를 고려하여 결정한다.

#### 나) 중요한 이익

중요한 이익(important interests)이란, 국가가 방지책을 사용하지 않는다면 심각한 장해가 예상되는 사안들이다. 국가생존에 치명적인 영향을 주지는 않으나 국가의 안녕과 세계의 성격에 영향을 주는 이익으로서 부분적인 갈등과 분쟁조정, 난민문제 해결, 환경보호 등의 노력이 포함된다. 이러한 중요한 국가이익을 지키기 위해서는 국가이익과 균형을 이루는 정도까지 군사적 · 비군사적 방법으로 참여하고 지원하게 된다.

#### 다) 인도주의적 이익

인도주의적 이익(humanitarian interests)이란 자국의 가치가 요구되기 때문에 행동해야 할 이익으로서 자연재해와 인재에 대한 대응, 인권침해에 대한 대응, 민주화에서 군사력에 대한 민간통제 지원, 인도주의적 원조, 지속적인 개발증진 등이 된다. 이러한 인도주의적 국가이익을 지키기 위해서는 외교적 노력으로 해결하고 필요시 극히 제한적인 군사력을 지원하게 된다.

#### 라) 지엽적 이익

지엽적 이익(peripheral interests)이란 국가적으로 급박하지 않을 뿐만 아니라 아주 적은 손해가 예상되는 기타 사안들이 된다. 따라서 앞의 3가지 국가이익에 비하여 학문, 예술, 대중문화, 체육, 국민들의 애국심 등의 분야에서 성과를 말한다.

요컨대, 국가이익은 이상적이고 영속적인 국가이념인 국가목적을 추구하고, 현실적이고 장기적인 국가목표의 달성과 국가정책 및 국가전략의 실천적 노력에 가치기준이 되는 것이다.

### 3) 국가목표

현대 국제사회에서 국가는 국가 간의 관계 협력과 대결이라는 서로 모순된 이중적 관계로 전개되어 왔다. 즉 정치, 경제, 사회, 문화, 과학기술, 군사 등의 각 부문에서 국제간의 협력이 그 어느 때보다도 중요한 것으로 강조되고, 다른 한편으로는 이러한 각 부문에서 국가 간의 대립과 대결 양상도 또한 과거 어느 때 못지않게 첨예화되고 있다. 이러한 과정에서 각 국가는 자국의 이익을 위하여 달성하고자 하는 국가목표를 갖게 된다.

국가목표는 국가이익의 구체적인 제시이며 국가가 도달하고자 하는 국가정책의 방향적 지침이 된다.

따라서 국가목표는 현재의 상태라기보다는 국가가 도달하고자 하는 미래의 상태로서, 국가목표를 수립하는 데는 국가이익이 기준이 되고, 국가목표는 국가정책을 수립하는데 있어 기본적인 방향을 제시하는 원칙이며 치침이라고 정의할 수 있다.

국가목표를 결정하는 요소는 내부적인 요소와 외부적인 요소로 구분할 수 있다.

먼저 내부적 요소로 첫째는 국가목적 달성을 위한 국가이념의 구현을 위해 그 국민이 가지고 있는 독특한 기본적인 가치관, 역사적 전통, 정치적 제도, 지리적 환경, 경제적 수준 등에 의하여 결정된다.

둘째는 관료집단의 성향으로서, 일반시민의 목표는 그들 자신이나 가족을 위한 직접적인 중요성을 가지는 목표가 아니면 대체적으로 국가목표에 대해서는 무관심하다고 말할 수 있다.

또한 개인은 크고 많은 이익집단에 소속되어 집단의 목표를 위해 노력하는 과정에서 갈등하고 대립하게 되는데, 이때에 정부는 국민의 대행기관으로서 활동하기 때문에 정부관료 집단은 각 이익집단의 상충된 의견을 조정하고 통합하여 국가적 차원에서의 국가목표를 설정함으로써, 국가목표는 주로 정부관료 집단성향과 그들이 밀접히 의존하고 있는 지배적인 집단의 성격에서 영향을 받는다.

이러한 관점에서 특정한 국가목표는 정부관료의 성향과 정부가 크게 의존하고 있는 집단의 이익 및 목표를 분석하여 보면, 그 국가의 목표를 예견하기는 어려운 일이 아닌 것이다.

셋째는 정치지도자의 개인적 가치가 국가목표 설정에 크게 영향을 미치고 있으며, 이런 사례는 세계사적 · 국가적 차원에서 많이 찾아 볼 수 있다.

다음은 외부적 요소인데, 첫째는 국가의 국제적 지위의 영향으로서, 국가목표 설정은 타국가의 국가목표 · 국력 · 국가이익 등을 고려하여야 한다. 왜냐하면, 타국가가 힘이나 부의 목표를 확대시키려고 할 때에 강력한 경쟁자로서 타국가의 목표와 갈등하고 제약하는 요소로 작용할 수 있기 때문이다. 둘째는 시대적 상황으로서 냉전구조시대이거나 탈냉전구조시대의 영향, 테러, 대량살상무기, 마약 및 밀수, 재해 및 재난 등의 다양한 위협 영향을 받게 된다. 이와 같은 국가목표의 설정은 내부적 요소와 외부적인 요소로서 타국가의 국가목표와 자국이익 등을 고려하여 국가목표를 설정하여야 한다. 따라서 국가목표의 한 분야로서 국가안보목표와 국가복지번영목표도 국가목표 범위 내에서 내부적 요소와 외부적 요소를 고려하여 설정하게 된다. 요컨대 국가목표는 국가목적을 달성하기 위한 수단이 되며 국가정책을 위한 최종목표가 되는 도구적 목표의 특성을 갖게 되고, 또한 국가목표는 장기간의 국가

상황 판단에 따라 현실적으로 결정한다. 왜냐하면, 목적은 이룩하거나 도달하려고 하는 목표나 방향을 의미하며, 목표는 행동을 통하여 이루거나 도달하려는 대상이 되는 것으로서, 국가목적이 추상적이고 영속적이며 이념적인 것이라면 국가목표는 보다 구체적이고, 장기적이며 실제 이익적인 내용을 갖는 차이점이 있기 때문이다. 그러나 국가에 따라서는 국가목적과 국가목표를 국가목표(국가목적)로 단일화된 개념으로 포괄하여 사용하기도 한다.

### 4) 국가정책

패들포드(N. Padelford)는 "국가정책이란 국가목표를 달성하기 위하여 취해지는 지속적이며 총제적인 국가의 행동적 지침"이라고 정의했다.

국가정책의 근원이 되는 것은 그 국가의 독특한 이념과 역사적 전통 속에서 정치제도, 경제적 욕구, 권력적 열망, 지리적 환경, 민족의 기본적 가치체계가 되며, 또한 국가정책의 원활한 수립과 집행을 위해서는 최대한 국민여론이 허용한 범위 내에서 가능한 것이다.

국가정책을 수립할 때에 고려할 사항은 국가자원을 고려하여 가용자원 범위 내에서 현실적으로 달성 가능해야 하며, 자국과 동맹국가에서 용인이 가능해야 하고, 특정한 정세에서 유리한 요소는 최대한 활용하고 불리한 요소는 감소시켜 나가야 한다. 국가정책의 분류는 ① 국가정책의 중요성에 따라서 기본정책, 일반정책, 세부정책으로 구분하고, ② 국가정책의 기능에 따라서 복지번영정책과 안전보장정책으로 기본 구분하고 정치 · 외교정책, 경제정책, 사회 · 심리정책, 과학기술정책, 국방정햅 등으로 일반구분하고 있으며, ③ 국가정책의 내외의 관점에 따라서는 대내정책, 대외정책 등으로 분류하고 있다. 이와 같이 국가정책은 국가가 추구하는 수개의 개별적인 정책의 단순한 총화가 아니라 타 국가에 대한 자국의 정치적, 경제적, 사회 · 심리적, 문화적, 과학기술적 · 군사적 지위의 평가는 물론이고, 국가를 유지하는 포괄적인 행동원칙, 구체적인 국가이익과 국가목표의 실현을 위한 국가전략과 전술을 포함하게 된다. 따라서 국가목표를 달성하기 위한 국가기본정책은 복지번영정책과 안전보장정책으로 구분한다.

### (1) 국가기본정책

#### 가) 국가복지번영정책

국가복지번영정책은 국가목표를 달성하기 위한 기본정책으로서, 정치 · 외교정책, 경제정책, 사회 · 심리정책, 과학기술정책, 국방정책 등의 일반정책에 복지번영 측면에서 원칙과 지침을 제공한다. 현대국가는 튼튼한 국가안보를 바탕으로 민간사회 · 군대사회에서 정치적 · 경제적 · 사회적 · 문화적으로 자아를 실현케 하고 삶의 질 향상을 위해 노력한다. 따라서 모든 국가의 기본정책은 복지번영정책을 갖게 되며, 그 복지번영정책은 일반정책에게 복지 및 번영을 위한 원칙이나 지침을 주게 된다.

#### 나) 국가안전보장정책

국가안전보장정책은 국가목표를 달성하기 위한 기본정책으로서, 정치 · 외교정책, 경제정책, 사회 · 심리정책, 과학기술정책, 국방정책 등의 일반정책에게 안전보장 측면에서 원칙과 지침을 제공한다. 안전보장은 특정한 국민이 타국가의 힘에 의한 침략을 두려워할 필요가 없을 뿐만 아니라 두려워하지 않는 상태를 의미하고 있기 때문에 안전보장의 가치는 상대적인 것이 되며, 절대적 안전보장은 전면전쟁에서 국가가 절대적 힘의 우위성을 확보할 수 있을 때 달성할 수 있다. 그러나 현대국가는 절대적 안전보장의 실현이란 어려운 문제라고 보기 때문에 모든 국가는 잠재 적국에 대한 자국방위를 위한 정책으로서, 적국에 의한 성공적인 침략의 위험성을 현실적으로 극소화하고 조직화하기 위해 노력을 하게 된다. 국가는 안전보장 추구를 위해 보통 군사력 사용의 상태를 가정하여 가능한 고도의 군사력을 유지하면서도, 다른 한편으로는 정치 · 외교적, 경제적, 사회 · 심리적, 과학기술적으로 집단안전보장체제, 상호방위협정 등으로 협력적 안전보장의 공동목표를 설정하여 대응하게 된다. 이와 같이 국가목표를 달성하기 위한 국가기본정책은 복지 번영된 국가와 외적 · 내적 위험으로부터 안전이 보장된 국가를 구현하기 위해 이중성의 정책적 특징을 갖고 있다.

### (2) 국가일반정책

국가일반정책은 국가기본정책인 국가복지번영정책과 국가안전보장정책을 실현하기 위한 정책으로서, 정치 · 외교정책, 경제정책, 사회 · 심리정책, 과학기술정책, 국방정책 등으로 구분한다.

첫째, 독립적인 정치 · 외교정책의 수행이다.

국가의 대내외 정책의 핵심은 자국 보존의 욕구에 있으며, 이러한 욕구는 개인생활에서와 마찬가지로 국제사회에서 독립국가 유지를 위해 모든 노력을 하는 것이 기본적인 목표가 된다. 이러한 의미에서 독립된 국가의 영토는 불가침적인 것으로서, 군사적 패배로 인한 극단적인 위기를 제외하고는 국가의 이념과 영토가 분리되지 않고 통합성이 보장되어야 하며, 또한 국가는 주권국가로서 사법권을 행사하고, 자국영역 내에서 발생한 사항에 대해서는 타국가와 무관하게 자국 소관사항으로 처리할 수 있는 독립적인 정치체제와 외교권이 보장되어야 한다. 이러한 자국보존의 목표는 국가존재를 위한 필수적인 조건으로서 국가목표 구현을 위한 정치외교정책 내용이 된다.

둘째, 경제적 복지번영을 위한 경제정책의 중요성이다.

현대국가는 국가정책 속에 경제적 복지와 번영을 가장 중요한 요소로 포함한다. 국가가 존립하기 위해서는 최소한의 국가건설 재원과 국민복지 유지가 필요하게 되는데, 그 이유는 절대적 빈곤은 국가의 통합을 파괴하고, 국가안보에 치명적인 악영향을 미치고 있기 때문에 절대적인 국가정책의 목표가 되고 있다. 국가는 총포와 버터 중에 어느 것을 선택하느냐에 따라서 국가정책 목표의 설정은 결정적인 영향을 미치게 되는데, 민주주의 국가는 복지번영을 통한 국민생활수준의 향상을 선택하는 반면에, 독재국가는 국민의 복지를 희생시켜 특정인이나 집단의 권력을 증대시키는 것이다. 이러한 경제정책에는 국가이익을 위한 경제적 활동을 비롯해서 경제적 복지번영과 국가방위 및 과학기술 등의 비용이 포함된다.

셋째, 사회 · 심리정책의 실현이다.

국가의 사회적 안전과 심리적 안정은 교육, 역사, 노동, 복지, 산업, 법규, 홍보, 환경, 행정 분야와 사회계층구조, 의식구조, 인구구조, 문화구조, 종교제도 등에서 생성되고 발전한다. 즉 민족이념으로 승화된 국민심리와 사회적 환경은 사회심리정책에 영향을 미쳐 민족단결과 사회적 안전으로 국가목표를 달성하는데 영향을 미치게 된다.

넷째, 과학기술정책의 실현이다.

현대국가에서 과학기술은 국가의 핵심적인 국가정책이 된다. 오늘날 세계는 물리적 충돌을 가져오는 무력전쟁을 하고 있으며, 한편에서는 눈에 보이지 않은 경제전쟁, 과학기술전쟁 등을 하고 있다. 즉 누가 먼저 품질 좋은 상품을 신속하게 개발하여 파느냐의 경제전쟁은 국가의 번영에 결정적인 영향을 미치고 있다. 그런데 경제전쟁에서 승리하기 위한 필수사항은 과학기술력이다. 상대방보다 우수한 기능을 보유한 제품을 팔아야 하며, 또한 경쟁제품보다 가격이 저렴해야 한다. 특히 지식정보화 사회에서는 다양한 분야에서 수많은 첨단기술이 출현하고 있으며, 그 과학기술은 군 · 산 · 학 · 연구기관의 공동연구체제를 구축하고 민 · 군 겸용 기술체계에 영향을 미쳐 국방정책 및 군사전략을 발전시키고, 무력전쟁의 승패를 결정하고 있다. 이와 같이 현대국가에서 과학기술은 무역전쟁과 무력전쟁에 영향을 미치고 있기 때문에 국가과학기술정책의 중요성은 더욱 커져가고 있다.

다섯째, 국방정책의 실현이다.

국가는 항상 타 국가로부터 침략의 잠재적 위험성을 갖고 있기 때문에 국방정책은 국가정책 중에서도 가장 중요한 분야로 추구하게 된다. 왜냐하면, 국방정책은 국가와 민족의 생존에 직접적인 영향을 미치게 되고, 군사적 · 비군사적 요소가 통합된 종합정책으로서 과학성 · 신속성 · 복잡성이 포함된 정책이기 때문이다. 요컨대, 현대국가는 국가목표를 달성하기 위한 기본정책으로 국가복지번영정책과 국가안전보장정책으로 구분할 수 있으며, 그 실천적 일반정책으로는 정치 · 외교정책, 경제정책, 사회 · 심리정책, 과학기술정책, 국방정책 등이 있다.

### 5) 국가전략

국가전략이란 국가목표를 달성하기 위하여 국가정책의 실현에 바탕을 두고, 전시 및 평시를 막론하고 국가의 정치 · 외교적, 경제적, 사회 · 심리적, 과학기술적 및 군사적인 모든 역량을 통합시켜서 효과적으로 사용하는 전술과 과학이라고 정의한다. 또한 미국 웨드마이어(Albert Wedemyer) 장군도 "국가목표를 달성하기 위해 국가의 모든 자원을 통합하여 이용하는 기술과 과학이 국가전략"이라고 정의하였다.

이상의 내용을 종합하여 볼 때, 국가전략은 자국의 능력과 국가에 대한 위협을 기초로 하여 수립해야 하고, 국가전략의 설정단계에서는 정치 · 외교적, 경제적, 사회 · 심리적, 과학기술적, 군사적 역량을 통합하여 효과적 사용 등을 고려해야 하며, 국가의지가 반영되어야 한다. 이미 앞에서 국가정책과 국가전략의 관계를 알아보았지만 그 내용을 좀더 설명하면 다음과 같다. 국가정책이 국가목표 달성을 위하여 우리가 무엇(what)을 해야 하는가를 말하여 주는 것이라면, 국가목표는 왜(why) 국가정책을 수행하는가를 말해주며, 국가전략은 국가정책을 어떻게(how) 실천해야 하는가를 말해 주는 것이 된다. 따라서 국가전략은 국가정책을 집행하여 국가목표를 달성하기 위해 국가가 실천할 수 있는 방법과 수단을 통합하여 사용하는 기술과 과학의 관계에 있다. 이 모든 수단과 방법은 국력의 요소인 정치, 경제, 사회, 과학, 문화, 군사 및 심리적인 것이 될 수 있기 때문에 국가전략의 수단으로는 정치 · 외교전략, 경제전략, 사회 · 심리전략, 과학기술전략, 군사전략으로 구분하고 있다. 특히 군사적 수단이라고 할 수 있는 군사전략은 국가전략의 하나의 구성요소로서, 이들 제 수단과 통합하여 국가정책을 수행하는데 사용되는 무기가 되는 것이다.

국가전략을 국가정책의 집행이라고 한다면 다음과 같은 실질적인 예를 미국에서도 들 수 있다. 우선 정치분야에서 국가전략의 실례를 든다면 정치 · 외교 분야에서는 국제연합(UN)과 북대서양조약기구(NATO), 국가동맹협정 수행 같은 것은 그 전형적인 사례가 되는 것이며, 경제분야는 마셜계획을 비롯하여 우방국에 대한 경제원조를 들 수 있을 것이다. 또 군사적 분야에서는 6 · 25전쟁, 걸프전쟁, 이라크전쟁 등에 참전을 비롯하여 기타 전략적 중요지역에서 군사력의 동원 및 배치 등을 들 수 있다.

군사전략은 국가차원(국방부 및 합동참모본부)에 따라 매우 다양하게 구분하고 있으며, 또한 각 군 차원(육군 · 해군 · 공군본부 및 작전부대)에 따라 육군전략(지상군전략) · 해군전략(해양전략) · 공군전략(항공전략) 등으로 세분하기도 하며, 한국의 군사전략은 평시와 전시로 구분하여 국가목표(국방목표)를 달성하는 데 기여하고 있다. 국가전략은 국가목표 달성을 위한 국가정책의 집행을 의미하며, 군사전략은 정치 · 외교전략, 경제전략, 사회 · 심리전략, 과학기술전략 등과 더불어 국가전략의 하나의 구성요소가 된다.

이와 같이 국가정책과 국가전략 간에 개념상의 구별에도 불구하고, 국가목표를 달성하기 위하여 필요한 방법과 수단이라는 면에서 공유부분이 많이 있기 때문에 실질적인 사용에 있어서 혼용하여 사용하는 경우가 있다. 국가정책을 세밀하게 설정하면 국가전략의 영역을 포함하게 되고, 너무 개괄적으로 설정하면 국가전략이 국가정책의 영역을 포함하게 되는데, 그것은 국가정책과 국가전략이 상호 밀접한 관계에 있기 때문이다.

## 6. 결 론

지금까지 국가란 무엇인가에 대해서 알아보았다. 국가는 강자만이 존재할 수 있는 국제환경 속에서 자신을 보호하여 국민의 생명과 자유를 보장하고,

국민의 복지를 증진하기 위해 노력하는 국민단체라는 것을 알 수 있다.

그러나 사람들은 평소에 산소의 호흡으로 존재하면서도 산소의 고마움을 모르고 살아가는 것처럼, 국가의 존재에 대해서, 또는 국가를 위한 자신들의 책임과 역할에 대한 이해와 실천을 가볍게 생각하기도 한다.

21세기 세계 속의 강대국가가 되기 위해서는 국가의 국민으로, 국가의 주인으로서, 국가의 지도자로서 책임과 역할을 할 수 있도록 국가의 개념, 국력의 특징 그리고 국가이익과 국가정책에 대한 깊은 이해와 실천이 있어야 한다.

제2부

# 국가안보의 개념과 방법

# 제4장

# 안보의 정의와 개념

## 1. Security의 어원

안보라는 뜻을 가진 Security의 어원은 라틴어 Securitas(Free from the care)로부터 유래되었으며, 근심과 걱정으로부터 자유를 의미하는 것이다.[1] 제1차 세계대전 이후 국제연맹규약 작성 시 Security라는 용어가 처음 사용되었고, 이 용어를 일본인들이 안전보장이라고 번역을 하고부터 고정된 의미로 계속 사용되고 있다.

National security의 의미는 두 가지로써, 하나는 국가를 안전하게 보장한다는 의미이고, 또 하나는 국가가 안전을 보장하는 업무를 담당한다는 의미를 갖는다.

유사한 뜻으로 사용하는 Safety와의 차이를 보면, 먼저 Security는 적국이나 폭력집단 등 사회적 행위주체(인간 또는 인간집단)와 그들의 의도적 행위가 위험의 원천인 경우, 이 같은 위험이 정치적 · 사회적 · 심리적 문제로 제기되는 위협인 Threat와 함께 사용한다. Safety는 고의적이지 않은 위험, 예를 들어 과실로 일어난 사고와 자연재해 등의 위험에 관해 사용되며, 기술적 · 공학적 문제로 제기되는 위험인 Danger와 같이 사용한다.

1) 김희상(2003). p. 17.

## 2. 국가안보의 정의

국가안보(National security)란 국가안전보장의 준말로 걱정, 근심, 불안이 없는 국가 상태라는 의미를 갖는다. 국가안보라는 용어가 국제정치에 사용된 경위는 제1차 세계대전 직후 독일의 보복을 두려워한 프랑스가 자국을 비롯한 유럽의 평화를 지키기 위하여 유럽의 모든 국가를 대외적 위협으로부터 어떠한 방법으로 지킬 것인가 하는 위기의식으로부터 발단이 되었다.[2]

국가안보의 정의는 학자들마다 다소 차이가 있으나, 우리나라 국방대학교에서는 "국가안보란 군사 · 비군사에 걸친 국내외로부터 기인하는 각종 각양의 위협으로부터 국가목표를 달성하는데 있어서 추구하는 제 가치를 보전 · 향상시키기 위해서 정치 · 외교 · 사회 · 문화 · 경제 · 군사 · 과학기술에 있어서의 제 정책체계를 종합적으로 운용함으로써 기존의 위협을 효과적으로 배제하고, 또한 일어날 수 있는 위협의 발생을 미연에 방지하며, 나아가 발생한 불의의 사태에 적절히 대비하는 것"이라고 정의한다.[3]

아놀드 월퍼스(Anold Wolfers)는 국가안보를 "객관적 의미로 안보란 획득한 가치들에 대한 위협이 없는 것을 의미하며, 주관적으로는 이러한 가치들에 대한 우려가 없는 것을 의미한다"라고 정의하였다.

『일본방위연구소』에서는 "안전보장이란 외부로부터의 군사 · 비군사에 걸친 위협이나 침략에 대하여 이를 저지 또는 배제함으로써 국가의 평화와 독립을 지키고 국가의 안전을 보전하는 것을 말하며, 국방이나 방위의 개념보다는 광범위한 군사 및 비군사에 걸친다"고 하며 외부로부터 국가의 모든 분야에 대한 위협을 배제한다는 광의의 개념을 가진 용어로 정의하고 있다.[4]

그러나 간결하면서도 통상적으로 사용되는 정의는 "자국의 핵심적 국가이익을 국내외 위협으로부터 보호 또는 증진하는 것"이라고 할 수 있다. 여기서

---

2) 김희상(2003), p. 18.
3) 국방대학교, 『안보관계용어집』, (서울 : 국방대학교, 1991), p. 50.
4) 김희상(2003), p. 20.

의 보호는 소극적 의미에 한정되는 것이 아니라 국가이익을 신장시키는 것과도 관련이 있다.

전통적인 안보의 개념은 구체적으로 국방이라는 말로 이해되고 있는 바와 같이 국민의 생명이나 재산 또는 국토의 안전을 외부의 침략으로부터 수호하는 것을 목표로 하였으며 국가의 존망 문제로 취급되어 왔다. 즉 안전보장은 적의 침략을 미연에 방지하거나 이미 발생된 침략을 격퇴하는 것이었다.

이러한 안보개념은 주로 군사전략가를 중심으로 정의된 안보개념이다. 이 개념은 국가안보에 대한 위협의 근원을 외부 또는 타 국가로부터 오는 위협만을 지나치게 단순화함으로써 안보위협에 군사적 대응전략만을 유일하게 생각하기 쉽다. 그럼에도 불구하고 전통적 안보개념은 국가안보의 핵심부분이 될 수밖에 없다.

냉전 종식 후 전통적인 전면적인 군사적 위협이 감소되었으나, 국제관계가 복잡하고 위협요인이 다양해짐에 따라 경제, 재해, 환경 등 비군사 분야에까지 확대되고 있다. 특히 9 · 11 테러사태 이후 테러는 중요한 국가안보 위협요소가 되었다.

오늘날 안보의 개념은 과거의 단순한 군사적 위협에 대비한 안보로부터 다양하고 복잡한 위협에 대비하는 개념으로 바뀌어가고 있다. 또한 교통 · 통신 · 정보기술의 발달로 국경을 초월하는 '초국가적 위협'이라는 형태로 나타나고 있다.

이와 같이 안보개념은 국제적 상황과 시대의 상황에 따라 계속 변화되어 왔고, 나라마다 처한 안보상황의 차이로 그 개념도 달리 표현되고 있다.

# 3. 안보개념의 변천

## 1) 절대안보

### (1) 절대안보의 의미

절대안보는 일방안보라고도 하며, 그 의미는 "자국의 군사력을 충분히 건설하여 상대방의 전쟁시도를 억지하며, 일단 전쟁이 발발하면 승리할 수 있도록 함으로써 국가의 안전을 보장"하는 것이다.

이러한 안보관은 정치적 현실주의에 기초하였으며, 정치적 현실주의는 국제사회가 약육강식의 무정부상태라는 인식으로부터 출발한다. 또한 국가는 이기적인 국가이익을 추구하는 비도덕적 존재이며, 국가 간의 관계는 상호이익의 상충으로 인해 본질적으로 갈등관계가 존재할 수밖에 없기 때문에 개별국가는 스스로의 생존을 보장할 수 있는 힘이 필요하다고 생각한다. 따라서 국가의 생존과 독립 등 자국의 안보는 스스로의 힘을 바탕으로 대응한다는 개념이다.

즉 절대안보의 기본 개념은 zero-sum game[5)]으로서 적국의 안보를 희생시켜 자국의 안보를 달성하는 것이며, ① 국제사회가 약육강식의 무정부 상태, ② 자력구제 원칙이 지배, ③ 생존을 위해 군사력 중심으로 가능한 모든 수단을 동원한다는 관점으로부터 출발한다.

힘의 논리가 지배하는 국제현실에서 자국의 군비증강도 중요하지만 강한 국가의 도움을 받거나 여러 국가가 단결하는 동맹이나 집단안보체제의 결성을 중시한다.

---

5) 승자의 득점과 패자의 실점의 합계가 영(零)이 되는 게임. 승패의 합계가 항상 일정한 일정합게임(constant sum game)의 하나이다. 이 게임에서는 승자의 득점은 항상 패자의 실점에 관계하므로 심한 경쟁을 야기시키는 경향이 있다. 이에 반해 승패의 합계가 제로가 아닌 경우의 게임을 난 제로섬게임이라 한다.

### (2) 고전적인 개념의 절대안보

현재 우리나라의 군사전략 개념도 절대안보와 맥을 같이 하고 있다. 절대안보 개념은 오늘날까지 현실적인 국제정치관과 가장 가까운 안보관이며, 우리나라와 같이 전쟁에서의 승패가 바로 국가의 존망과 직결되는 상황에서는 절대안보를 지향할 수밖에 없었다.

이 안보개념은 외부의 위협으로부터 자국의 안전을 보장하기 위해 상대적으로 우월한 국력과 군사력을 중요시한다. 정치적 현실주의를 바탕으로 한 절대안보는 과거 군국주의[6] 국가에서 보여준 예와 같이 강력한 군사력 유지와 군사력 행사만이 자국의 안전을 보장하는 유일한 수단이라고 생각한다.[7] 안보라는 개념도 이러한 현실주의 사상으로부터 생겨난 것이다. 절대안보 개념은 국가총력전[8] 사상과 더불어 1 · 2차 세계대전, 미 · 소 냉전시대에까지 이어져 온 대표적인 안보개념이다.

### (3) 절대안보의 성과와 한계

현실주의에 기반을 둔 절대안보는 안보를 국가의 제일의 목표로 설정하여 전쟁을 억지할 수 있는 능력을 배양하고, 동맹을 통한 세력균형과 힘의 우위를 달성하기 위한 노력으로 국가안보를 증진할 수 있었다.

그러나 이러한 절대안보의 한계는 국가안보를 위한 힘의 극대화가 상대국가를 자극하여 군비경쟁을 유발시키고, 이러한 경쟁의 지속적인 상승작용으로 갈등이 증폭되어 오히려 안보위기를 불러오는 안보의 딜레마(Security

6) 군국주의(militarism) 군사력에 의한 대외적 발전을 중시하며 군대에게 우월적인 지위를 주어 정치 · 경제 · 사회의 전 영역을 군사화하려고 하는 사상 및 체제.

7) 온만금, "공동안보, 협력안보, 평화유지군", 육군사관학교(편) 『국가안보론』, (서울 : 박영사, 2005), pp. 235~236.

8) 총력전은 좁은 뜻의 무력만이 아니고 국가 각 분야의 총체적 힘을 기울여 하는 전쟁. 전체전쟁이라고도 한다. 제1차 세계대전과 제2차 세계대전이 대표적 예이다. 총력전이라는 개념은 제1차 세계대전 당시 독일의 E. 루덴도르프 장군이 『총력전(der totale Krieg, 1935)』이라는 저서를 낸 뒤부터 널리 쓰이게 되었다.

Dilemma)[9]에 봉착하게 되었다. 또한 군사력을 증강시키기 위해 과도한 국방비를 투입함에 따라 상대적으로 국가 발전분야에 대한 투자를 감소시킴으로써 경제성장의 둔화 내지 정체를 초래한다. 이러한 현상이 중·장기적으로 계속되면 국가경제 규모가 점차 작아짐으로써 결과적으로 국방비의 총액이 제한되고 군사력의 약화를 가져오는 국방의 딜레마(Defense Dilemma)[10]에 봉착하게 된다.

미·소 양극체제에서 냉전의 일극을 담당했던 소련이 붕괴된 것도 결국 과도한 군비경쟁으로 인한 군사비 과다지출로 국가경제가 파탄한 것이 직접적인 원인이었다.

소련은 1917년 볼셰비키혁명의 성공으로 사상 최초로 공산주의 국가가 되었으며, 제2차 세계대전 후에는 전승국으로써 동·서 냉전 시 양극체제의 중심국가로 부상하였다. 소련은 1949년 미국 다음으로 핵무기 개발에 성공한 후, 대륙간탄도탄과 인공위성을 세계 최초로 개발하면서 군비확장을 통한 초강대국의 면모를 과시하였다.

소련은 공산블록의 대부로서 주변 위성국들에 대한 통제를 강화하고, 국제공산주의의 세력 확장을 위해 각종 국제분쟁에 적극 개입하며, 미국을 주축으로 한 북대서양조약기구(NATO)에 대항하기 위해 바르샤바조약기구(WTO)를 결성하여 서유럽을 압박하였다.

공동안보의 개념이 형성되기 이전, 미국과 소련은 핵무기를 비롯한 대량살상무기와 첨단무기체계의 우위를 확보하기 위한 군비경쟁에 국력을 집중하였다. 이러한 군비경쟁은 작용과 반작용의 과정을 거듭하면서 결국 안보 딜레마를 초래하게 되었고, 상대적으로 국가경제가 취약한 소련이 경제적 파탄을 맞게 되며 붕괴의 길을 걷게 된 것이다.

---

9) 한 국가의 자구적 군비증강은 순수방어적 목적을 위한 것이라도 적국에게는 위협으로 인식되어 상대적인 군비증강을 가져오고, 이러한 현상이 반복되면서 군비경쟁을 초래한다는 것.
10) 군사력 건설을 위해 막대한 재원을 지속적으로 투자할 경우, 정부 내 타 공공부분의 투자를 희생하게 되어 궁극적으로는 전체 포괄적 국가안보가 위협받는다는 이론.

## 2) 공동안보

### (1) 공동안보의 의미

공동안보는 미 · 소 냉전체제 하에서 무한경쟁으로 치닫던 핵무기개발을 통한 핵 억지 위주의 안보전략과 이에 따라 파생된 공포의 균형은 오히려 안보유지에 위협이 된다는 사실을 인식하고 이와 같은 위협을 해소하기 위한 대안으로 등장한 안보관이다. 즉 과도한 군비경쟁을 유발하는 기존의 절대안보에 기초한 안정은 지속될 수 없다는 새로운 인식 하에 양대 진영 간의 협력을 통해 공동의 안보를 모색할 필요성이 제기된 것이다.

공동안보는 적대국과의 군사협력을 통해 안보를 달성한다는 개념으로 1980년대 초반에 등장하였다. 이 용어는 팔메위원회(Palme Commission)[11]로 알려져 있는 미국의 '군축 및 안보문제에 관한 독립위원회' 가 처음 사용하였으며, 1982년에 공동안보의 개념을 처음 도입하면서 공동안보를 위한 추진 원칙은 다음과 같다. ① 모든 국가는 안보에 대한 정당한 권리를 보유하며, ② 군사력은 나라 간 분쟁해결에 있어 정당한 수단이 아니며, ③ 국가의 정책 표출에는 제한이 필요하며, ④ 안보는 군사적 우위로는 달성될 수 없으며, ⑤ 군비감축과 제한이 공동안보를 위해 필요하며 군비협상과 정치적 사안의 연계는 지양되어야 한다.

당시 공동안보는 군비경쟁으로부터 유발된 안보딜레마의 유일한 탈출구로 간주되었고, 공동안보는 안보를 대립과 경쟁이 아닌 협력과 조화를 바탕으로 접근해야 하는 문제로 인식하여 적대국 간의 상호 신뢰구축과 군비축소 문제를 가장 시급한 문제로 다루고 있다.

공동안보는 안보의 딜레마나 국방의 딜레마와 같은 문제를 불러온 절대안

---

11) 팔메위원회는 군축과 안전보장에 관한 독립위원회의 별칭이며 위원장인 팔메 스웨덴 총리의 이름을 붙인 것이다. 1980년 9월에 창립하였으며 1981년에 유럽 전역에서 핵협상의 조기 실현과 ABM 조약의 유지 및 비핵지대 협상에 대해 구체적인 제안을 내놓았다. 1981년 12월 도쿄에서 비공개회의가 열렸으며, 1982년 5월 유엔특별군축총회에도 보고서를 제출하여 주목을 끌었다.

보의 단점을 극복하기 위해 제시된 안보관이다. 공동안보의 의미는 군사력의 중요성을 간과하지 않으면서도 적국과의 상호공존을 통하여 안보를 추구하는 것이다. 즉 군사적 대립이 아닌 대화와 제한적 협력을 통하여 상대방의 안보를 보장하고 자국의 안보를 달성하고자 하는 방식을 말한다.

이러한 안보관의 출현배경은 국제관계란 상호 갈등적 측면뿐만 아니라 상호 의존적인 측면도 존재한다는 것과 어떤 국가도 군사력에만 의존해서는 자국의 평화와 안보를 유지하기 곤란하다는 현실인식으로부터 출발한다. 또한 핵무기 등 대량살상무기 출현은 어느 한쪽의 일방적인 승리를 불가능하게 하였고, 적대국이라도 인정을 하지 않을 수 없는 상황에서 그들과 상호 공존을 통해 국가안보를 추구할 필요가 있었기 때문이다.

공동안보는 핵무기 개발 이후 보편화된 핵전쟁에 대한 공포와 함께 승리자와 패배자가 있을 수 없다는 공멸의 안보인식에 그 근거를 두고 있다. 이를 해결하기 위해 군사적 수단보다는 외교적 수단을, 무력대결보다는 정치적인 협상을, 양자방식보다는 다자간 방식을 선호한다.

공동안보의 방법으로는 ① 일방적 혹은 쌍무적인 방어형 군사태세로의 전환, ② 합리적 충분성(reasonable sufficient)에 입각한 군사력 수준의 유지, ③ 방어위주의 군사교리와 방어형 무기체계로의 전환 등이 있다.

'합리적 충분전략'이나 '방어적 방어전략'은 군사력이 전쟁에서 승리를 위한 수단이 아니라 전쟁을 예방하고 방어하는 수단이라는 근거에서 출발한다.

'합리적 충분'이란 군사력 보유수준이 방어에 필요한 최소한의 억지력을 확보하면 충분하다는 것이며, '방어적 방어'는 전략기조를 전쟁에서의 승리추구가 아니라 전쟁을 사전에 예방하고 방어하는 수단이라는 논리이다.

'합리적 충분'이란 군사력 보유수준이 방어에 필요한 최소한의 억지력을 확보하면 충분하다는 것이며, '방어적 방어'는 전략기조를 전쟁에서의 승리추구가 아니라 전쟁을 사전에 예방하고 방어하는 수단이라는 논리이다.

전략 핵무기의 '합리적 충분성'이란 상대방의 핵공격을 억제할 수 있는 최소한도의 보복능력을 보유하는 수준을 의미하며, 재래식 군사력의 경우에는 영토를 방어할 수 있는 최소한도의 군사력 수준을 의미한다.

절대안보의 기본인식이 zero-sum game이었던 반면에, 공동안보는 non-zero sum game을 기본인식으로 바탕에 두고 있다. 즉 어떠한 개별국가도 자신의 군사력 증강에 의한 억지만으로 자국의 안보와 평화를 달성할 수 없으며, 적대국과의 공존을 통해서만 진정한 국가안보를 달성할 수 있다는 것이다.[12)]

### (2) 공동안보의 전개

공동안보란 현실주의 안보관과 이상주의 안보관이 합쳐진 개념으로 상호 군사적 신뢰구축을 통해 군비통제 및 협상을 유도하는 이론적 배경이 되었다.

공동안보에 대한 본격적 논의는 팔메위원회에서 공동안보 개념을 제기한 이후 광범위한 논의의 대상이 되었다. 과거의 전략이 개별 국가안보에 초점을 맞추는 반면, 공동안보는 안보관계의 상호 의존성을 강조한다. 그 핵심적 내용은 핵시대에 미국과 소련 양국이 공멸을 피하는 길은 '상호 확실파괴(Mutual Assured Destruction; MAD)'를 통한 불안한 안보의 추구보다 대화를 통한 상호이해와 위협의 완화로 상호 안보를 추구하자는 것이다.[13)]

미국에서 개념화한 공동안보를 본격적으로 정책에 반영한 사람은 구소련의 고르바초프였다. 고르바초프는 '신사고'에 입각한 개혁개방 추진과정에서 공동안보를 중요시하는 정책을 펴나갔다.

그가 이러한 정책을 펴간 배경에는 군비경쟁을 지속하고는 파산상태에 빠진 소련체제를 더 이상 지탱하기 어렵다는 점에서 비롯되었다. 그는 서방과의 긴장완화와 상호 군비감축으로 어려운 경제문제를 해결하려 했다.

고르바초프는 군비경쟁을 통한 일방적 안보의 추구보다는 호혜적 안보를 지향하였다. '호혜적 안보'는 자국의 안보를 증진하기 위해 상대의 안보를 해치는 것이 불가피하다는 절대안보 논리를 부정하고, 자국의 안보는 상대국의

12) 온만금(2005), pp. 241~242.
13) 황진환, 『한국의 안보와 군비통제』, (서울 : 봉명, 1997), pp. 33~34. 육군사관학교, 『국가안보론』, (서울 : 박영사, 2005), p. 241. 재인용)

안보를 인정함으로써 보장받아 서로에게 이익이 되도록 해야 한다는 것이다.

공동안보의 구체적인 조치들은 일방적이거나 전략무기 감축회담과 같은 쌍무적 협상을 통해 방어형 군사태세로 전환하고, 합리적 충분성에 근거한 군사력 수준을 유지하도록 방어위주의 군사교리를 정립하였다.[14)]

### (3) 공동안보의 성과와 한계

공동안보의 성과로는 미국과 소련의 군사전략 개념을 변화시킴으로써 상호 핵전력을 감축할 수 있었고, 유럽에서의 재래식 군사력의 감축을 가능케 함으로써 안보딜레마와 국방딜레마를 해소할 수 있었다.

그러나 공동안보의 한계로는 적대국과의 공동안보를 위한 상호협조체제 구축이 매우 어려울 뿐 아니라 안보에 대한 안이한 인식을 줌으로써 군사력 건설 및 유지의 중요성을 간과할 우려가 있다는 것이다.

공동안보의 가장 큰 문제점으로는 관련 국가 간 신뢰형성이 중요한 관건인데 불성실한 협의의 이행으로 군축활동이 고착상태에 머물게 된 것이다.

국제간의 불성실한 협의이행의 대표적인 예는 1991년 남 · 북한 간에 체결된 「한반도 비핵화 공동선언」이다. 「한반도 비핵화 공동선언」은 한반도를 비핵화함으로써 핵전쟁의 위험을 제거하여 한반도의 평화를 정착하고 평화통일에 유리한 조건과 환경을 조성하며, 아시아는 물론 세계의 평화와 안전에 이바지하자는 취지에서 남 · 북한이 공동 채택한 선언이다. 한국에서 미군의 전술핵무기 철수 등 비핵화계획 실행에도 불구하고 북한은 은밀하게 핵무기를 개발하였고, 1993년에 국제원자력기구(IAEA)의 특별 핵사찰을 문제삼아 NPT[15)]를 탈퇴하고 한반도에서의 핵위기를 고조시켜왔으며, 결국 2006년에 1차 핵실험을 감행함으로써 「한반도 비핵화 공동선언」을 휴지로 만들어 버리고 말았다.

---

14) 온만금(2005), pp. 240~242.

15) 핵확산 금지조약(Nuclear Nonproferation Treaty) 비핵보유국이 새로 핵무기를 보유하는 것과 보유국이 비보유국에 대하여 핵무기를 양여하는 것을 금지하는 조약.

## 3) 협력안보

### (1) 협력안보의 배경

제2차 세계대전이 끝나자, 세계대전과 같은 인류의 참화를 예방하고 항구적인 세계평화를 유지하기 위한 강력하고도 영속적인 국제기구의 필요성이 제기되었으며, 이를 공감한 연합국들이 중심이 되어 국제연합을 창설하였다. 그러나 냉전체제 구축으로 안보리 상임이사국들은 잦은 거부권행사를 하게 되었으며, 이로 인해 국제연합은 국제분쟁 해결에 한계를 드러냈다.

그러나 탈냉전 이후 강대국들 간에 공조체제가 형성될 가능성이 커지고 국가 간에 연관된 쟁점들이 표출됨에 따라 국제기구의 역할을 확대하자는 인식이 확산되면서 협력안보 개념이 주목받게 되었다.

협력안보는 국제레짐(International regime)의 이론에 근거를 두고 있다. 국제레짐이란 국제기구, 다자간 협약 및 조약, 제도, 협의체 등과 같은 방식의 제반 쟁점영역에서 국제간에 형성된 느슨한 연결체를 총칭한다. 국제레짐이 독립적 영향을 수행하지 않더라도 매개적 영향력을 수행할 수 있을 것이라고 예상하며, 이상주의자들은 국제레짐이 변화된 현실 속에서 새로운 문제해결 방식으로 정착될 수 있다고 기대한다.

협력안보가 관심을 보이는 현실적인 배경은 국내외적인 환경변화와 함께 새로운 안보위협 요소가 등장함으로써 안보개념이 확대되고 재정의되어가고 있기 때문이다. 오늘날 정보화시대에는 국가 간의 국경개념이 점차 사라져감에 따라 정치, 경제, 환경적 상호 의존관계가 심화되는 추세이다. 이러한 상황에서 전통적인 군사적 위협 외에 환경오염, 자원고갈, 생태계 파괴 등 국가 간의 갈등요인이 되면서 범세계적인 관심사로 등장하였다.

이와 같은 문제들은 개별 국가의 능력이나 역할범위를 벗어나기 때문에 불가피하게 국제기구나 국가 간의 협력을 통해 문제를 해결해 나갈 수밖에 없다. 협력안보는 이러한 시대적 요구에 부응하기 위해 정립된 개념이다.[16]

---

16) 온만금(2005). pp. 243~244.

### (2) 협력안보의 개념

집단안보가 침략행위에 대해 무력을 사용하는 대응개념인데 반해, 협력안보는 관련국들 간에 정치 · 군사적 신뢰를 다져 분쟁을 사전에 예방하는 예방외교적 성격이 강하다. 협력안보는 냉전시대 양대 세력 간 분쟁을 방지하기 위해 강조되었던 억지나 봉쇄보다는 상호안심을 추구하는 것이며, 양자 간 군사동맹에 의해 유지되었던 기존의 세력균형체제를 보완하거나 장기적으로는 이를 대체하고자 하는 개념이다.

즉 협력안보란 국가 간의 대립관계를 청산하고 협력적 관계의 설정을 추구함으로써 상호 양립 가능한 안보목적을 달성하고자 하는 것을 뜻하며, 기본적으로 ① 복합적 상호의존, ② 안보쟁점의 다양화, 다층화 현상, ③ 전 지구적 안보쟁점의 등장, ④ 개별국가의 관리능력 부족을 기본인식으로 삼고 있다.

협력안보는 전통적인 군사적 위협뿐만 아니라 비군사적 안보위협 요인도 포괄적으로 다룬다는 의미에서 포괄적 안보와도 유사성이 있다. 또한 상대국의 군사체제를 인정하고 상대국의 안보이익과 동기를 존중하면서 상호공존을 추구한다는 면에서는 공동안보와도 유사하다.[17)]

우선 협력안보와 공동안보를 비교해 보면, 먼저 공통점은 상대국의 존재를 인정하고 그들의 안보이익과 동기를 존중하고 상호 공존을 모색하는 것이며, 차이점은 포괄적이고 상호의존적 상황 하에서 안보쟁점을 관리하며 해결을 위해 보다 적극적으로 방안을 모색한다는 것이다.

협력안보의 주요 특징은 다음과 같다.

첫째, 협력안보는 예방외교활동을 중요시 하는 경향이 있다. 오늘날의 전쟁은 막대한 전비가 소요됨으로써 전쟁을 통해서 얻는 이익은 크지 않는 반면 비용은 매우 크다. 따라서 불필요하거나 우발적인 전쟁을 예방하기 위해 군사적인 투명성을 제고하고 신뢰구축을 추구하는 것이 매우 중요하다. 1975

---

17) 한용섭, “평화와 군사안보”, 하영선(편), 『21세기 평화학』, (서울 : 풀빛, 2002). p. 219.

년에 체결된 '유럽안보회의'는 미 · 소 예방외교활동의 결과이다.

둘째, 협력안보는 쌍무 간 안보외교보다 다자 간 안보외교에 초점을 맞추고 있다. 다자 간 안보협력은 비군사적인 분야인 경제, 환경, 자원, 기술 등의 영역에서 양자 간의 외교로는 해결하기 어려운 쟁점들을 해결하기 위한 주요 개념으로 자리잡게 되었다.

셋째, 협력안보는 국가 간 협력장치를 제도화하려는 노력을 내포하며 이를 위해 관련국 전체의 공동 관심사를 이끌어내어 협력하는 방안을 모색하고 있다.

넷째, 협력의 절차를 중시하며 대화채널의 구축과 대화의 습관화를 제도화한다.

다섯째, 안보레짐을 구축하는 것으로 안보쟁점 관련국 행동을 조정하고 관리, 통제하는 기준 마련을 모색한다.

여섯째, 협력안보는 '제로섬게임'보다 '최소최대전략'에 입각한 행동준칙을 강조한다. '최소최대전략'이란 자신의 이익을 최소화 하면서 상대의 손실을 적게 하는 협조정신에 의한 게임전략이다.

일곱째, 안보쟁점에 대한 포괄적 이해로서 군사쟁점 외에 경제, 환경, 인구, 기술 등 다양한 쟁점을 포괄한다.

여덟째, 많은 관련국의 이해와 관심을 유도하는 것으로서 많은 쟁점을 다루어 많은 국가가 참여하고 대화하도록 유도한다.[18)]

### (3) 협력안보의 주요 메커니즘

#### 가) 유럽안전보장 협력회의(CSCE : Conference on Security and Cooperation in Europe)

1975년 7월 30일 핀란드 헬싱키에서 개최된 유럽지역 안보협력회의로 약칭은 CSCE이다. 유럽안보협력정상회의 또는 헬싱키 정상회의라고도 하며 유럽 33개국과 미국, 캐나다 등 총 35개국이 참가하였다.

18) 온만금(2005), pp. 243~248.

동유럽의 사회주의국가들이 붕괴한 후 1995년 1월 1일부터 유럽안보협력기구(OSCE : Organization for Security and Cooperation in Europe)로 개칭하여 유럽에서의 민주주의 증진, 군비통제, 인권보호, 긴장완화, 분쟁방지 등의 활동을 하고 있다.

1954년 3월에 소련이 최초로 유럽집단 안보체결을 제창한 이후 1966년 7월에 바르샤바조약기구 7개국 정상회의에서 북대서양조약기구(NATO)와 바르샤바조약기구(WTO)의 동시 해체를 위해 전 유럽 전체회의 개최를 제안했다. 한편, 1970년 11월에 핀란드는 유럽 전 국가들과 미국 · 캐나다에 대해 유럽안보협력회의 개최를 위한 대사급 준비회의를 제안했다.

1973년 9월에 제네바에서 대사급 회의가 있은 뒤 1975년 7월 30일에 헬싱키에서 미국 포드 대통령과 소련 브레즈네프 공산당서기장 등 동 · 서유럽 35개국 정상들이 참석한 가운데 CSCE가 개막되었다.

1975년 8월 1일에 참가국들은 ① 현재의 국경선 존중 및 국가 간에 규정한 기본관계를 10개 원칙으로 한 유럽의 안전보장, ② 경제 · 과학 · 기술 · 환경 분야의 협력, ③ 조인국들의 안전과 기본적 자유보장 및 그 밖의 분야 협력, ④ 회의결과 검토조처 등 4개 의제로 구성된 '유럽안보 기초와 국가 간 관계 원칙에 관한 일반선언'에 서명하였다. 이로써 제2차 세계대전 뒤 30년간 계속된 유럽 냉전은 국경의 긴장완화와 함께 동서화해가 이루어지기 시작했다.

1990년 7월에 NATO 정상회의 개최에 이어, 190년 11월에 34개 CSCE 회원국이 참가한 파리정상회의가 열렸다. 이 회의에서는 "유럽에서 대립과 분단의 시대는 끝났다"로 시작되는 파리헌장을 채택하였다.

1994년 12월 정상회의에서 CSCE의 기구화 필요성을 인식하고, 1995년 1월에 유럽안보협력기구(OSCE)로 명칭을 변경해 상설기구로 만들었으며, 현재 회원국은 56국이다.

### 나) 아세안지역포럼(ARF : ASEAN Regional Forum)

아세안지역 안보포럼은 아시아-태평양지역의 유일한 정부 다자 간 안전보장 협의체로 ASEAN이 중심이 되어 정치, 안보문제에 대한 아시아 · 태평양지역 국가 간 대화를 통해 상호신뢰와 이해를 제고함으로써 아 · 태지역의 평화와 안정을 추구하는 기구이다.

ARF 참가국은 아세안 10개국을 포함하여 아세안 대화상대국, 기타국 등을 포함한 총 27개국이다.(2009년 7월 현재)

포럼 사무국을 별도로 운영하고 있지 않으며, 매년마다 외무장관회의와 고위관리회의를 개최하고 신뢰구축, 재난구조, 평화유지, 수색 및 구조분야에서 협력방안을 논의하기 위해 '회원국 간 회의'와 핵 비확산, 예방외교에 대한 세미나를 개최하고 있다.

아 · 태지역 국가는 종교, 언어, 정치제도, 경제발전 등 제 분야에 다양한 차이가 있는 나라들로 구성되어 있기 때문에, 이들 국가들이 한자리에 모여 정치 · 경제 협력방안을 논의하는 것이 쉽지 않았으나, 1989년에 아 · 태 경제협력체(APEC)의 창설로 역내국가 간 경제협력이 본 궤도에 진입하였다. 이어 1994년에 아세안지역 안보포럼(ARF)의 출범으로 아 · 태지역 역내국가 간 정치 · 안보분야에서 협력방안을 논의하게 되었다.

아세안지역 안보포럼은 1992년 1월에 싱가포르에서 개최된 제4차 아세안 정상회의에서 아세안 확대 외무장관회의의 틀을 활용하여 아세안 역외 국가들 간 정치 · 안보 대화를 증진키로 합의하였고, 1993년 7월에는 싱가포르에서 개최된 18개국 외무장관회의에서 아 · 태지역 정치 및 안보협력문제에 대한 협의체를 개최키로 합의함에 따라 1994년 태국에서 역사적인 출범을 하였다.

ARF 회원국 외무장관들이 합의한 ARF의 구체적인 발전방향은 먼저 ARF를 참가국 간 신뢰구축 증진, 예방외교 발전, 분쟁해결 모색 등 3단계 추진방식에 따라 점차적으로 발전시켜 나가되, 이 중 신뢰구축 조치와 예방외교가 중복되는 부문은 중첩적으로 병행해서 추진하는 것이다.

ARF는 북한 핵문제, 남중국해 문제 등 지역안보정세와 화학무기금지, 핵군축, 대인지뢰 등 아 · 태지역 내 군축문제를 논의하고 있다. ARF 외무장관회의 후 차기회의까지의 기간 동안 신뢰구축, 평화유지, 수색 및 구조, 재난구조에 대한 회기 간 회의와 예방외교, 비확산 분야에 대한 세미나를 개최하여 구체적인 협력방안을 논의하고 있다. 특히 신뢰구축에 관한 회기 간 회의에서는 아·태지역 국가 간의 신뢰증진을 위하여 고위인사 교류, 사관학교 및 참모학교 간 교류, 유엔 재래식 무기 이전 등록제도 참여, 자국 국방정책에 대한 백서 발간 등을 장려하고 있다.

## 4) 포괄적 안보

### (1) 포괄적 안보의 개념

포괄적 안보의 개념은 냉전이 종식되고 난 1990년대 중반 이후, 개별 인간의 인권, 자유와 평화 같은 인류의 보편적 가치가 국가주권 못지않게 보호되어야 할 중요한 안보적 가치로 인식하는 인간안보 논리와 함께 본격적으로 등장하였다.

냉전이 종식되면서 기존 국가 간의 대규모 군사력을 동원한 침략전쟁과 같은 전통적 안보위협은 상대적으로 줄어든 반면, 범세계적인 조직범죄나 마약, 환경파괴와 같은 초국가적 위협이 안보의 핵심주제로 부상하였다. 그리고 도시화로 인한 인구집중 및 산업화로 인한 과학기술의 발달로 재난발생시 피해규모가 엄청나게 커지고, 쓰나미와 같은 자연재해 발생 시에는 전쟁 못지않게 대량의 인명피해를 유발시키고 있다. 2001년에 미국에서 발생한 9·11테러는 일시에 도시 한가운데에서 3천여 명의 목숨을 앗아간 대참사로서, 불특정 다수에 대한 무차별적인 테러가 새로운 안보의 위협으로 등장케 하였다.

포괄적 안보는 전통적인 안보개념에 추가하여 테러, 재해·재난, 환경파괴, 새로운 전염병 등으로부터 인류의 보편적 가치를 수호하고 인간의 안전한 삶을 보호하려는 국가와 국민의 총체적 안위를 지키려는 안보개념이다. 국가안보의 영역이 전통적 안보위기 영역, 재난위기(자연재해, 인적재난) 영역, 국가핵심기반위기 영역, 국민생활안전위기 영역을 포함하는 포괄적 안보(comprehensive security) 개념이 정착돼가고 있는 것이다.

이러한 포괄적 안보개념은 협력안보와 유사한 개념으로 일본과 아세안 국가연합에서 최초 사용된 용어이며[19], 동아시아 국가에서 광범위하게 활용되고 있다. 아세안 국가연합에서의 포괄적 안보개념은 "안보는 경제적 협력과 지역적 노력, 그리고 평화적 수단을 통해 국가 간의 문제를 해결하려는 공약을 통하여 상호의존성과 신뢰를 증진시킬 수 있으며, 이를 통해 국가들은 궁극적으로 안보를 증진시킬 수 있다"고 본다.[20]

그러나 이 용어는 국가별로 다소 상이하게 사용되고 있으며, 우리나라에 사용하고 있는 포괄적 안보의 개념은 국내외로부터 기인하는 각종 위협으로부터 국가가 보유하고 추구하는 제 가치를 보전하는 것이라고 정의할 수 있으며, 이는 전통적인 정치 · 군사위주의 안보개념에 비정치적 · 비군사적 분야까지 포함하는 것을 의미한다.

19) 포괄적 안보개념을 최초로 사용한 국가는 일본임. 1980년 일본 총리실에서 발간한 종합적(포괄적)안보보고서에서 경제, 외교, 정치 등 다양한 분야에서의 균형된 안보정책을 종합적(포괄적) 안보라고 지칭하였으며 전통적 안보에 추가하여 식량 및 에너지 확보, 지진 극복책까지 포함.

20) 한용섭(2002), p. 222.

## 4. 안보관련 약어

APEC(Asia-Pacific Economic Cooperation) 아시아태평양 경제협력체

ARF(ASEAN Regional Forum) 아세안지역 안보포럼

ASEAN(Association of South-East Asian Nation) 동남아 국가연합

ASEM(Asia-Europe Meeting) 아시아-유럽 정상회의

BWC(Biological Weapons Convention) 생물무기금지조약

CBM(Confidence Building Measures) 신뢰구축

CFC(Combined Forces Command) 한 · 미 연합사령부

CFE(The Treaty on Conventional Armed Forces in Europe) 유럽 재래식 무기 감축 조약

CIA(Center intelligence Agency) 미국 중앙정보국

CIS(Commonwealth of Independent States) 독립국가연합

C4I(Command Control Communication & Intelligence) 지휘, 통제, 통신, 컴퓨터 및 정보

CODA(Combined Delegated Authority) 연합 권한위임사항

CRS(Command Relation Study) (한 · 미)지휘관계연구

CSCE(Conference on Security and Cooperation in Euope) 유럽 안전보장협력회의

CVID(Complete, Verifiable, Irreversible Dismantlement) 완전하고 검증 가능하며 돌이킬 수 없는 폐기

CWC(Chemical Weapons Convention) 화학무기금지 조약

Defcon(Defensive Condition) 방어준비태세

DOD(Department of Defence) 미국방부

DHS(Department of Homeland Security) 미국국토안보부

DNI(Director of National Intelligence) 미국국가정보국장실

EASI(East Asia Security Initiative) 동아시아 안보구상

EBO(Effects Based Operation) 효과중심 작전

EU(European Union) 유럽연합

GPR(Global Defense Posture Review) 해외주둔 미군 재배치 구상

HEU(High Enriched Uranium) 고농축우라늄

IAEA(International Atomic Energy Agency) 국제원자력기구

ICMB(Inter Continental Ballistic Missile) 대륙간 탄도미사일

IRMB(Intermediate Range Ballistic Missile) 중거리 탄도미사일

JSA(Joint Security Area) 공동경비구역

MBFR(Mutual and Balanced Force Reduction) (동·서 유럽)상호균형 병력감축

MCM(Military Committee Meeting) 한·미군사위원회

MCRC(Master Control & Reporting Center) 중앙방공관계소

MDL(Military Demarcation Line) 군사분계선

MIRV(Multiple Independently-targeted Reentry Vehicle) 다탄두 미사일

MND(Ministry of national Defence) 국방부(한국)

MNF(Multi-National Fores) 다국적군

MRBM(Medium Range Ballistic Missile) 중거리 탄도미사일

MTCR(Missile Technology Control Regime) 미사일기술 통제체제

NATO(North Atlantic Treaty Organization) 북대서양조약기구

NCND(Neither Confirm Nor Deny) 긍정도 부정도 하지 않는 것

NCW(Network Centric Warfare) 네트워크 중심전

NGO(Non-Governmental Organization) 비정부기구

NLL(Northern Limit line) 북방한계선

NMD(National Missile Defense) 국가미사일방어

NPT(Nuclear Non-Proliferation Treaty) 핵확산 금지조약

NSC(National Security council) 국가안전보장회의

NSS(National Security Strategy) 국가안보전략

OAS(Organization of American States) 미주기구

OPCW(Organization for th Prohibition of Chemical Weapons) 화학무기 금지기구

PKF(Peace Keeping Forces) 평화유지군

PKO(Peace Keeping Operation) 평화유지활동

PLO(Palestine Liberation Organization) 팔레스타인 해방기구

OSCE(Organization for Security and Cooperation in Europe) 유럽안보협력기구

PSI(Proliferation Security Initiative) 대량살상무기 확산방지구상

QDR(Quadrennial Defense Report) 4개년 방위전략보고서

R&D(Research and Development) 연구개발

RIMPAC(Rim of the Pacific Exercise) 환태평양 해군 합동연습

RMA(Revolution in Military Affairs) 군사혁신

SLAT(Strategic Arms Limitation Talks) 전략무기제한회담

SLBM(Submarine-Launched Ballistic Missile) 잠수함발사 탄도미사일

SCM(Security Consultative Meeting) 한미안보협의회의

SOFA(Status Of Forces Agreement) 주한미군지위협정

SPI(Security Policy Initiative) 한미한보정책구상

START(Strategic Arms Reduction Talks) 전략무기 감축회담

TMD(Theater Missile Defense) 전구 미사일방어

UN(United Nations) 국제연합

WMD(Weapons of Mass Destruction) 대량살상무기

WTO(Warsaw Treaty Organization) 바르샤바조약기구

# 제5장

# 국가안보의 방법

## 1. 자주국방의 개념

### 1) 자주국방 의미

세계역사를 보면 스스로 방어할 능력을 갖추었던 국가는 존속할 수 있었고, 방어 능력이 없는 국가는 소멸되었다. 따라서 국가의 최우선 과제는 자주방위 태세를 갖추는 것이었고, 스스로 힘이 약할 때에는 다른 국가와 동맹이나 안보협력을 통하여 국가안보를 유지하여 왔다.

자주국방(self-defense)이란 '자기 스스로 국가를 방어한다'는 사전적 의미와 같이, 한 국가가 스스로 내외부의 위협으로부터 자신을 보호할 수 있는 능력을 갖추는 것을 말한다.[21] 능력을 갖추었다고 해서 절대로 외부의 위협을 받지 않거나 또는 침략을 당하지 않는다는 보장이 없다. 대단한 군사력을 자랑했던 과거의 로마제국이나 중국제국도 결국 해체되었다. 세계영토의 1/4을 차지했던 영국도 결국 쇠퇴하였다. 도대체 어느 정도의 군사력을 갖추어야 자주국방이 될까? 불행히도 아무도 이에 대한 대답을 해주지 못한다.

자주국방의 핵심은 군사력 건설이다. 그렇다면 군사력은 방위용으로만 사용되는 것일까? 그렇지 않다. 군사력은 방위뿐만 아니라 전쟁을 억제하기 위

21) 김열수, 『국가안보』, 법문사, 2010. p. 175.

해 사용되기도 하고, 자국의 이익을 강요하기 위해 상대방을 강압할 목적으로도 사용되기도 하며, 시위용으로 사용되기도 한다.

### 2) 자주국방의 목적

'자주국방'의 목적이 내외부의 위협으로부터 취약성을 줄이기 위한 것이라면 그 수단은 자국의 군사적 능력의 향상, 즉 군사력 건설이 될 것이다. 따라서 '적절한' 규모의 군사력 건설이 자주국방의 핵심이다.

적절한 군사력 건설은 통상 내외부의 위협 및 취약성 평가를 근거로 산출한다. 위협의 양과 질, 위협의 긴급성, 그리고 그 위협에 대처할 수 있는 자국 군사력의 취약성이 평가의 기준이 된다. 그러나 평가를 근거로 산출된 군사력 규모가 과연 적절한지는 주관적일 수밖에 없다. 후술하겠지만 평가의 내용이 객관성을 결여하고 있기 때문이다.

세계에서 두 번째로 영토가 큰 캐나다가 5만 명 정도의 정규군을 가지고 있는데 반해, 한국 면적과 비슷한 북한이 100만 명이 넘는 정규군을 유지하고 있다. 제3자의 입장에서 보면 캐나다는 정규군의 규모가 너무 적은 것 같고, 북한은 너무 많다. 그럼에도 불구하고 이들 국가들은 이를 적절한 규모라고 생각할 수 있다. 물론 캐나다의 군사력 규모는 자주국방보다는 동맹에 의존하는 안보정책을 선택한 결과일 수도 있고, 북한의 군사력 규모는 동맹보다는 자주국방에 의존하는 안보정책을 추구한 결과일 수도 있다.

자주국방은 구호가 아니라 행동이다. 그럼에도 불구하고 자주국방을 '구호'로 내세우는 데에는 두 가지 이유가 있다. 하나는 국민들을 심리적으로 동원할 필요가 있기 때문이며, 다른 하나는 해당 국가의 의지를 천명할 필요가 있기 때문이다.

대부분의 군사선진국들은 자주국방을 구호로 내세우지 않고 행동으로 실천한다. 자주국방을 구호로 외치면 국민들이 이에 대해 거부감을 표출할 수 있기 때문이다. 따라서 대부분의 군사선진국들은 국방백서에서 자국의 군사력 건설 방향과 군사력 규모만을 밝힐 뿐이다. 그럼에도 불구하고 한국을 비롯한 일부 국가에서는 여전히 구호로서 자주국방이 거론된다. 한정된 자원을 군사력 건설로 돌리기 위해서는 국민들의 심리적 동원이 필요하기 때문이다. 물론 이런 구호성 자주국방은 정치적으로 이용되기도 한다.

자주국방은 또한 대내외에 그 국가의 의지를 천명하기 위해 사용되기도 한다. 첨단 무기체계를 언제까지 어느 정도 규모로 건설할 것인지를 공개적으로 천명함으로써 외부의 위협을 억제할 수 있는 효과가 있기 때문이다. 또한 국민들에게도 정부의 의지를 밝힘으로써 국민들이 보다 안전한 환경 속에서 일상생활을 영위할 수 있도록 하게 해주는 심리적 효과도 있다. 이를 통해 국민들은 국방에 대한 자긍심을 가질 수도 있다.

### 3) 자주국방의 딜레마

자주국방은 두 가지 딜레마, 즉 안보딜레마와 국방의 딜레마를 야기한다. 자주국방은 안보딜레마를 야기한다. 위협으로부터 자신을 보호하기 위해 적절한 군사력을 건설하지만 인접국가에서는 이것을 오히려 자신에 대한 위협으로 받아들인다. 인접국도 군사력 건설에 나서게 되는데 이렇게 되면 최초의 목적과는 달리 위협이 오히려 더 증가하게 되는 모순에 처하게 된다. 이것이 바로 안보딜레마이다.

자주국방은 또한 국방의 딜레마(defense dilemma)를 야기한다. 국가의 한정된 자원을 군사분야에 많이 할당할 경우 국가안보가 오히려 더 위험에 빠질 수 있다. 사회의 다양한 분야에 사용될 자원을 군사력 건설에 투자할 경우 국가경제와 국민의 복지가 희생당하게 되기 때문이다. 이로 인해 사회불안이 정치불안으로 연결되면 국가안보에 대한 위협은 외부에서 오는 것이 아니라 오히려 내부에서 발생할 수도 있다. 구소련의 소멸은 국방의 딜레마에 의한 것이다.

## 2. 한국의 자주국방

### 1) 자주국방의 배경

1970년대에 등장한 자주국방은 박정희 정부에 의해 추진되었다. 1960년대 말까지 북한의 GDP는 한국보다 많았다. 북한은 식민지 유산으로 물려받은 중공업을 중심으로 경제성장을 이룩하였고 이를 바탕으로 군사력을 증강하기 시작했다. 1962년부터 '전군의 현대화', '전군의 간부화', '전인민의 무장화', 그리고 '전군의 요새화' 등 4대 군사노선을 추진하기 시작했다. 한국이 월남에 군사력을 파병한 기간 동안, 북한은 조직적으로 군사적 도발을 감행하였다. 1968년의 1·21청와대 기습사건과 울진·삼척지구 무장공비 침투사건 등이 대표적이다. 한국의 안보상황이 악화되고 있음에도 불구하고 미국은 1969년에 닉슨 독트린을 발표하였다. 그 골자는 "자국의 안보는 자국이 일차적으로 책임져야 한다"는 것이었다. 미국은 일본과 한국에 주둔 중인 미군을 일부 감축하기로 결정하였고, 실제로 주한 미 제7사단이 1971년 3월에 철수하였다.

박정희 정부는 북한으로부터 위협이 증가함에도 불구하고 주한미군의 일부가 철수하자, 취약성이 더 커지는 극도의 안보불안 상황에 직면하게 되었다. 이런 안보상황에서 등장한 것이 '자주국방'이다.

### 2) 자주국방 추진

박정희 대통령은 자조(自助), 자립(自立), 자위(自衛)의 정신에 입각하여 자주국방을 추진하기 시작했다. 국방과학연구소의 창설, 핵무기의 개발, 군수산업체의 육성, 그리고 새로운 무기체계의 도입 등이 그 핵심이다. 비록 핵무기의 개발은 미국의 방해로 '무궁화 꽃이 필 수' 없었지만 창설된 국방과학연구소는 한국형 소화기 개발을 넘어 이제는 미사일 등 첨단무기체계도 개발해내고 있다. 이때 육성된 군수산업체는 소화기 및 탄약의 수입대체를 넘어 이

제는 한국형 전차와 장갑차, 자주포는 물론 함정, 잠수함, 미사일 및 고등훈련기 등을 생산하고 있다. 새로운 무기체계의 도입은 '율곡사업'으로 구체화되었는데, 연도별 군사력 증강계획이 세부적으로 적시되었다. 특히, 율곡사업은 1974년부터 1996년까지 3차에 걸쳐서 진행되었다.

제1차 율곡사업은 최소방위전력을 확보하는 데 중점을 두었으며, 제2차 율곡사업은 방위전력을 보완하는 데 중점을 두었다. 제3차 율곡사업은 방위전력을 완비하고 미래형 전력기반을 조성하는 데 목표를 두었다.

박정희 정부의 자주국방은 북한의 위협에 대한 한국의 취약성을 줄이는 데 초점을 맞추었다. 1975년 월남의 패망으로 안보환경이 더욱 악화되자, 자주국방이라는 슬로건이 국민들 속으로 침투하기에 더 용이해졌다. 방위세법이 제정된 것도 이때였다. 국민들도 흔쾌히 자주국방의 슬로건에 동참하였고 시간이 경과할수록 내부적 취약성은 현저히 줄어들기 시작하였다. 자주국방 슬로건이 전력화라는 가시적인 결과로 나타났기 때문이다.

1997년부터는 율곡계획이라는 명칭 대신 '방위력 개선사업'이라는 이름으로 전력증강 계획이 추진되다가 2006년부터는 국방개혁이라는 명칭으로 전력증강이 추진되기 시작했다. 소위 말하는 제2차 자주국방의 시작이었다.

제2차 자주국방은 노무현 정부 초기에 등장하였고, 그 비전은 대통령의 훈시 속에서 드러났다. 노대통령은 2003년 '8 · 15' 경축사와 '국군의 날' 치사에서 "10년 이내 '자주국방'의 역량을 갖출 수 있는 토대를 마련하고, 군의 정보와 작전기획 능력을 보강하라."고 강조했다. 물론 "자주국방과 한 · 미동맹은 상호보완적인 관계"라는 것도 잊지 않고 강조하였다. 노대통령의 '자주국방' 비전은 「국방개혁 2020」으로 구체화되었다. 국방개혁의 4대 중점은 국방의 문민기반을 확대하고, 현대전 양상에 부합된 군 구조 및 전력체계를 구축하며 저비용 · 고효율의 국방관리체계로 혁신하고, 시대상황에 부응하는 병영문화를 개선하는 것이다. 이 중에서도 현대전 양상에 부합된 군 구조 및 전력체계 구축이 국방개혁의 핵심인데, 그 내용은 양적 위주의 군 구조를 질적 위주로 바꾸는 것이었다.

2006년부터 2020년까지 투입되는 국방비는 총 621조(수정 후에는 약 590조) 규모이다. 그러나 2006년부터 2010년까지 이미 130조 가까운 국방비가 투자되었고, 2011년부터 2015년까지 약 160조에 가까운 국방비가 투입될 예정이다. 그렇다면 마지막 5년 동안 약 300조 가까운 국방비가 투입되어야 수정된 「국방개혁 2020」을 달성할 수 있다. 이것이 가능할지는 의문이다. 그럼에도 불구하고 이것이 가능하다는 것을 전제로 하여 제1, 2차 자주국방의 몇 가지 서로 다른 특징을 살펴보면 다음과 같다.

우선 제1차 자주국방은 외부의 위협과 내부적 취약성이 동시에 커지고 있는 상황에서 추진되었던 반면, 제2차 자주국방은 햇볕정책의 영속화로 인해 북한의 위협이 상대적으로 줄어든 상황에서,[22] 그리고 제1차 자주국방의 결과로 내부적 취약성도 어느 정도 줄어든 상황에서 제기되었다는 특징이 있다. 둘째, 제1차 자주국방은 주로 북한의 위협에 대응하기 위한 것이었다고 한다면, 제2차 자주국방은 주변의 잠재적 적국의 위협까지를 어느 정도 고려한 것이었다고 할 수 있다. 셋째, 제1차 자주국방은 군사력 건설에 초점을 맞춘 반면, 제2차 자주국방은 국방개혁에 초점을 맞추었다. 넷째, 제1차 자주국방은 주한미군 철수의 반대급부로 미국으로부터 상당한 군사원조를 받아서 진행되었던 반면, 제2차 자주국방은 미국의 전 세계 미군 재조정계획(GPR)에 따라 주한미군의 배치도 조정됨으로써 오히려 그 소요경비를 한국이 부담하는 형태로 진행되었다.

제2차 자주국방이 가지고 있는 이런 특징에도 불구하고 노대통령의 이데올로기와 관련된 드러나지 않는 특징이 있음을 간취할 필요가 있다. 취임 첫해의 8·15 경축사와 국군의 날 치사 속에 대통령의 의지가 분명히 표현되어 있다. 노대통령은 정보 및 작전기획능력의 대부분을 주한미군에 의존하고 있

22) 「국방개혁 2020」은 2005년에 구체적인 모습이 드러났으나 북한은 2006년 10월에 제1차 핵실험을 단행하였다. 제1차 핵실험으로 인해 북한의 위협은 오히려 더 늘어났다. 2010년 4월 26일의 천안함 침몰사건은 포괄적 위협보다 북한으로부터의 직접적인 위협이 훨씬 가깝고 심각하다는 것을 반증하고 있다.

는 상황에서 벗어나는 것을 '자주국방'으로 인식한 것으로 보인다. 결국 2012년 4월, 전시작통권 전환과 함께 한·미 연합사가 해체되는 것이 노대통령이 인식한 '자주국방'인 셈이다. 그러나 이명박 대통령은 '비핵, 개방3000', '그랜드바겐' 정책을 추진하면서 북한의 핵실험과 미사일 개발, 2012년 3월 26일 천안함 사건들이 발생하면서 전시작통권 전환시기를 2015년 12월로 연기시켰다.

자주국방은 취약성을 줄이는 데 목적이 있다. 그러나 그 구호가 정치적 목적을 띠게 되면 자주국방은 국방의 목적과 함께 정치적 목적도 달성해야 한다. 박정희 대통령의 자주국방은 대내적 성격의 정치적 목적을 가지고 있었다. 예비군의 창설, 학도호국단의 창설, 민방위대 창설 등을 통하여 유신체제를 강화할 수 있었기 때문이다. 노무현 대통령의 자주국방은 대외적 성격의 정치적 목적을 가지고 있었다. 한·미 연합지휘체제를 해체하고 독자적 지휘체제를 갖게 됨으로써 대외적 자주성을 향상시킬 수 있다고 믿었기 때문이다.

## 3. 동 맹

### 1) 동맹의 개념

외부의 위협에 대한 내부의 취약성을 줄이기 위해서는 이상적으로는 자주국방이 가장 좋다. 그러나 자주국방은 안보 딜레마와 국방의 딜레마를 가져오기 때문에 결코 현실적이지 않다. 동맹은 자주국방에 비해 국가의 자율성이 제약당하는 단점이 있음에도 불구하고 많은 국가들은 국가 자율성과 내부 취약성 감소에 대한 이익계산을 통하여 동맹을 체결한다. 국가들이 동맹을 선호하는 이유는 동맹국의 군사력을 자국의 군사력처럼 쓸 수 있을 것이라는 믿음 때문이다.

이런 연유로 동맹의 역사는 전쟁의 역사만큼이나 오래되었다. 고대 유럽의 도시국가에서도 동맹이 등장했으며 중국의 춘추전국시대에서도 동맹이 등장하였다. 그러나 역사적 사례에서 보듯이, 동맹은 동맹국의 믿음만큼 잘 수행되지 못했다. 동맹을 이탈하거나 심지어 동맹을 배반하는 사례도 있었다. 그럼에도 불구하고 동맹은 오늘까지도 그 생명력을 유지하고 있다. 이는 동맹이 그만큼 필요하다는 것을 역설적으로 보여주고 있다.

동맹(alliance)이란 "두 개 이상의 자주국가들 간의 안보협력을 위한 공식적 또는 비공식적 협정"이다. 이 정의에 의하면, 동맹은 방위조약뿐만 아니라 중립, 불가침 협정, 협상 그리고 제휴 등도 포함된다. 군사동맹이란 "외부의 위협에 대항하여 군사력의 균형을 유지하거나 또는 공동의 적에 대항하기 위한 것"으로써 "2개 국가나 그 이상의 복수 국가 간의 합의에 의해 성립되는 집단적 방위의 방식으로써 군사적 공동행위를 맹약하는 제도적 장치나 또는 사실적 관계"[23]를 말한다. 군사동맹은 방위조약(defense pact)의 형태로 나타나는데, 한 국가가 적대국에게 침략을 당했을 경우, 다른 모든 서명국들이 공동으로 전쟁에 참여하기를 약속하는 형식이다. 한·미 동맹, 미·일 동맹 등이 2개국 간의 군사동맹이라고 한다면, NATO와 과거의 WTO는 복수국가들 간의 군사동맹이라고 할 수 있다.

### 2) 동맹의 분류

동맹을 몇 가지 기준에 의해 분류해 보면 다음과 같다. 지리적 범위에 의해서는 범세계적 동맹과 지역적 동맹으로 구분된다. 미국과 구소련이 전 세계를 대상으로 맺은 동맹이 범세계적 동맹이다.

지역적 동맹이란 지역단위의 동맹으로서 북대서양조약기구(NATO : North Atlantic Treaty Organization) 등이 대표적이다.

동맹 참가자에 의해서는 양자동맹과 다자동맹으로 분류된다. 양자동맹이

23) 국방대학원, 『안보관계용어집』, 1998. p. 22.

란 두 국가 간의 동맹으로서 한·미 동맹, 미·일 동맹 등이 대표적이다. 다자동맹이란 다수의 국가들이 동맹을 체결하는 것으로서 NATO와 WTO가 대표적이다.

이익의 성격에 의해서는 동종(同種) 이익동맹(identical)과 이종(異種) 이익동맹(complementary)으로 구분된다. 동종 이익동맹이란 동맹참가자가 동맹으로부터 받는 혜택 혹은 동맹 형성의 목적이 같은 종류의 것일 때를 의미한다. 영·미 동맹이 대표적인 사례이다. 이때의 동맹은 물질적인 것일 수도 정치·사상적인 것일 수도 있다. 이종 이익동맹이란 동맹참가자가 동맹으로부터 받는 혜택이 다른 종류의 것일 때를 의미한다. 통상 상호보완의 관계가 많다. 한·미 동맹이 대표적인 사례인데, 한국은 국가안보를 위해, 그리고 미국은 한국안보에 대한 책임과 함께 미군의 전진배치를 통한 동아시아 세력균형과 일본방위를 위한 이익이 있다.

### 3) 동맹의 조건

공고한 동맹이 되기 위해서는 몇 가지 원칙이 요구된다.[24] 우선 동질성의 원칙(Principle of homogeneity)이 요구된다. 이념의 동질성, 가치의 동질성, 문화의 동질성이 크면 클수록 공고한 동맹이 되기 쉽다. NATO의 경우는 이념, 가치, 문화면에서 어느 동맹보다도 동질성이 크다 볼 수 있다. 어느 한 분야의 동질성이 반드시 동맹관계를 공고화하는 것은 아니다. 이념적 동질성이 강했던 중·소 동맹(1950~1980)은 형식상 동맹을 유지했지만 실제적으로는 아무런 효과를 발휘하지 못했다. 오히려 1970년대의 미·중 협조(entente)가 중·소 동맹보다 국제사회에서 더 큰 효과를 발휘했다. 또한 아랍연맹(LAS)은 이슬람이라는 종교와 문화, 아랍이라는 언어와 지역의 동질성을 가지고 있어도 그들의 행동 통일은 많은 제약을 받고 있다.

---

24) 『국가안보론』, (서울 : 박영사, 2009), p. 129~131.

둘째, 호혜의 원칙(mutual benefit)이다. 서로가 서로에게 비슷한 이익을 줄 수 있다면 동맹은 더욱 공고해질 수 있다. 따라서 동종 이익동맹이 이종 이익동맹보다 더 공고하다고 볼 수 있다.

셋째, 균등세력의 원칙(equal power)이다. 후술할 스몰과 싱어의 연구결과에서도 알 수 있듯이 동맹이 체결되었다고 해서 전시에 그 동맹이 자동적으로 유효화되는 것은 아니다. 유사시 강대국은 약소국을 배반하고 싶은 유혹을 가질 수도 있기 때문이다. 따라서 제1차 세계대전 당시의 3국 협상이나 3국 동맹처럼 서로 비슷한 세력을 가지고 있으면 동맹이 공고화 된다. 그러나 약소국의 국력이 약해도 그 약소국이 군사기지를 제공한다든지, 주요 해로를 통제할 수 있는 전략적 가치가 있다든지, 또는 희소자원을 보유하고 있어 경제적 가치가 있는 경우에는 동맹이 공고화될 수도 있다.

넷째, 동맹국의 원조의무(casus foederis) 규정의 내용이다. 동맹 체결을 위한 협정의 내용에는 통상 의무발생 조건과 의무발생 결정절차를 규정하고 있다. 회원국이 침공을 받을 때 자동지원을 규정받을 수도 있고 협상처럼 차후에 서로 의논해 보도록 규정할 수도 있다. NATO와 구 WTO는 회원국이 침략받을 때 자동으로 지원하도록 규정하고 있다. 그러나 한·미 상호방위조약은 동맹국 헌법절차에 따라 서로 지원하도록 규정하고 있다. 미주협조기구(OAS)는 동맹국이 침공을 받을 때 동맹국 간 상호협의 하도록 규정하고 있다. 따라서 동맹국의 원조의무가 어느 정도 강하느냐에 따라 공고한 동맹 여부가 평가되기도 한다. OAS보다는 한·미 상호방위조약이, 한·미 상호방위조약보다는 NATO가 더 공고한 동맹이라고 할 수 있다.

# 4. 한·미 동맹

## 1) 한·미 상호방위조약

원폭투하에 따른 일본의 패전을 확신한 구소련이 대일(對日) 선전포고(1945.8.8)와 동시에 빠른 속도로 남하하여 38선 이북 전지역을 점령하자(1945.8.24) 미국은 당황하였다. 이에 미국은 구소련군의 급속한 남하와 일본의 조기항복이라는 급박한 사태 속에서 일본군으로부터 항복을 접수하고 무장해제를 위해 연합국끼리 지역분담 지침을 확정할 필요성이 있었다. 미국과 구소련은 38도선을 경계로 한 미 · 소 양국의 한반도 분할점령 안을 채택하였다. 이에 따라 72,000명 규모의 미 제24군단이 1945년 9월 8일 인천항에 상륙하게 되었다.

해방군으로 진주하게 된 주한미군은 일본군을 무장해제시킴과 동시에 남한의 질서유지라는 임무를 수행하였다.[25] 미 군정청의 도움으로 한국은 1948년에 대한민국 정부 수립과 함께 5개 여단, 5만 여명의 육군 병력과 3,000여 명의 해군 병력으로 국군을 조직하였다. 한국이 독립하자 해방군으로서의 미군의 주둔 명분이 없어졌다. 북한에 진주했던 구소련군이 1948년 9월에 철수한다는 계획을 발표하자, 주한 미군도 여수, 순천, 대구 반란 등의 영향으로 잠시 지체하다가 그 이듬해 철수하였다. 물론 이승만 대통령은 강력하게 반대하면서 북대서양조약기구(NATO)와 같은 태평양조약이나 한·미 간 또는 다른 나라를 추가하는 방위조약의 체결, 또는 미국에 의한 한국방위에 대한 공개서약을 요구[26]하였으나 그 어느 것도 실현되지 못했다.

미군이 한국으로부터 철수한 직후인 1949년 7월, 구소련은 핵실험에 성공했고, 그해 10월에 중국은 공산화되었다. 자유세계를 보호하겠다는 트루먼

---

25) 유재갑, "주한미군에 대한 한국의 입장", 강성학 외「주한미군과 한미안보협력」, (성남 : 세종연구소, 1996), pp. 79~80.

26) 강성철, 『주한미군』, (서울 : 일송정, 1988), p. 201.

독트린은 유효했지만 한국은 여기에서 제외되었다. 1950년 1월 애치슨(D. Acheson) 국무장관은 소련과 그 위성국들에 대한 미국의 방어선을 알류산열도에서 일본과 류쿠수군도와 필리핀으로 지칭함으로써 남한과 대만을 미국의 방어선 밖에 두었다. 애치슨 장관의 발언이 "북진 통일이나 본토 수복을 외치는 이승만이나 장제스의 무모한 모험을 견제"[27]하는 정치적 효과를 거두고 또 실제 한국전이 발발했을 때 미국의 방어선 안에 있었다고 해석할 수는 있다. 그러나 한국을 미국의 방어선 안에 둔다고 발표하는 것과 제외한다고 발표하는 것은 역사를 바꿀 수도 있는 중요한 대목이다.

어쨌든 미군이 다시 한국 땅에 들어오게 된 것은 북한의 남침을 저지하기 위한 것이었다. 한국전쟁 기간 동안 주한 미군의 역할은 북한의 침략을 저지하는 침략 저지군으로서의 역할을 수행하였다. 한국전쟁에 참전한 미군의 규모는 종전 무렵 육군 7개 사단, 해병 1개 사단 등 총 325,000명 수준에 이르렀다. 전쟁 기간 동안 미군은 사망자 36,940명, 부상자 92,134명, 실종 3,737명, 포로 4,439명 등 총 137,250명이라는 희생자가 발생했다.

이승만 대통령의 끈질긴 요구로 1953년 10월 1일부로 한국과 미국의 국방부 장관은 「한·미 상호방위조약」을 체결하였고, 「한·미 상호방위조약」이 발효되는 당일인 1954년 11월 18일에는 '한국에 대한 군사 및 경제원조에 관한 대한민국과 미합중국 간의 합의의사록'을 체결하였다. 이로써 한·미 간에는 군사동맹관계가 시작되었다.

### 2) 주한미군

해방군으로서 존재했던 주한미군이 그 임무를 종료하고 1949년에 철군한 것이 1차 철군이고 침략을 격퇴하기 위해 한국에 투입되었던 미군이 종전과 함께 철군한 것이 2차 철군이다. 3차 철군은 '아시아의 방위는 아시아인의 힘

---

27) 김일영·조성렬, 『주한미군 : 역사·쟁점·전망』, (서울 : 한울 아카데미, 2003), p. 52.

으로'라는 닉슨 독트린이 발표되면서 가시화되었다. 미국은 아시아에서 총 42,000명의 병력을 철수하기로 결정하고, 한국에서는 미 제7사단 20,000명 규모를 철수(1970년 후반~1971년 3월)하였다. 한국으로서는 1968년의 1·21사태와 울진·삼척에서의 무장공비 침투사건 등을 경험한 직후여서 한국의 불안은 최고조에 달해 있었다. 박정희 대통령은 6만 명 규모의 주한미군은 북한의 남침을 억제할 수 있는 적정 규모이며 5만여 명의 한국군이 베트남전에 참가하고 있음을 상기시키면서 국회결의와 내각 총사퇴 불사론까지 내밀었지만 미군의 3차 철군은 강행되었다.

미 제7사단이 철수하게 되자 주한미군의 군사적 임무에 변화가 생겼다. 즉 전방 철책선 임무를 담당하던 제2사단이 미 제7사단이 주둔하고 있던 동두천·의정부 방향으로 철수하고 철책선 경계임무를 한국군에게 인계하였다. 이로 인해 휴전선의 방어임무는 한국군이 전담하게 되었다.

카터가 대통령에 당선되면서 4차 철군이 시작되었다. 당시의 철군계획은 3단계로 나뉘어져 있었는데, 1차(1978~1979)에서는 미 제2사단의 1개 여단과 지원병력 등 6,000명을 철수하고, 2단계에서는 보급·지원병력 등 9,000명을 철수하며, 3단계(1981~1982)에서는 남은 2개 여단과 사단본부를 철수시키되, 공군과 정보 및 통신부대는 주둔시킨다는 내용이었다.[28)]

한국인들은 월남에서의 미군철수가 월남 공산화를 가져왔기 때문에 한국에서도 공산화 도미노현상이 발생할 수 있다는 차원에서 범국민적인 위기의식을 느꼈다. 그럼에도 불구하고 4차 철군은 강행되었으나 싱글러브(John K. Singlaub) 주한 미8군 참모장의 카터 대통령의 철군정책에 대한 정면비판과 군부의 반대 및 미 의회의 반대를 받아들여 카터 대통령이 주한미군 동결조치를 발표(1979.7.20)함으로써 제4차 철군은 1개 여단 규모 3,400명 선에서 그쳤다.

5차 철군은 1989년 7월 넌-워너(Sam Nunn-John W. Warner) 법안이 통과되

---

28) 오관치 외, 『한미 군사협력 관계의 발전과 전망』, (서울 : 세경사, 1990), p. 59.

면서 본격화되었다. 이 법안은 국방부에 미군의 주둔위치, 전력구조, 임무의 조정방향, 동맹국의 방위비 분담, 필리핀 및 오키나와 기지 재편성 등에 관해 보고서를 제출하도록 요구하였다. 이 요구에 따라 1990년 4월 미 국방부가 제출한 '동아시아 전략구상(EASE-1)'에는 향후 10년간 3단계에 걸쳐 병력을 감축할 것을 제시하고 있다. 제1단계(향후 1~3년)는 아시아 전체 두준 병력 중에서 14,000~15,000명을 감축하되, 한국에서는 지상군 5,000명과 공군 2,000명을 감축하며, 제2단계(향후 3~5년)는 미2사단을 재편성하고 평시작통권을 한국에 이양하며, 제3단계(향후 5~10년)에서는 한국의 방위에 있어서 한국군이 주도적 역할을 수행하고 미군은 지원적 역할과 함께 동북아 전체에 대한 균형자 역할을 수행하며 이를 위해 미군은 최소규모로 유지한다는 것이다. 제5차 철군은 주한미군 7,000명을 철수하고 2단계 감축안을 시행하려는 과정에서 북핵문제가 불거지면서 추가적인 철군이 중단되었다. '동아시아 전략구상' 발표 이후 이라크의 쿠웨이트 침공, 구소련의 해체, 필리핀 미군기지 철수 결정 등 미국은 안보전략을 재검토할 필요가 있었는데, 이 때 등장한 개념이 지역방위전략이다. 이후 미국은 각종 「국가안보전략」과 「동아시아안보전략」 보고서를 통해 유럽과 아시아지역에 각각 10만 명 규모의 미군을 주둔시킨다는 것이 지역방위전략의 골자였다.

제5차 철군으로 한 · 미 군사관계가 변화되었다. 한 · 미 연합사령부 예하의 지상구성군 사령관은 한국군 4성 장군이 보임(1994.9)되었고, 한 · 미 야전사령부(CFA)가 해체(1992.7)되었으며, 판문점 공동경비구역(JSA)에 대한 한국군의 경비책임이 증가되었고, 군사정전위원회(MAC)의 수석대표도 한국군 장성으로 보임(1991.3)되었다. 또한 평시작통권을 환수(1994.12)받았으며 용산미군골프장 환수(1992.11) 및 주한미군방송인 AFKN의 UHF채널도 환수(1996)받았다.

주한미군 철수 중지에 대한 공식적인 발표는 1991년 11월 21일 체니(D. Cheney) 당시 국방부장관에 의해 이루어졌다.

9·11테러 직후 발표된 미국의 4개주년 국방태세검토(QDR)[29]로 인해 한·미 관계는 또 한 번 큰 변화를 맞이하게 된다. 기지 재조정과 주한미군의 역할 변화, 그리고 후술하게 될 지휘체계의 변화가 핵심이다. 논-워너 법안의 제3단계, 한국방위의 한국화가 진행되고 있는 것이다. 주한미군 기지는 오산·평택과 대구·부산 등 2개의 중심기지(hub)와 3개의 지역기지(site)로 통폐합된다. 중심기지인 오산·평택에는 유엔사령부, 미군한국사령부(KORCOM), 미8군사령부 및 미2사단이, 대구·부산에는 지원부대가 배치된다. 3개의 주변기지는 한강 이북의 연합훈련센터와 연합사의 용산 잔류기지, 그리고 군산기지가 포함된다.

주한미군의 역할도 근본적으로 변한 것이다. 연합방위체제에서 공동방위체제로 전환됨에 따라 한반도 방위의 주체는 한국이 되고 미국은 보조적인 역할을 하게 될 것이다. 28,500명 수준으로 유지될 것으로 기대되는 주한미군은 한·미간에 합의된 '전략적 유연성(strategic flexibility)' 원칙에 따라 한반도 '붙박이군'에서 미국의 세계전략을 실현하는 기동군으로 전환하게 될 것이다.

이에 따라 한국군은 미군으로부터 총 10개 분야의 군사적 임무를 넘겨받았다.[30]

---

29) US Department os Defense, Quadrennial Defense Review Report(Washington D.C; DoD, 2001), p. 26. QDR에 의한 미국의 세계적 군사태세는 다음과 같은 4가지 차원에서 진행되었다. 첫째 핵심 지역에 배치되어 있는 미군에게 더 많은 유연성을 부여하는 새로운 기지체계를 개발하며, 유럽과 동북아 이외의 지역에 추가적인 기지와 주둔지를 설치한다. 둘째, 항구적인 사격장이나 기지가 부재한 경우 미군이 훈련과 연습을 수행할 수 있도록 외국에 있는 시설을 임시로 사용할 수 있도록 한다. 셋째, 지역별 억제소요에 근거하여 기존의 전력과 장비를 재배치한다. 넷째, 공중수송, 해상수송, 사전배치, 기지건설에 대비한 기반시설, 예비 항만시설 및 새로운 병참개념 등을 통해 충분한 기동성을 제공하며, 이로써 대량살상무기 또는 기타 미군 접근을 거부하는 수단을 보유한 적에 대한 원거리 전역에서의 원정작전을 효과적으로 수행한다.

30) 판문점 JSA 경비책임, 북 장거리포 공격 파괴, 북한 특수공작원의 해상침투 저지, 유사시 후방 화생방 오염제거, 신속한 지뢰 살포, 유사시 수색·구조 작전, 폭격유도 등 전선통제, 공대지사격장 관리, 헌병 임무, 그리고 공개되지 않은 1개항 등이다.

### 3) 지휘체제[31)]

해방 이후 한국에 주둔했던 미군이 철군할 무렵 철군에 따른 과도기적 부작용을 줄이기 위해 한국과 미국은 '과도기의 잠정적 군사 및 안보에 관한 행정협정'[32)]을 체결했는데, 지휘통제권과 관련하여 한국은 주한미군사령관에게 미군이 완전 철수할 때까지 한국군에 대한 작전권을 행사할 수 있는 권한을 주었다. 전쟁에 참여하기 위해 미군이 다시 한국에 들어온 이후 이승만 대통령은 1950년 7월 14일, 현 적대상태가 계속되는 동안 한국 육·해·공군 전체에 대한 지휘권(command authority)을 맥아더 사령관에게 위임하는 공한(公翰)을 보냈다. 이에 대해 당시 주한 미 대사였던 무초(John J. Mucho)는 "대한민국 육·해·공군에 대한 그(맥아더 장군)의 작전지휘권을 지명한(your designated to his operational command authority) 귀하의 서신에 대해 회신을 전달함…"이라는 설명과 더불어 맥아더 원수의 서한을 전달하였다.[33)] 이 서한에서 보듯이 무초 대사는 이 대통령이 지휘권과 작전권을 구별하지 못한 것을 알고 이를 수정하여 작전지휘권이라는 표현으로 바꾸었다. 작전통제권이 등장한 것은 1954년 11월 체결된 한·미 합의의사록이었다. 제2조에 "유엔군 사령부가 대한민국의 방위를 위한 책임을 부담하는 동안 대한민국 국군을 유엔군 사령부의 작전통제 하에 둔다"라는 규정이 바로 그 근거이다. 이후 한국군에 대한 유엔사령부의 작전통제권은 1978년 한·미 연합사령부가 창설되기 전까지 계속되었다.

지휘권과 작전지휘, 그리고 작전통제권은 구별되어 사용되는데, 지휘권

---

31) 김열수, "주한미군의 군사력 재편성과 대응 방안," 국방대학교 안보문제연구소「한·미동맹과 군사과제」, (서울 : 국방대학교 안보문제연구소, 2003), pp. 228~231의 내용을 요약, 수정한 것임.

32) 협정의 내용은 다음과 같다 (1) 주한미군사령관은 주한미군이 철수할 때까지 계속해서 한국군을 조직·훈련·무장시킨다. (2) 동 사령관은 대한민국 정부에 한국군의 감독의무를 점진적으로 이양하고 미군이 완전 철수할 때까지 한국군에 대한 작전지휘권을 행사할 수 있는 권한을 보유한다.

33) 국방부, 『한미관계의 올바른 이해』, (서울 : 국방부, 1989), p. 24.

(command authority)이란 국가주권 기능의 일부로서 자국의 군대에 대해서 행사는 인사, 작전, 군수, 정보 등 모든 분야를 총망라한 군에 대한 통수권을 의미한다. 작전지휘[34](operational command)란 행정지휘에 대한 상대적인 개념으로서 작전에 대한 전반적인 지휘를 하나 행정 및 군수에 대한 책임과 권한은 없다.

작전통제(operational control)란 작전계획이나 작전명령 상에 명시된 특정 임무나 과업을 수행하기 위해 지정된 부대에 임무 또는 과업부여, 부대의 전개 및 재할당 등의 권한을 말하며, 여기에는 행정 및 군수, 군기, 내부편성 및 부대훈련 등에 관한 책임 및 권한은 포함되지 않는다.

한·미 연합사가 창설됨으로써 한국군에 대한 작전통제권은 유엔군사령관으로부터 연합사령관으로 이양되었다. 과거 유엔군사령관이 일방적으로 행사하던 작전통제권이 한·미가 연합으로 행사하는 체제로 바뀐 것이다. 유엔군사령관은 미합참으로부터 직접통제와 지침을 받아 한반도 정전협정의 유지 및 이행과 관련된 임무만을 수행하고 한·미 연합사는 북한의 남침을 억제하기 위한 임무를 수행한다. 한·미 연합사의 창설로 인한 한·미군의 지휘체제를 살펴보면, 우선 한·미 양국의 국가통수 및 군사지휘기구(National Command and Military Authority; NCMA)와 실무적인 최고 군사령기관인 군사위원회(MC)의 통제를 받도록 되어 있다. 한편, 한·미 군사위원회는 한국방위를 위하여 한·미 양국이 발전시킨 전략지시와 전략지침을 발전시켜 연합사 사령관에게 하달하고, 연합사령관은 이에 따라 한·미 양국의 작전부대를 작전 통제한다.[35]

---

34) 작전지휘란 작전 임무수행을 위하여 지휘관이 예하부대에 행사하는 권한으로서 작전수행에 필요한 자원의 획득 및 비축, 사용 등의 작전요소 통제, 전투편성(예속, 배속, 지원, 작전통제), 임무부여, 목표 지정 및 임무수행에 필요한 지시 등의 권한을 말하며, 행정지휘에 대한 상대적 개념의 용어로서 여기에는 행정 및 군수에 대한 책임과 권한은 포함되지 않는다. 여기에 대해서는 합동참모본부, 『연합합동 군사용어사전』, 합동참고교범 10-2, (서울 : 합동참모본부, 1998), p. 337을 참고할 것.

35) 백종천, "한미연합체제의 발전방향," 백종천 · 김태현 · 이대우 『한미군사협력 : 현재와 미래』(성남 : 세종연구소, 1998), p. 48.

한국군에 대한 작전통제권이 다시 한 번 변하게 된 것은 1994년이었다. 1994년 제26차 연례안보협의회의와 제16차 군사위원회회의 평시작전통제권을 한국군에 이양하는 전략지시 2호를 연합사령관에게 하달하였다. 비록 한국 합참의장이 연합사령관에게 위임한 연합권한위임사항(CODA)[36]이 있긴 하지만, 한국 합참의장은 1994년 12월 1일부로 연합사령관이 행사하던 한국군에 대한 평시작통권을 행사하게 되었다.

한 · 미 상호방위조약 체결 이후의 한국군에 대한 작전통제 면을 요약해보면, 유엔군사령관에 의한 작전지위(1950～1953) → 유엔군사령관에 의한 작전통제(1954～1977) → MC를 통한 한 · 미 연합사령관에 의한 작전통제(1978～1993) → 합참의장은 평시 한국군 작전통제, 한 · 미 연합사령관은 전시 한국군 작전통제(1994～2015)로 변화되거나 변화될 예정이다. 이는 주한미군의 작전통제 역할이 점점 축소되고 한국군의 국군에 대한 지휘 역할이 점점 확대되고 있음을 보여주고 있다.

2010년 6월, 한 · 미 정상은 한국군에 대한 전시 작전통제권을 국군에게 전환하기로 합의하였다. 한국과 미국이 전시 작전통제권 전환에 대한 연기나 취소 등에 대해 추가적인 합의가 없다면 전시 작전통제권은 2015년 12월 1일부로 한국이 행사하게 될 전망이다.

---

36) CODA의 주요 내용은 (1) 전쟁억제, 방어 및 정전협정 준수를 위한 한 · 미 연합위기관리, (2)전시 작전계획 수립, (3) 한 · 미 연합위기 관리, (4) 한 · 미 연합 3군 합동훈련 및 연습의 계획과 시기, (5) 조기경보를 위한 한 · 미 연합정보관리, (6) C4I 및 상호 운용성 등의 전시업무를 수행하기 위해 연합사가 평시에 준비해야 할 사항에 대한 권한행사 등이다. 여기에 대해서는 허남성, "평시 작전통제권 환수경과와 향후의 대책," 「외교」, 제33호(1995년 3월), pp. 90~91을 참고할 것.

## 5. 세력균형의 개념

### 1) 개 요

세력균형은 국가 간에 협의 균형을 이루려는 국제정치상 원리 또는 정책의 하나이다. 공통된 권력이 존재하지 않는 국제사회에서 여러 주권국가가 병존하고, 각 나라가 저마다 국익을 추구하는 과정에서 어느 특정국가가 우월적 주도권을 잡는 것을 막아 서로 공격할 수 없는 상황을 조성함으로써 국제사회의 평화와 안정을 유지토록 하는 것을 말한다. 사력을 증강하거나, 감축하거나, 또는 자유롭게 동맹관계를 맺을 수 있다. 세력균형이라는 용어는 나폴레옹 전쟁 말기부터 제1차 세계대전까지 유럽 국가체제에서 나타난 권력관계를 설명하기 위해서 사용되었다.

세력균형의 역사는 고대까지 거슬러 올라가지만 국제정치이론으로 등장한 것은 근세 초기 이후이다. 베스트팔렌조약[37] 후 유럽 국제사회 성립에서 제1차 세계대전 전까지 세력균형은 국가주권에 대한 개념, 국제법원칙과 함께 유럽 안정의 원리로서 기능을 발휘하였다.

그러나 균형 조정자였던 영국이 헨리8세 이후 '영광스러운 고독'을 버리고 19세기 말에는 독일과 군비경쟁에 뛰어들어 제1차 세계대전 발발을 촉진하였다. 제1차 세계대전 이후 세력균형에 대한 비판이 높아지고 집단안전보장이론이 등장했으나 국제연맹의 실패가 보여주듯이 세력균형에 대체될 만한 것은 없었다.

세력균형을 창출하는 방법은 여러 가지가 있다. 각국이 자국의 판단에 따라 세력을 증강하여 대립국과의 균형을 유지하는 방법이 있고, 몇몇 국가가 군사동맹을 체결함으로써 세력균형을 유지하는 경우도 있다. 때에 따라서는

37) 베스트팔렌조약 삼십년전쟁(1618～48)을 종결시킨 조약이다. 1648년에 30년 전쟁 후 체결된 평화조약으로 신성로마제국을 붕괴시키고, 주권국가들의 공동체인 근대 유럽의 정치구조가 나타나는 계기가 되었다. 이 조약의 결과 황제와 교황의 권력은 약화되었으며, 국가 간의 세력균형으로 질서를 유지하는 새로운 체제를 가져왔다.

수개의 국가가 협력하여 군비축소를 실현함으로써 세력균형을 도모하는 경우도 있다. 세력균형은 원래 국가 간의 평화를 도모하는 것보다는 자국안전과 국가이익 추구에 중점을 두기 때문에, 국제정세의 변화에 따라 그 내용이 계속 변화한다.

예를 들면, 중국이 1949년 정부수립 후 소련과 동맹을 체결하여 미국과 대립하였으나, 이념논쟁 · 국경분쟁 등으로 소련과의 관계가 악화되자, 바로 미국에 접근하여 국교를 수립하고 소련을 견제하고 나섰다. 이에 대응하여 소련은 동맹관계에 있는 몽골과 인도와의 유대를 강화하고 베트남과도 동맹을 체결하여 중국포위의 태세를 취하게 되었다.

국가 간의 평화를 유지하는 명목의 세력균형이론이 퇴색한 것은 세력균형이 전쟁부재를 보장하지는 않는다는 점이다. 평화유지에 중요한 것은 무력사용을 자재하는 정치지도자의 판단과 의지에 달려 있으며, 이러한 판단에 문제가 생기는 것은 국력을 정확히 측정하기 어렵기 때문이다.

어떤 상태가 세력균형이 이루어진 것인지를 알 수 없기 때문에 국가는 자국의 힘을 증진시키기 위해서 군비증강이라는 딜레마에 빠지게 되며, 이런 이유로 세력균형이 군비경쟁을 촉진시켜 전쟁의 가능성을 증대시키는 역할마저 하게 되는 것이다.

### 2) 세력균형(Balance of Power)

세력균형은 여러 가지 의미를 가지고 있으며 대표적인 것은 다음과 같다.

첫째, 권력의 분배로서의 세력균형으로 권력을 분산한다는 의미를 갖는다. 권력의 분산이란 ① 권력의 분포상태가 평형을 유지, ② 기존의 권련의 현상유지, ③ 권력이 동등하게 분산되어 있는 상황을 의미한다.

둘째, 정책으로서의 세력균형이다. 1848년 영국의 외무장관 Lord Palmerston이 "영원한 우군도 적도 없다"라고 한 말은, 오늘날의 국제정치에도 변함없이 적용되고 있다. 세력균형의 논리는 균형자의 위치에 있는 국가가 통상 약하게 보이는 쪽을 합류하여 세력 간의 평형을 유지한다. 그러나 강해 보이는 쪽에 합류하여 승자의 수익을 나누려 하는 반대의 경우도 발생하며, 이를 시류에 편승한다는 뜻으로 bandwagon이라고 한다. 정책으로서의 세력균형 획득방법은 동맹국을 얻는 방법, 영토를 확장하는 방법, 적국의 동맹국을 분리하여 적국의 힘을 약화시키는 방법, 적을 제3의 적과 대립시켜 힘을 분산시키는 이이제이(以夷制以) 방법들이 있다.

셋째, 체제로서의 세력균형이다. 19세기 초의 유럽과 같은 다국적 세력균형체제, 그 다음 등장하는 느슨한 협조체제, 제1차 세계대전 이전의 '3국동맹'과 '3국협상체제', 제2차 세계대전 이후 등장한 미 · 소 양국체제 등이 대표적이다.

### 3) 세력균형의 목적과 기능

앞에서 보았듯이 세력균형 정책은 강대국들 간의 상호분쟁을 최소화하고, 세계도처에서 성취한 기득이익을 수호하고 유지하는데 적절한 원리를 제공한다고 볼 수 있다. 볼링브로크, 겐츠 등의 학자는 세력균형이론은 국제안정을 위해 몇 가지 기능을 수행한다고 다음과 같이 주장하였다.

첫째, 어느 특정한 국가가 일방적으로 보편적 주도권을 장악하지 못하도록 저지한다. 둘째, 현 국제정치체제의 필수적인 국가들의 존립과 체제 자체의 보존을 보장한다. 셋째, 국가체제에 있어서 국가 간에 발생할 수 있는 일반적인 분쟁을 예방함으로써 안정과 상호안전을 보장한다는 것이다. 즉 세력균형의 기능은 잠재적인 침략국가로 하여금 그의 침략행위가 그것에 대항하는 동맹을 결성시킨다는 것을 예상하게 함으로써 침략행위를 보류하게 될 것이라는 것이다.

세력균형정책을 추진할 경우 통상 채택하는 정책대안을 보면 ① 전쟁 후 패전국의 영토를 분할하여 전승국에게 보상하고, ② 새로운 강대국 사이에 분계선과 완충지대의 설치, ③ 동맹의 형성, ④ 외국간섭, ⑤ 외교적 흥정, ⑥ 군비축소 및 경쟁, ⑦ 전쟁 등을 들 수 있다.

## 6. 집단안보 개념과 발전

### 1) 집단안보의 개념

가족, 종족, 국가들 사이에서 협력과 동맹이라는 개념이 인류 역사의 공통된 특징이었다면, 집단안보는 20세기의 발명품이었다. 집단안보란 "집단 내의 한 국가가 침략을 감행한 경우 다른 모든 회원국이 집단적으로 이를 응징한다는 집단적 행동을 규정한 협정에 의해 국제공동체가 평화를 유지하는 제도"를 말한다. 즉 집단안보란 한 국가가 평화를 파괴하거나 전쟁을 일으키면, 나머지 모든 국가들이 단결하여 필요시 군사력으로 그 국가를 응징하는 것(one for all, all for one)이다.

집단안보는 2가지 이론, 즉 동맹이론과 세력균형을 이론으로 설명이 가능하다. 침략을 당했을 때 서로가 군사적으로 지원한다는 차원에서 보면 동맹의 개념이 확대된 것이라고 볼 수 있다. 지역적으로 확대된 동맹을 집단방위(collective defense)라고 하고, 세계적으로 확대된 동맹을 집단안보라고 할 수 있다.

집단안보는 특별한 동맹이라고 할 수 있다. 동맹은 통상 공격 및 방어시에 군사적으로 협력할 것을 동의하는 것인데 반해, 집단안보는 그들 사이에서 평화를 유지하고 안보를 제공할 것을 동의하는 것이기 때문이다. 그들은 서로로부터 서로를 보호하는 것이다. 이 특별한 동맹 참여자들은 서로로부터 서로를 보호하는 것이다. 이 특별한 동맹 참여자들은 서로를 공격하지 않을 것이라는 것에 대해 동의한다. 집단안보체제를 만들기 위해서는 회원국들 상이에 보다 추가적인 협정이 필요한데, 한 국가가 평화를 파괴하거나 전쟁을 하면 타국들이 군사력으로 그 위반국을 응징하는데 동참한다는 약속이 그것이다. 집단안보란 평화를 파괴한 어떤 회원국에 대하여 모든 회원국이 응징하는 동맹을 말한다.

세력이 과도하게 불균형될 경우 약한 세력이 전쟁을 일으킬 확률은 작다.

집단안보란 침략국의 세력이 약하다는 것을 가정하는 한편, 침략국을 제외한 모든 국가들의 세력의 합이 더 강하다는 것을 가정한다. 따라서 집단안보란 세력균형 이론의 연장선에 있는 세력불균형 이론이라고 할 수 있다.

자주국방, 동맹, 그리고 세력균형은 자신의 취약성을 줄임으로써 전쟁을 억제할 수 있을 것으로 보고 있다. 물론 이런 정책들은 억제가 실패하면 전쟁에서 승리하기 위한 정책일 수도 있다. 집단안보도 전쟁을 억제하는 역할을 수행한다. 억제란 상대방이 공격하면 그보다 더 가혹한 손상을 부과하는 것이다. 따라서 집단안보는 평화를 유지하기 위해 침략자에게 받아들일 수 없는 손실을 부과하겠다고 위협을 가하는 것이다. 이런 차원에서 본다면, 집단안보란 억제에 기초한 평화와 안전을 위한 시스템이라고 할 수 있다. 이것은 개별국가나 동맹에 의한 억제가 아니라 지구적 차원의 집단적인 억제체제이다.[38] 국제연맹(League of Nations)이 창설되었을 당시의 지배적인 사고는 만약 대규모의 동맹이 침략자의 공격에 맞선다면, 어떤 공격도 쉽게 일어나지 않을 것이라고 생각했는데, 그 이유는 억제가 작동할 것이라고 믿었기 때문이다.

침략자에게 받아들일 수 없을 정도의 손실을 부과하겠다는 집단안보는 결국 침략자로 하여금 전쟁을 포기하게 하는 결과를 가져오게 한다. 이것이 결국 전쟁의 위협을 감소시키는 효과를 가져온다.

윌슨(Woodrow Wilson) 이전에도 세력균형의 대안을 희구하는 철학자와 정치가는 있었다. 1712년에 피에르(Abbe de Saint-Pierre)는 유럽국가들 간의 분규는 유럽연맹을 창설(League of European Rules)하여 이를 조정하자고 주장했다. 또한 루즈벨트(Theodore Roosevelt) 대통령은 1904~05년의 러·일 전쟁에서 그의 성공적인 조정으로 노벨상을 수상하는 수락연설에서 '평화와 연맹(League of Peace)' 창설을 제안하기도 했다.

---

38) Patrick M. Morgan, International Security : Problem and Solutions(Washington DC : CQ Press, 2006), p. 136.

이들의 제안이 빛을 보기 시작한 것은 윌슨 대통령 시절이었다. 그는 세력균형이 오히려 전쟁을 일으킨다고 주장하면서 세력균형을 "제1차 세계대전이 시작되기 전에 퍼져 있던 낡고 사악한 질서였다"고 비판하였다. 그는 5세기 남짓 동안 유럽은 119번의 전쟁에 연루되었고, 그 기간의 3/4 동안에 강대국 중 한 나라는 전쟁 중이었으며, 119번 중 9번은 강대국들이 개입한 대규모 전쟁이었다고 지적하면서, 세력균형이 결코 평화유지에 도움을 주는 것이 아니라 오히려 무정부상태 유지에 도움을 준다고 비판하면서 집단안보를 위한 국제연맹의 창설을 제안하였다. 그는 집단안보를 "세력균형이 아니라 세력공동체(community of power)이며, 조직화된 적대관계(organized rivalries)가 아니라 조직화된 공동의 평화(organized common peace)"라고 하였다.

집단안보는 국제사회의 구성원이 불특정 소수의 질서 교란자에 대해 이를 예방하거나 또는 응징한다는 차원에서 세계정부의 이념과 가깝다.

그러나 세계정부는 현실세계에 존재하지 않는다. 따라서 집단안보는 무정부 상태에서의 자력구제를 위한 세력균형체제도 아니고 완전한 정부형태를 갖춘 세계정부도 아닌 그 중간 형태의 현상유지체제라고 할 수 있다.

### 2) 집단안보의 발전

집단안보의 개념은 제1차 세계대전의 과정 및 종료 후에 세력균형의 실패에 따른 반작용으로 인해 세계로부터 많은 지지를 받았다. 집단행동의 개념은 국제연맹을 창설하는 것으로 구체화되어 갔다. 윌슨은 집단안보의 창시자적 역할을 수행했고, 동맹국들은 미국이 전쟁에 돌입하기 이전인 1917년 1월에 그 아이디어를 수용했다. 비록 영국은 미국의 강력한 지원 하에 유럽협조체제(Concert of Europe)를 빨리 복구하고 공식화하려 했지만 윌슨은 그의 소신을 꺾지 않았다.[39]

39) Otto Pick and Julian Critchley, Collective Security(London : The Macmillan Press Ltd, 1974), p. 26.

1919년 제1차 세계대전을 종결하는 '평화회의' 전에 제출된 제안에서 그는 만약 침략국에 대해 모든 국가가 집단으로 행동할 것에 동의한다면 세계는 보다 안전하게 될 것이라고 주장하였다. 집단안보를 위해 국제연맹이 필요하다는 그의 아이디어는 수용되었다. 이에 따라 베르사이유 조약에 조인한 29개국을 포함하여 42개국을 회원국으로 하는 국제연맹이 창설되었다. 국제연맹 규약에는 분쟁의 평화적 해결장치를 마련하였고(규약 제11~13조), 집단적인 안전보장제도를 도입(규약 제10~11조, 16조)하였다.[40] 그러나 집단안보의 정신을 구현하기 위해 국제연맹의 창설을 주도한 미국은 오히려 상원에서 비준을 받지 못하여 국제연맹의 회원국이 되지 못했다.

국제연맹은 만장일치제도를 도입하였다. 이 규정은 만약 회원들이 부동의하거나 부담을 싫어할 경우, 연맹의 신뢰성은 저하될 수밖에 없었다. 그럼에도 불구하고 1920년대 소규모의 전쟁은 국제연맹의 노력에 의해 해결되거나 짧게 끝났다. 군비통제 노력이나 식민지관리 문제들도 이 틀 속에서 논의되었다. 그러나 1929년 경제공황이 닥치자 이 모든 것들이 제대로 작동되지 않았다. 경제공황으로 인해 정부들은 국내 관심 문제에 전념할 수밖에 없었다. 이 효과는 또한 여러 국가에서 파시스트그룹이 성장하는 것으로 연결되었다.

1930년대가 되자 국제연맹의 회원국들 사이에 정치적 균열이 생기기 시작했다. 그 대칭선은 냉전시의 그것과 비슷한데 민주국가 대 파시스트 및 공산주의였다. 이러한 균열의 뿌리는 제1차 세계대전과 그 후의 여파로 생긴 것이었다. 유럽의 비민주국가와 일본은 국제연맹을 승자에 의해 부여된 체제라고 생각하여 이를 뒤엎어야 한다고 생각했다. 양측은 많은 쟁점에서 불일치했을 뿐만 아니라 파시스트 국가들(독일, 이탈리아, 일본)은 제국건설에 깊이 관여하였고 이념적으로 전쟁을 선호하였다.

균열이 명백해지자, 심지어 국제연맹의 지도국들도 이에 대해 회의적인 시각을 갖고 다른 접근법을 찾기 시작했다. 이들은 이탈리아와 독일을 서로 싸

40) 오기평, 『현대국제기구정치론』, (서울 : 법문사, 199), p. 43.

움 붙여 이득을 취할 궁리를 했다. 그래서 그들은 이탈리아가 1935~36년 점령한 에티오피아에 제국을 건설하려는 것에 대해 중지할 것을 요구하지도 않았다. 그러나 이들의 궁리는 통하지 않았다. 오히려 이탈리아는 독일의 동맹이 되었고, 결국 독일, 이탈리아, 일본이 국제연맹에서 탈퇴했다. 1940년 국제연맹이 소련의 핀란드 침공을 비난하자 소련도 탈퇴했다.

국제연맹은 또한 그때 당시 가장 상황이 나빴던 내전, 즉 1936~38년의 스페인 내전을 다루는 데에도 실패했다. 민주적으로 수립된 좌파 정부는 강력한 파시스트 성향을 지닌 군대의 주도에 의한 우익에 의해 도전받고 있었다. 영국, 프랑스, 러시아는 반군보다는 정부를 지원하면서도, 이 세 국가는 반군보다 정부에 더 타격이 될 수 있는 무기금수 조치를 취했다. 또한 영국과 프랑스는 독일과 이탈리아가 반군에게 군부대 파견을 포함한 중화기를 지원하고 있었지만 이들과 대처하기를 원하지 않았다. 전쟁이 일어나는 것을 싫어했기 때문에 영국과 프랑스는 스페인 공화국이 붕괴되는 것을 방지했던 것이다. 요약하면, 국제연맹은 가치를 공유하지 못한 회원, 회원의 단결 부족, 그들 사이에 전쟁 발발 시 이를 멈추게 할 수 있는 강력한 수단의 결여, 그리고 신뢰성 등의 부족으로 실패하고 말았다.

제2차 세계대전 이후 강대국 지도자들은 국제연맹의 실패를 거울삼아 실패하지 않을 집단안보의 제도를 만들고자 하였다. 강대국들은 결국 국제평화와 안전을 위해 서로 협의하는 제도를 만들었다. 강대국 콘서트(Concert of Great Powers)를 유엔이라는 기구 속에 만든 것이다. 이것이 바로 제2차 세계대전의 승전국들로 구성된 강대국 중심의 유엔안전보장이사회이다.

유엔 창설 당시, 중국 공산당, 분할된 독일, 패배한 일본 등이 참여하지 못했지만, 1973년 이후에는 이 모든 것이 해결됨으로써 유엔은 세계적인 보편적 기구가 되었다. 유엔헌장(Charter)은 연맹의 규약(Covenant)과 달리 세계평화를 유지하기 위한 강대국의 책임을 반영하였다. 이론상으로 보면 국가들은 5대 상임이사국에 의해 지배되는 안전보장이사회에 평화를 유지하는 과업을 넘겨준 셈이다. 이로써 5대 강대국들은 전 회원국의 의사에 반하는 결정을 내릴 수 있는 거부권(veto)을 가지게 되었다. 강대국의 국가이익에 반하는 문제가 생기면 유엔은 비효과적이나 거부권 규정은 강대국들이 직접적으로 대치하는 것을 막을 수 있는 규정으로 인식되었다.[41]

강대국들이 배타적 특권을 가지고 있었음에도 불구하고 냉전 시기 유엔안보리는 거의 기능을 발휘하지 못했다. 집단안보는 한국전이 유일했으며, 집안안보의 변형에 해당되는 평화유지활동(PKO : Peace Keeping Operations)도 13건에 그쳤다.

탈냉전이 되자 유엔안보리는 경계와 반목에서 벗어나 협력하기 시작함으로써 유엔의 창설목적에 보다 충실해지기 시작했다. 걸프전에 대한 집단안보를 시작으로 유엔은 각종 분쟁에 적극적으로 개입하기 시작했다. 심지어 유엔 헌장의 정신에 따라 국내 분쟁에도 인도주의를 명분으로 개입하기 시작했다. 인간의 권리가 국제법 지위상 객체에서 주체로 인정되면서 개인이 국가나 국제기구와 법적으로 동등하게 다루어지게 되었고, 개인의 권리문제가 국제적인 관심의 대상으로 부각되었던 것이다.[42] 이에 따라 UN은 '웨스트팔리아를 넘어(Beyond Westphalia)' 주권의 종말(The End of Sovereignty)을 강조함으로써 다양한 평화활동을 전개하게 되었다. 탈냉전이 되어서야 윌슨의 이상이 어느 정도 실현되기 시작했던 것이다.

### 3) 집단안보의 수단

유엔헌장에는 무력분쟁이 발생했을 때 UN이 취할 조취방법과 수단이 규정되어 있다. 헌장 제1장에는 분쟁관리의 원칙이 규정되어 있으며, 헌장 제6장과 제7장에는 분쟁관리를 위한 수단이 규정되어 있다. 따라서 UN은 이러한 원칙과 수단을 이용하여 분쟁을 관리할 수 있는 전략을 구사할 수 있다. 원칙과 수단들을 구체적으로 살펴보면 다음과 같다. 유엔헌장은 회원국 간의

41) Ibid., p. 31.
42) 박치영, 『유엔정치론』, (서울 : 박영사, 1994), p. 329.

주권평등(제2조 제2항)의 원칙과 UN의 목적과 양립할 수 없는 무력에 의한 위협 또는 무력사용금지(제2조 제4항) 원칙을 규정화하고 있다. 그럼에도 불구하고 분쟁이 발생하면 회원국들은 이를 평화적으로 해결(제1조 제1항, 제2조 제3항)하고, 침략행위나 평화의 파괴행위가 발생하면 이에 대해 회원국들이 집단적 조치를 취하도록(제1조 제1항) 규정하고 있다.

이러한 원칙에 따라 유엔헌장은 분쟁의 평화적 해결을 위한 수단을 제6장에서 제시하고 있으며, 집단안보를 위한 수단을 제7장에서 제시하고 있다. 헌장 제6장에 의한 분쟁의 평화적 해결수단은 협상(negotiation), 심사(inquiry), 중재(mediation), 조정(coordination), 중재재판(arbitration), 사법적 타결(judicial settlement), 지역기관 또는 지역협정의 이용(resort to regional agencies or arrangement) 또는 당사자가 선택하는 다른 평화적 수단(other peaceful means of their own choice) 등이 있다.

이러한 평화적 수단들에 의해서도 분쟁이 평화적으로 종결되지 않을 경우 UN은 '평화에 대한 위협, 파괴 및 침략행위의 존재를 결정하고 어떤 조치를 취할 것인가를 결정한다'(제39조). 헌장 제7장은 집단안보를 위한 여러 가지 수단들을 제시하고 있는데, 이러한 수단들은 비군사적 강제조치와 군사적 강제조치로 대별할 수 있다. 전자에 속하는 수단은 경제관계 및 철도 · 항해 · 항공 · 우편 · 전신 · 무선통신 및 기타 의사소통의 전부 또는 일부의 중단과 외교관계의 단절 등이 있으며, 후자에 속하는 수단 시위 · 봉쇄 및 기타 행동 등이 있다.

### 4) 집단안보 작동개념과 허점

윌슨의 집단안보의 작동개념을 요약하면 다음과 같다.[43] 첫째, 무력분쟁 발생 시 모든 국가는 분쟁의 야기자(originator)가 누구인지에 동의해야 한다.

43) Dan Caldwell, World Politics and You(upper Saddle River, New Jerney : Prentice Hall, 2000), pp. 101~102.

누가 먼저 평화를 파괴하거나 침략했느냐에 대한 회원국들의 동의가 있어야 그 국가에 대해 집단안보를 실시할 수 있기 때문이다. 남한에 대한 북한의 침략, 쿠웨이트에 대한 이라크의 침략은 누가 분쟁의 야기자인가에 대해 회원국들이 동의하였다. 그러나 아프리카의 많은 분쟁에서 보는 것처럼 분쟁 야기자에 대한 규명은 명확하기보다는 애매할 때가 더 많다. A정부를 공격하는 게릴라가 B국가에서 지원을 받아 A를 공격한다고 생각해보라. 그리고 B의 정부가 게릴라에 대해 동정적이긴 하지만 그들의 활동에 대해서는 반대하고 국경선을 연해 그들을 통제하기 힘들다고 생각해 보라. 만약 국가의 군대가 게릴라를 공격하기 위해 B를 침공했다면 누가 공격자인가? 누구에게 집단안보 행동을 취해야 하는가? C, D국가는 A에게 책임이, E, F국가는 B에게 책임이 있다고 주장하면, 집단안보는 작동하기 힘들게 된다.

둘째, 모든 국가는 침략을 중단시키는 데 이익을 가져야 한다. 그러나 집단안보의 모든 회원국들이 침략 중단에 이익을 가져야 하지만 그렇지 않을 수도 있다. 침략한 국가가 이데올로기적으로 같은 진영에 속하는 국가이거나, 또는 침략의 결과가 승리로 연결되어 이것이 세력균형에 도움이 된다고 생각하거나 또는 침략한 국가가 자국에 대한 역사적 침략자를 대신해서 응징해 주었다고 생각한다면, 침략 중단에 따른 이익을 가지는 것이 아니기 때문에 집단안보의 작동은 쉬운 것이 아니다. 특히, 유엔 안전보장이사회에서는 5개 상임이사국의 비토가 없어야 하며, 10개 비상임이사국을 포함하여 안전보장이사국의 9/15의 찬성이 있어야 집단안보가 작동할 수 있다. 안전보장이사회 상임이사국들은 '침략 중단에 대한 이익'을 자국의 관점에서 판단하기 때문에 집단안보에 대한 합의를 이루기가 쉽지 않다. 후술하겠지만 냉전시에 집단안보가 제대로 작동하지 못했던 이유도 여기에 있다.

셋째, 모든 국가는 침략에 대항하여 통합된 행동에 동참할 수 있어야 한다. 집단안보가 억제의 역할을 하려면 집단안보에 대한 신뢰성이 있어야 한다. 그러나 이기적 성향의 국가들은 다른 국가보다 자신에게 더 많은 주의를 기울이며, 가능한 한 다른 국가 특히 강대국에게 어려운 일을 맡기고 싶어 한다. 소위 말하는 집단안보가 제공하는 공공재(public goods)에 대한 공차 심리(free ride)가 작동하는 것이다. 이렇게 된다면 집단안보라는 억제적 위협은 의문에 쌓이게 된다. 한국전 당시에도 16개국만이 참전했으며, 탈냉전 당시의 걸프전에도 회원국의 1/4정도인 40여 개국만이 참전했다.

넷째, 침략에 반대하는 집단의 통합된 힘은 침략자를 패배시킬 만큼 커야 한다. 그러나 이것도 문제가 있다. 제1차 걸프전 때 유엔군의 힘은 이라크를 압도했고 또 이라크를 지원하는 세력들도 없었다. 집단안보가 제대로 작동된 것이다. 그러나 한국전 때 최초 유엔군의 힘은 북한보다 컸으나 중공의 개입으로 세력이 균형을 되찾자 휴전으로 종결되고 말았다. 이것은 통합된 힘이 침략자보다 크지 않을 수도 있으며, 오히려 세력이 균형잡힐 수도 있다는 것을 의미한다.

다섯째, 침략자는 집단의 힘이 자신보다 더 강하다는 것을 인식해야 한다. 이렇게 되면 침략자는 그 분쟁을 평화적으로 타결하거나 또는 설령 침략한다 하더라도 패배하게 될 것이다. 그러나 이것은 위에서 서술한 4개의 문제점이 복합적으로 등장하게 된다면, 침략자는 벗어나지 못할 수도 있다.

## 7. 한국과 유엔

### 1) 유엔과 한국정부 수립 및 한국전쟁

대한민국 정부는 유엔총회 결의 제112(II)B호에 따라 설치된 유엔한국임시위원단(UNTCOK : UN Temporary Commission on Korea)의 감시 하에 총선을 통하여 수립되었다. 신생 대한민국 정부의 당면 외교과제는 국제사회로부터 정통성과 유일 합법성을 인정받는 것이었다. 제3차 유엔총회는 결의안 제195(III)를 통하여 대한민국 정부가 유일한 합법정부임을 결의하고 UNTCOK 대신 유엔한국위원단(UNCOK : UN Commission on Korea)을 설치하였다.

한국전쟁이 발발하자, 미국은 유엔 안전보장이사회를 긴급 소집하였고, 안보리는 결의안 제82호를 통하여 "적대행위의 즉각 중지와 북한군의 38선 이북으로의 즉시철수"를 요구하였다. 안보리는 6월 29일, "유엔 회원국들이 대한민국에 무력침공을 격퇴하고 이 지역의 국제평화와 안전을 회복하는데 필요한 원조를 제공할 것"을 권고하는 결의안 제83호를 채택하였으며, 7월 7일에는 결의안 제84호를 통하여 회원국들이 제공하는 병력 및 기타 지원을 미국이 주도하는 통합사령관(유엔군사령부) 하에 두도록 권고하고, 미국이 통합사령관을 임명할 것과 통합사령부에 참전 각국의 국기와 함께 유엔기 사용 권한을 부여하였다.

구소련이 7월 27일 그동안 거부해오던 안보리에 복귀하여 8월 1일부터 윤번제 안보리 의장직을 맡게 되자, 이때부터 소련의 거부권 행사로 안보리는 한국사태와 관련된 어떤 조치도 취할 수 없게 되자 유엔총회는 미국이 제출한 '평화를 위한 단결'을 채택하여 안보리가 국제평화와 안전유지에 관한 1차적 책임을 다하지 못할 경우 유엔총회에서 필요한 조치를 결의할 수 있도록 하였다.

유엔총회는 10월 7일, 결의안 제375(V)호를 통해 한국에 통일, 독립된 민주정부수립과 한국 내 구호와 재건의 책임을 수행하기 위해 7개국으로 구성된 유엔한국통일부흥위원단(UNCURK : UN Commission on the Unification and Rehabilitation of Korea) 설치를 결의하고, 또 12월 1일 총회 결의 제410(V)을 통해 한국부흥계획을 추진하기 위해 유엔한국재건단(UNKRA : KRAUN korean Reconstruction Agency)을 설치하였다. 또한 유엔총회는 1951년 2월 1일 결의안 제498(V)호를 통하여 한국전에 개입한 중공군의 유엔군에 대한 적대행위 중지와 한국에서의 철수를 촉구하였다. 1953년 8월 28일 유엔총회는 결의안 제712(VII)호를 통하여 한국과 참전국의 영웅적 병사들에게 경의와 조의를 표하는 동시에 유엔의 요청에 따라 처음으로 취한 집단적 조치가 성공한 데 대해 만족을 표시하였다.

### 2) UN총회와 한반도 문제

1953년 8월 28일 유엔총회 결의안 제712(VII)호에 입각하여 한국문제의 평화적 해결을 위해 1954년 4월 26일부터 개최된 제네바 정치회담이 결렬되자 한반도 문제는 다시 유엔총회로 넘어갔다.

제9차 유엔총회는 1954년 12월 11일 채택한 결의안 811(IX)호를 통하여 한국에서 유엔의 목적이 평화적 방법에 의하여 대의제 정부형태로 통일, 독립된 민주국가를 수립하고, 이 지역에서 국제평화와 안전을 완전히 회복하는데 있음을 재확인하였다.

이후 총회는 매년 제출되는 UNCURK 연차보고가 자동적으로 차기 총회 의제에 포함됨으로써 한국문제를 매년 토의하게 되었고, 대한민국 대표를 단독으로 초청하여 토의에 참석시킨 가운데 유엔감시 하 인구비례에 의한 남북 총선거를 골자로 하는 통한(統韓) 결의안을 가결시켰다.

그러나 아프리카의 해로 불리던 1960년대부터 아프리카의 신생독립국이 대거 유엔에 가입하여 이들의 투표성향이 반 서방적 경향을 띠게 되자, 한국문제는 보다 복잡한 양상을 띠게 되었다. 1968년부터 유엔 내 세력분포도 점차 변하게 되자, 한국문제의 자동적인 연례 토의를 지양하는 방향으로 나아갔다.

1968년 12월 20일 제23차 유엔총회는 UNCURK로 하여금 그 보고서를 반드시 총회에 제출하지 않고 필요에 따라 사무총장에게 제출할 수 있게 함으로써 한국 문제의 연례 자동상정을 피하도록 하는 재량 상정방식을 내용으로 하는 결의안을 채택하였다(총회 결의 제2466호).

1973년 제28차 유엔총회는 알제리에서 열린 제4차 비동맹 정상회의에서 북한의 열렬한 지지세력이었던 알제리, 쿠바 등 급진 좌경국가들이 한국 문제에 대해 북한 입장을 일방적으로 반영한 조항을 총회 결의안으로 채택하려 하자, 이에 대한 타협책으로 남북대화를 통한 평화통일의 촉구, UNCURK 해체를 내용으로 하는 합의성명을 채택하였다. 이에 따라 UNCURK는 1973년

11월 29일 성명서를 발표하고 23년간의 활동을 종결하였다.

1975년 8월 페루에서 개최된 비동맹 정상회의에서 월맹과 북한이 비동맹 회원국으로 가입이 결정됨으로써 비동맹 내 급진 좌경국가들의 영향력이 최고조에 달하였고, 이를 배경으로 1975년 9월 22일 제30차 유엔총회에서 우리 측은 남북대화의 계속 촉구, 휴전협정 대안 및 항구적 평화보장 마련을 위한 협상 개시 내용의 결의안을 제출하였고, 북한 측은 유엔군사령부의 무조건 해체, 주한 외국군 철수 표결에 부쳐진 결과 우리 측 결의안(제3390 A호)과 북한 측 결의안(제3390 B호)이 동시에 통과됨으로써 유엔의 한국문제에 관한 해결기능이 한계에 도달하였음을 보여주었다.

### 3) 한국안보와 유엔

1975년 제30차 총회를 마지막으로 유엔을 무대로 한 남·북한 간의 대결적 외교경쟁은 진정되었다. 그러나 1983년 9월 1일 대한항공 007기가 소련전투기에 의해 격추되자, 한국 정부는 미국, 일본, 캐나다와 함께 안보리 긴급소집을 요청하였고, 9월 3일부터 12일간 6차례의 회의가 개최되었다. 이 기간 동안 이 회의에 참석했던 46개국이 소련을 규탄하는 우리 입장을 지지하는 내용을 발언하였다. 비록 소련의 거부권 행사로 결의안이 채택되지는 못했지만 한국 정부는 소련의 만행을 규탄하는 국제여론을 불러일으켰다.

1983년 10월 9일 랑군 암살 폭발사건이 발생했을 때에도 한국 정부는 제6위원회(법률위원회)에서 북한의 만행을 규탄하고 북한의 테러행위에 대한 공동 응징 및 재발방지를 촉구하는 국제여론을 형성하였다. 1988년 11월 29일 대한항공 858기가 북한 공작원에 의해 폭발하여 추락한 사건이 발생하자, 한국 정부는 일본과 함께 안보리 소집을 요구하였고 이틀 동안 개최된 안보리 회의에서 북한의 테러 만행을 규탄하였다.

1990년 2월 헝가리를 시발로 동구 사회국가들과 외교관계를 수립하게 되었다. 소련과는 1990년 9월 외교관계를 수립하고, 중국과는 1990년 10월 무역대표부 설치에 합의하였으며 1992년 8월에 외교관계를 수립했다. 이러한 분위기에 힘입어 남·북한은 1991년 제46차 유엔총회 개막일인 9월 17일 동시에 유엔 회원국이 되었다. 유엔에 가입한 이후 한국은 국제평화와 안전을 위하여 유엔이 주관하는 PKO에 적극적으로 참여하였고, 1996~1997년에는 안보리 비상임이사국으로 활동하기도 했다. 한국의 유엔 가입을 계기로 한국인들의 유엔 진출도 늘어나고 있다.

# 제6장

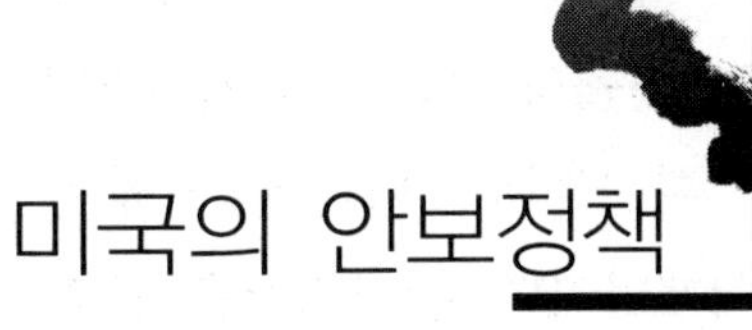

# 미국의 안보정책

## 1. 개 요

건국 이래 고립주의의 정책으로 세계 분쟁에 개입을 하지 않은 원칙을 고수해 온 미국은 20세기를 맞아 2차례의 세계대전에 개입한 후 세계 최강의 경제력과 군사력을 보유한 초강국으로 위상을 확립하였고, 미 · 소 냉전체제에서 자유진영의 맹주가 됨으로써 세계 도처의 지역분쟁에 불가피하게 개입하지 않을 수 없었다.

1991년, 소련이 붕괴되고 냉전시대가 종식되어 다원적인 국제질서가 성립된 후에도 미국은 유일의 초강대국으로서 미국적 가치를 지키기 위한 대외정책을 구사하여 왔다.

현재 미국은 과거 로마나 영국 등 세계를 재패했던 어느 제국보다 막강한 힘을 바탕으로 세계 전체에 깊은 영향을 미치고 있으며, 세계 최고의 경제력과 군사력을 보유하고 있다.

미국에서 2001년에 발생한 9 · 11테러사건은 미국의 안보정책을 종전보다 과격하고 공격적으로 변모시키는 계기가 되었으며, '개입 및 확산정책' 기조 하에 국제적인 테러를 분쇄하기 위한 적극적인 안보정책을 추진하고 있다.

개입정책은 미국과 이미 동맹관계를 맺고 있는 국가나 지역에 대한 미국의 정책으로서 기존 동맹관계를 재확인 또는 강화하며, 해외에 주둔하고 있는 미군의 수준을 유지하겠다는 것이다.

확산정책은 미국이 전 세계 모든 지역을 향해 적용할 수 있는 일반적인 정책개념이다. 확산정책은 민주주의 확산 및 자유무역주의 확대 등 미국이 중요하다고 생각하는 정치적 · 경제적 · 문화적 가치를 범세계적으로 확산시키는 정책이다.[44]

## 2. 미국 안보정책의 변천

국제정세는 끊임없이 새로운 질서로 재편되고 있으며 그 주도권의 흐름은 우리의 의도와는 상관없이 흘러가고 있다.

미국은 제2차 세계대전 이후 현재에 이르기까지 새로운 세계질서의 주체자로서 역할을 하고 있는 것으로 평가되고 있고, 특히 우리나라와는 한 · 미 동맹을 통하여 긴밀한 관계를 유지하고 있는 만큼 미국의 안보정책 변화의 추이가 우리나라에 미치는 영향은 지대하다고 할 것이다.

세계 각국이 자국의 입장에 따라 미국을 일방주의 국가라고 비난하기도 하고 세계 경찰국가로 보기도 한다. 이런 주관적 판단에 대한 미국에 대한 인식은 차치하고 미국이라는 나라의 외교안보의 틀이 어떻게 변화하여 왔는가를 간단히 살펴보기로 한다.

### 1) 먼로주의(고립주의, 불간섭주의)

미국의 제5대 대통령 먼로가 주창한 미국의 대외 외교안보정책이다.

제2차 세계대전 후 트루먼 독트린이 등장하기까지 미국의 기본적 대외 외

44) 전득주 외, 『대외정책론』, (서울 : 박영사, 2003), pp. 260~261.

교안보정책은 고립주의였다.

영국으로부터 독립한 후 미국은 유럽을 향하여 내건 슬로건이 바로 먼로 독트린이다. 유럽은 아메리카의 일에 간섭하지 말며 또한 아메리카도 유럽에서 무슨 일이 일어나더라도 신경 쓰지 않겠다는 외교노선이다. 일종의 상호 불간섭주의이자 미국의 고립주의인 것이다.

이 고립주의는 제1차 세계대전 승리 후 당시 미국 대통령이던 우드로 윌슨이 주창한 민족자결주의의 사상적 배경이 되기도 하였다. 민족자결주의라는 것도 바로 상호 불간섭주의라는 생각의 또다른 표현이라고 할 수 있다.

이렇게 제1차 세계대전과 제2차 세계대전을 거치면서도 미국은 항상 고립주의를 견지하였다. 전쟁 초기 미국은 중립을 표방하였으나 이런 고립주의의 미국을 굳이 끌어들이고자 했던 나라는 바로 유럽의 국가들이었다.

제1차 세계대전 때도 그랬고 제2차 세계대전 역시 마찬가지였다. 양차대전에서 미국의 도움을 가장 많이 받았으며 미국을 고립주의에서 탈피하도록 결정적 역할을 하였던 프랑스가 지금 와서는 미국을 일방주의라고 비난하는 것은 또 하나의 역사의 장난이라고 보여진다.

### 2) 트루먼 독트린(고립주의의 탈피)

제2차 세계대전 후 소련에 의해서 동유럽과 발칸반도가 공산화되었으며 한반도에서 김일성 공산군의 남침으로 한국전쟁이 발발하였다. 이런 공산주의의 팽창에 맞서서 세계사의 전면에 주도적으로 미국이 등장한 것이 바로 트루먼 독트린 이후이다.

트루먼 독트린으로 하여 미국은 기존 먼로주의에 입각한 고립주의에서 완전히 탈피하게 되었다. 이때 발생한 역사적 사건들은 마샬 플랜, 베를린 공수작전, 그리스 공산화방지, 한국전쟁 등이다. 제1차 세계대전 후 세계 질서체제를 베르사유 체제라고 한다면  제2차 세계대전 후의 체제는 UN체제 이며 미국으로서는 트루먼 독트린의 시대가 된다.

### 3) 닉슨 독트린의 시대(데탕트, 긴장완화)

트루먼 독트린으로 대변되던 미국의 대외 외교안보정책은 그간 월남전을 거치고 난 후 닉슨 독트린으로서 일대 변환을 맞게 되었다. 이 닉슨 독트린으로 말미암아 월남전은 종식(공산화)되었고, 미국과 중공이 손을 잡는 신 데탕트의 시대가 되었다.

그런데 닉슨 독트린은 기존의 독트린과는 달리 양면성이 있었다. 그 양면성이란 신동맹 개념이며 일방적이 아닌 선택적 군사 외교노선이었다고 할 수 있다.

소련이라는 보다 큰 적을 상대하기 위해서 당시 소련과 소원한 관계에 있던 중공을 끌어들인 것이었다. 바로 신동맹이며 새로운 데탕트 외교인 것이다.

또한 트루먼 독트린 하에서는 공산주의에 대항하여 자유민주주의를 수호한다는 사명감으로 절대적이며 무조건적으로 자유우방국을 도와주었으나 닉슨 독트린 후 미국은 과거의 맹목적이며 일방적인 지원방법에서 탈피하였다.

우방국이라도 미국은 선택적 지원이라는 정책으로 그 방법을 바꾼 것이다. 이로써 단행된 첫 번째 닉슨 독트린의 결과는 바로 월남철수였다. "자국의 국방은 1차적으로 해당 국가가 담당하며 미국은 조력자로서 지원할 뿐이다. 그리고 스스로 지킬 의지와 의사가 없는 국가에 대해서는 우방이라 하더라도 미국민의 희생을 감수하면서까지 지원하지 않겠다"는 것이다. 이것이 바로 닉슨 독트린의 핵심이라 할 수 있다.

이 닉슨 독트린으로 가장 큰 충격을 받은 곳은 바로 한국이며 박대통령이었다. 이런 닉슨 독트린 이후 우리나라의 박정희 대통령은 본격적으로 자주국방이라는 기치 아래 방산업체를 양산하고 무기 국산화에 매진하게 되었다.

### 4) 레이건 독트린(패권주의)

닉슨 독트린 이후 카터를 거쳐서 미국은 종이호랑이라는 비아냥을 받았다. 월남에서의 실패와 이란에서의 미 인질사태, 그리고 팔레비의 몰락과 호메이

니의 등장으로 이어지는 일련의 국제정세는 미국의 지위를 격하시키기에 충분하였으며, 이에 대처하였던 카터의 인권 외교노선은 미국의 힘을 의심할 정도로 대외정책으로서는 효과가 없었다고 평가되고 있다.

그리고 결정적으로 소련의 아프가니스탄 침공에 대하여 아무것도 할 수 없는 미국에 대한 자성론은 카터를 물리치고 레이건을 당선시켰다. 레이건이 주창한 힘의 미국 노선은 트루먼 독트린 이후 지속되어 온 냉전체제를 종속시키는 결과를 가져왔다. 바로 소련의 몰락이었으며 동구라파의 자유화였다.

이렇게 하여 소련의 몰락으로 90년대는 미국은 적이 없는 국가로 지내왔다. 그 과정에서 이라크의 쿠웨이트 침공이 있었고, 1차 걸프전은 힘의 미국의 결정판이라고 할 수 있는 그런 한 시대의 마감을 뜻하는 전쟁이었다.

### 5) 럼스펠트(부시) 독트린(전 방위 적극대응 전략)

부시의 집권 중기까지도 레이건 독트린의 연장선상에 있었다고 해도 과언은 아니라고 할 수 있다. 그러나 2001년 9월 11을 기하여 미국은 완전히 다른 나라로 변했는데, 바로 9 · 11테러이다. 미국 역사상 처음으로 미본토가 직접적 공격을 받았으며 또 그 적은 국가가 아닌 테러집단이었다.

마치 우리나라가 북한 김일성의 1월 21일 청와대 기습테러로 말미암아 국방정책에 있어서 완전히 탈바꿈한 대한민국이 된 것처럼 미국 역시 단 한 번의 테러로 말미암아 미국 외교안보의 근본이 변하게 되었다. 바로 럼스펠드(부시)독트린이다.

럼스펠트 독트린의 핵심은 보이지 않는 적에 대한 대응전략이며 보이지 않는 적, 즉 대테러전에 대한 미국의 외교안보정책을 표방한다고 할 수 있다. 이것은 미국의 역대 외교안보정책에 있어서 서열 3위의 정책으로 평가된다.

첫 번째는 먼로주의, 그리고 두 번째는 트루먼 독트린, 다음으로 미국의 외교안보정책이 근본적 변화를 가져오는 그런 정책이다. 먼저 적이 변하였다. 보이는 적에서 보이지 않는 적으로 또한 새로운 경쟁자도 부상하고 있다. 바로 중국이다. 이것은 중국이 원하든 원하지 않든, 그리고 미국이 원하든 원하지 않든 간에 그렇게 흘러갈 수밖에 없는 역사적 흐름이라 할 수 있을 것이다.

이에 따라서 미국의 동맹도 변하며 군사체계도 변하게 될 수 있다. 이러한 변화에 인도와 일본은 발빠르게 대응하고 있다. 이런 거시적 시류 변화에 우리가 감성적 대처를 한다면 또다시 19세기의 우를 범할 것이다.

## 3. 21세기 미국의 국가안보전략

### 1) 국가안보전략보고서
(The National Security Strategy of the United States; NSS)

미국의 행정부는 1986년 골드워터 · 니콜스법에 따라 「국가안보전략보고서」를 2년마다 의회에 제출하게 되어 있다. 2000년 1월 클린턴 행정부의 국가안보전략보고서 발표에 이어, 부시 행정부의 경우 2000년 초에 발표하게 되어 있었으나 9 · 11사태로 인해 연기해오다 2002년 9월 20일 안보전략의 대강을 담은 보고서를 발표하였다.

부시 행정부는 「국가안보전략보고서」를 통해 테러 및 대량살상무기의 위협 제거를 국가안보정책의 최우선 목표로 설정하고, 필요시 단독행동 및 선제공격 불사, 그리고 이를 위한 반테러 국제연대 및 동맹강화의 필요성을 역설하는 공세적인 안보전략을 제시하였다.

### 2) 부시 행정부 국가안보전략

부시 행정부의 국가안보정책 기본방향은 2회에 걸친 「국가안보전략보고서」를 통해 밝힌 내용은,

① 향후 대테러전 수행과정에서 국제적 연대를 유지하고 동맹국들과 지속적으로 협조할 것이나, 적성국가와 테러조직에 대해서는 억제전략 대신 선제공격전략을 사용할 것임을 강조하였으며,

② 탈냉전 이후 지속되고 있는 미국의 군사적 우위에 대한 도전을 불용,

③ 미국은 강력한 힘과 세계적인 영향력을 가지고 있으며, 이러한 힘은 자유를 위해 사용되어져야 하고, 국가전략 목표는 세계를 평화롭고 보다 좋게 만드는 데 있다고 강조하고 있다.

④ 분야별 주요내용 : 첫째, 대테러 전쟁은 종전의 전쟁형태와 다른 것으로서, 광범위한 지역에서 장기간 지속될 것이다. 대테러전의 우선순위는 테러조직을 파괴 분쇄하고 그들의 지도부와 지휘 · 통제 · 통신 및 물적자원과 자금을 공격하고 차단하는 것이다. 또한 테러위협이 본토에 도달하기 이전에 이를 파악하여 제거하는 것이며, 필요한 경우 자위권 차원에서 선제공격 조치를 취하는 것을 주저하지 않을 것이다.

또한 대량살상무기 위협으로부터 미국과 미 동맹국을 보호하기 위해 테러조직과 불량국가가 WMD를 사용하기 이전에 이를 차단할 것이다. 둘째, WMD 대응을 위한 포괄적 전략은 ① 불량국가나 테러조직이 WMD 개발에 필요한 물질 · 기술 · 전문가 획득을 사전에 차단하고, ② 이들 집단이 WMD를 사용할 경우 이에 대응할 효과적인 대응체계를 발전시키고, ③ WMD의 반 확산노력을 지속적으로 수행해 나가는 것이다.

## 3) 미국의 국방전략

### (1) 21세기 안보위협 유형

2005년 3월 19일, 21세기 새로운 안보위협에 대비한 국방전략보고서를 통해 발표한 21세기 안보위협의 유형은 4가지이다.

첫째는 '전통적 위협'으로 재래식 군사력으로 미국에 도전하는 전통적 의미의 분쟁이나 전쟁이며, 둘째는 '비정규적 위협'으로 비재래식 방법으로 전

통적 우위의 상대방을 위협하는 테러, 폭동, 내전 등을 들었다. 셋째는 '재난적 위협'으로 대량살상무기나 유사한 효과의 무기로 미국의 상징물에 기습적인 공격을 가하는 것이며, 넷째로 '파괴적 위협'은 생물공학무기, cyber전, 우주무기, 지향성 에너지무기 등에 의한 치명적 공격이다.

미국은 북한을 전통적 · 비정규적 · 재난적 위협사례로 들면서, 이라크와 아프가니스탄을 전통적 · 비정규적 위협국가로 분류하고 알카에다와 같은 테러집단을 비정규적 · 재난적 위협으로 구분하였다.

### (2) 국방전략 목표

미국의 국방전략 목표는, 첫째, WMD 등 외부의 직접적 공격으로부터 미국의 보호를 최우선으로 하고, 둘째, 핵심지역에 대한 전략적 접근과 전 세계적 차원에서의 행동의 자유를 확보하며, 셋째, 동맹 및 협력관계를 강화하여 방어능력을 증대하고 공동이익을 확산하고, 넷째, 타국과 안보협력을 통한 유리한 안보여건을 구축하는 것이다.

### (3) 목표달성 방안

이러한 국방목표를 달성하는 방안은 첫째, 동맹국과 우방국의 신뢰를 확보하는 것이며, 공동이익을 보호하기 위하여 동맹국과 긴밀한 협력을 증진하는 것이다. 둘째, 잠재적 적국의 적대행위 포기를 유도하는 것으로 군사능력의 핵심 분야에서 우위를 유지시키거나 제고하여 적의 군사적 야망 · 방법 · 위협 · 능력을 포기하도록 유도하는 것이다. 셋째, 공격행위 억제 및 제압에서 신속 전개 가능한 군사력으로 공격행위를 억제하고 필요시 최단시간 내에 분쟁을 해결하며, 넷째, 최선의 방법으로 적시에 적을 격퇴하는 것으로 동맹국과 함께 미국 본토방어에 최우선을 두며, 테러리즘에 대응하는 이데올로기를 지원하고, 테러리스트 조직을 파괴, 격멸하는 것이다.

### 4) 2010 4년 주기 국방검토보고서 (QDR : Quadrennial Defense Review)

미 국방부는 1996년에 제정된 「미 공법 104-201」에 의거하여 2010년 2월 1일 4번째 「4년 주기 국방검토보고서」를 발표하였다.

「QDR 2010」에서 미국은 엄청난 속도로 변화하는 복잡하고 불확실한 안보환경에 처해 있으며, 이러한 안보환경에서 미 국방부의 임무는 미국인을 보호하고 국익을 증진시키는 것이다.

「QDR 2001」에서 제시된 국방목표는 첫째, 미래의 위협을 대처하기 위해 현대전에서 압도할 수 있는 능력의 균형을 추구하며, 둘째, 필요로 하는 무기를 구매하고 예산의 효율적 사용을 위한 국방부의 제도와 절차를 개혁하는 것이다.

국방전략은 첫째, 수행중인 전쟁에서 압도적으로 승리하는 것으로서 아프가니스탄과 이라크, 그리고 세계 주요지역에 병력을 전개하고 동맹국, 협력국들과 함께 아프가니스탄과 파키스탄 정부가 알카에다를 격퇴시키고 그 은신처를 제거할 수 있도록 도와주는 것이다.

둘째, 국제질서의 관리자로써 분쟁을 예방하고 억지하는 것으로서 억지력은 제한전과 대규모전 능력 확보를 위해 육 · 해 · 공의 병력으로 대비되어 있어야 하고, 미사일 방어계획과 대량살상무기 무력화를 통해 적의 공격목표를 방어할 수 있는 능력을 구비해야 하는 것이다.

셋째, 억지가 실패하고 적이 미국의 이익을 침해하려 할 경우 적을 격퇴하고 광범위한 우발적 상황에 대처하며, 넷째, 분쟁지역에서 상당한 병력을 지속적으로 배치하기 위하여 정신적 · 물질적 노력을 다하며 장기적인 전쟁을 수행하기 위해 주기적인 병력교대로 군대를 보전하고 강화하는 것이다.

## 4. 동북아 및 대 한반도 정책

미국은 중장기적으로 동북아지역에 주둔하고 있는 미군의 전략 유연성을 유지하여 역내 위기사태 발생 시 신속히 대응할 수 있는 체제를 갖추고 이를 바탕으로 미국 중심의 질서를 유지해 나가고자 하고 있다. 특히 미국은 동북아지역에서 패권적 리더십을 유지하고 새로운 지역 패권의 등장을 저지하는 데 우선적인 목표를 두고 있다.

미국은 중국과 인도가 2020년까지 세계의 지정학적 풍경을 바꿔놓는 주요 역할자로 등장할 것이라고 전망하고 있다.

미국은 중국의 부상을 저지하기 위하여 미 · 일 동맹을 강화하고 그 바탕 위에 한 · 미 동맹과 대만과의 특수관계를 유지하며 지역안정을 추구하고 있다. 또한 일본의 전략적 역할을 아시아 전체로 확대시켜 중국에 대한 견제를 시도하고 있다.[45]

탈냉전 후 미국의 대 한반도 정책은 한반도의 비핵화와 대량살상무기 확산방지, 그리고 한반도의 평화와 안정유지에 목표를 두어왔다. 동시에 미국은 대 중국정책을 전제로 미 · 일 동맹을 보완하는 측면에서 한반도정책을 모색해왔다.

냉전시대에는 주로 한반도의 지정학적 특수성과 이에 따른 안보이익이 주요 관심사였으며, 지금도 한반도의 전략적 가치는 미국의 안보익에 중요한 영향을 주고 있다고 보고 있다. 특히 북한의 핵무기와 장거리미사일 개발 등 WMD 확산은 한 · 미 안보관계에 새로운 요소로 대두되었다.

북한의 핵무기와 장거리미사일은 한국에 대한 위협으로만 국한된 것이 아니라 미국의 안보에도 위협을 줄 수 있기 때문에 어떤 문제 못지않게 상호 긴밀한 협력을 필요로 하고 있다.

---

45) 정형근(2007), pp. 55~61.

한국과 미국은 2008년 4월, 워싱턴에서 개최된 한 · 미 정상회담에서 '21세기 전략적 동맹관계'로의 발전을 합의하였다. 이에 따라 미국은 군사동맹관계를 넘어 정치, 경제, 문화 등 다방면에 걸쳐 한국과의 협력을 강화할 것이다.

제3부

# 한국의 안보환경과 안보정책

# 제7장

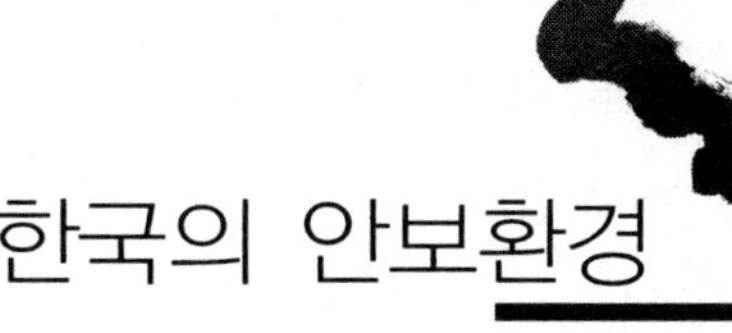

# 한국의 안보환경

## 1. 안보환경 변화와 한반도의 지정학적 특성

미래학자 앨빈 토플러는 그의 저서 『부의 미래』에서 한반도의 지정학적 특성을 다음과 같이 기술하고 있다.

"지정학적 시나리오를 작성하는데 열중하는 전문가 사이에서 한반도만큼 더 관심을 끄는 지역은 없다. 이곳만큼 미래에 대한 이미지가 다양하면서 예측 불가능한 곳이 없기 때문이다.

이곳에 존재하는 2개의 국가, 민족과 정체성의 동질성을 공유하면서도 극단적으로 대조되는 경제, 정치, 문화를 가지고 있는 국가에게 어떤 미래가 준비되어 있는가? 한 국가는 지식에 기반을 둔 제3물결의 경제와 문명으로 향하는 거대한 변혁의 선두에 서있는 반면, 다른 한 국가는 제1물결과 제2물결로 대표되는 굶주림과 빈곤 사이에 허덕이고 있다.

한국이든 북한이든 세계적인 슈퍼파워와는 거리가 멀다. 하지만 북쪽이 탄도미사일과 핵탄두기술을 확보했을 때, 두 국가 사이에서 발생하는 일이 전 세계에 영향을 미칠 수 있다."

1991년 소련이 붕괴되면서 40년 이상 지속되었던 냉전이 종식됨에 따라 인류는 평화로운 세계가 도래할 것인가 하는 기대를 하였으나, 미국의 중심부에서 발생한 9 · 11 테러로 국제질서는 테러국가와 반테러국가로 재편되면서 아프가니스탄과 이라크를 비롯한 세계 도처에서 테러와의 전쟁에 휘말리고 있다.

9 · 11테러 때 첫선을 보인 뉴테러리즘[1]은 테러가 21세기 국가안보를 위협하는 최대 요인이 될 것임을 경고하였다. 또한 테러분자 19명이 미국 국적의 항공기 자체를 무기화하여 100분 이상 미국의 영공을 장악하고 수많은 인명을 살상함으로써 테러도 전쟁에 못지않은 가공할 위협임을 전 세계인들에게 주지시켰다.

그리고 2004년에 동남아를 휩쓴 쓰나미, 2005년 미국 뉴올리언스를 수몰시킨 허리케인, 2008년 중국 사천성 대지진, 2009년 세계를 공황상태로 몰고 간 신종 인플루엔자, 2010년 1월 아이티 대지진 등 대규모 재난과 신종 전염병은 인류의 안전에 큰 위협이 되고 있다.

이에 따라 국가안보의 개념도 기존의 전통적인 군사적 안보에 추가하여 테러, 재난, 신종 전염병, 인권유린 등 인류의 평화로운 삶을 위협하는 모든 분야로 확대시키는 '포괄적 안보'라는 새로운 안보개념이 등장하였다.

그러나 한반도 안보환경은 냉전이 종식된 지 20여년이 경과하여도 냉전시대와 별로 달라진 것이 없고, 북한이 대량살상무기를 확산함으로써 유발된 군비경쟁은 더욱 가속화되고 있는 실정이다.

1980년대 후반부터 동유럽이 급격히 붕괴되고, 이어서 소련이 해체되면서 북한은 사회주의 체제의 몰락이라는 역풍을 맞이하였다. 국제적인 고립과 더불어 공산권 시장의 상실로 심각한 경제난에 처하게 되면서 김일성 유일체제와 정권의 생존에 심각한 위기를 느끼게 되었다. 북한은 처참하게 붕괴되는 동구권 국가의 전철을 밟지 않기 위해 자유화 바람이 북한으로 들어오지 못

1) 테러의 대상이 무차별적이며, 테러의 목적이 불분명한 새로운 개념의 테러리즘.

하도록 경계하면서 주민에 대한 사상무장을 강화하였다. 그러나 식량부족으로 인한 대 기근과 주민들의 대규모 탈북사태를 맞으면서 체제유지의 불안은 날로 가중되었다.

북한은 국가존망의 위기를 극복하기 위해 핵무기와 장거리미사일 개발이라는 방법으로 대내적으로는 주민을 단결시키고 대외적으로는 군사력을 과시하는 정책을 펴왔다.

한국은 1990년경부터 북한의 핵무기 개발에 대응하여 주변국과 협력하여 평화적인 한반도 비핵화를 달성하기 위한 노력을 해왔다. 1991년에는 한반도에서 전쟁을 방지하고 평화를 달성하기 위한 「남북기본합의서」를 체결하기도 하였다.

1993년부터 북한 핵 위기라는 심각한 안보위기에 봉착하면서 미국과 협조하여 한반도의 위기를 관리하였다. 그러나 2000년대 초부터 한국 내에서는 반미감정이 격화되기 시작하였으며, 군 철수와 국가보안법 폐지 주장이 격렬하게 전개되었다. 급기야 당시의 대통령이 전시작전권 환수를 적극적으로 주장함에 따라 한국과 미국이 공동으로 행사하고 있던 한반도 전시작전통제권은 2012년에 환수하기로 결정이 되었고, 동시에 세계에서 가장 효율적인 연합작전을 수행하고 있는 한 · 미 연합군사령부도 해체될 운명을 맞이하게 되었다.

북한의 핵무기 개발과 핵실험으로 안보에 대한 불안감이 팽배하고 있는 가운데 연합사 해체라는 악재가 겹치게 된 것이다. 또한 핵무기 개발과 핵실험으로 안보에 대한 불안감이 팽배하고 있는 가운데 연합사 해체라는 악재가 겹치게 된 것이다.

또한 한국은 단기간 내에 단독으로 작전통제권을 행사하기 위하여 지휘통제체계와 정보장비 등 고가의 무기체계 도입이 불가피하게 됨으로써 세계적인 경제난에도 불구하고 막대한 국방예산 투입을 필요로 하고 있다.

## 2. 동북아의 안보질서

제2차 세계대전 이후 동북아시아의 정세는 일본 제국주의를 대체한 새로운 세계질서로 미 · 소 냉전체제가 대두함에 따라 커다란 변화를 맞게 되었다.

일제의 퇴조와 함께 다가온 중국대륙의 공산화가 6 · 25전쟁을 계기로 중국 공산권 신흥강국으로 등장하였다. 이에 따라 제2차 세계대전의 전범국가인 일본이 중국의 세력을 견제하기 위한 반공전선의 중심기지가 되면서 부활하였다.

중국은 1960년대 중 · 소 분쟁 이후 미국과의 국교를 회복하였고, 모택동 사후 등소평이 개혁 · 개방정책을 추진하며 동아시아에서의 냉전체제 해체와 다극체제 형성에 주요한 역할을 하였다. 중국은 개혁 · 개방 이후 사회주의 경제정책을 탈피하고 시장경제를 표방하며 자본주의 세계질서에 동참하였으며, 지속적인 경제발전을 이룩하면서 거대규모의 중화경제권을 거느린 다민족 대국으로 성장하고 있다.[2)]

일본은 6 · 25전쟁 때 미군의 군수물자 보급기지가 되면서 경제부흥을 시작할 수 있었고, 미국의 안보우산 아래 최소의 방위예산을 투입하며 세계적인 경제대국으로 부상하였다.

소련이 해체된 후 동북아시아에서 러시아의 영향력은 다소 퇴조하였으나 푸틴이 등장한 후 국가경제의 어려움을 극복하고 동아시아 국가들과 유연한 외교정책을 펴면서 영향력 회복을 위한 노력을 하고 있다.

동북아의 역학관계를 보면, 미국은 일본과의 안보동맹 관계를 밀착 · 일체화하면서 역내 잠재적 안보위협에 공동으로 대처해 나갈 것임을 공개적으로 천명하였다. 미국은 괌과 일본열도를 중심축으로 삼고 미군을 재배치하여 중국을 견제하는 전략구도를 형성하고 있고, 일본은 미국에 편승하면서 '보통국가'의 '보통군대'를 추구하면서 자위대의 활동범위를 확대하려는 시도를 하고 있다.

2) 역사학회, 『전쟁과 동북아의 국제질서』, (서울 : 일조각, 2006), pp. 15~17.

이에 대응하여 중국과 러시아도 미국과 일본의 세력을 견제하는 축을 형성하며 전략적 제휴관계를 준 동맹의 수준으로 격상시키려는 모습을 보이고 있다.[3]

이와 같이 동북아 지역은 미국 · 중국 · 러시아 · 일본 등 강대국의 세력이 교차하는 지역으로 세계적인 패권체제와 지역적 세력균형체제가 병존하고 있는 양상이다.

세계질서를 주도하고 있는 미국의 패권강화, 중화사상으로 무장하고 있는 신흥경제대국 중국의 급부상, 세계 제2의 경제대국인 일본의 보통국가 노선, 지난날 공산블록 종주국인 러시아의 재등장, 남 · 북한의 첨예한 군사적 대립과 북한의 핵무장 등으로 동북아지역은 언제든지 분쟁이 격화될 수 있는 요인이 잠재해 있는 곳이다.

3) 정형근, 『21세기 동북아 신국제질서와 한반도』, (서울 : Book, 2007), pp. 49~50.

# 제8장

# 한국의 안보정책

## 1. 개 요

한반도에서 고대국가는 고조선-고구려 · 신라 · 백제 3국시대-고려-조선-대한민국으로 발전되어 왔으며, 각 시대는 그 시대에 특정한 안보정책 · 국방정책 · 군사전략을 펼쳐서 국가와 민족을 보호하고 독립국가를 지켜왔다.

현대국가로서 한국의 발전과정을 정치적 · 경제적 · 군사적 · 통일적 변천과 특징을 고려해 보면 3단계로 구분할 수 있다.

이승만 대통령은 신생독립국가인 한국을 민주주의 정치체제로 건국시켰으며, 박정희 대통령은 경제발전을 통한 국가근대화를 이룩하여 국력을 신장시켰고, 김대중 대통령은 남 · 북한의 대립과 갈등관계를 화해와 협력관계로 전환시켜 평화통일을 위한 주춧돌을 놓았다.

이와 같은 국가의 전환기적 발전과 군사적 변천에 대한 특징을 고려하여 한국의 안보정책, 국방정책, 군사전략을 정립할 수 있다.

한국의 안보정책 · 국방정책과 군사전략 변천과정을 시기별로 구분하는 데는 여러 가지 고려요소가 있으나, 일반적으로 ① 국제적 안보환경, ② 한반도 정세, ③ 각 정부의 안보정책, 국방정책, 군사전략의 대응내용 등을 고려하는 것이 중요하다.

## 2. 한국 안보정책의 변천과 특징

한국의 안보정책을 국제안보환경, 남·북한의 관계, 정치지도자의 특성과 정부정책의 지속성 등을 고려하여 구분해 보면 국방체제 정립기와 자주국방 추진기, 자주국방 발전기로 구분할 수 있으며, 국방체제 정립기(1945~1961)는 미국의 원조에 의존하면서 북진통일 정책을 추진하는 의존적 자주국방정책을 수행했던 기간으로, 대북한 군사전략 측면에서는 억제전략과 수세적 방위전략을 채택하였다고 할 수 있다.

자주국방 추진기(1961~1998)는 국제적·국가적 안보한경 변화에 따라 선건설 후통일 정책의 기반아래 독자적 자주국방정책이 추진되고 대북 군사전략은 거부적 억제전략과 공세적 바위전략이 수행되었다.

자주국방 발전기(2000년대~)는 주변국가 및 동맹국가와의 협력관계를 강조함으로써 자주국방과 더불어 집단안보 및 동맹에 비중을 두는 국가안보 정책을 추진하였고, 대북한 관계는 화해 협력발전과 평화통일을 추구하고 있다고 하겠다.[4)]

## 3. 국방체제 정립기의 안보정책

제2차 세계대전 후에 신생독립국가로 탄생한 한국이 현대적 의미의 안보정책을 제도화하거나 정책기능을 실제화 하는 데는 미흡했다고 볼 수 있다. 그 이유는 국가통치엘리트의 안보분야 전문성 부족과 당시의 세계사적 안보정책 분야의 이론과 실제가 제대로 성립되지 못한데 구조적 원인이 있었다.

한국에서 국방체제 정립기(1945~1961)는 국가안보정책을 전담하는 기구나 제도가 따로 없었기 때문에 행정부 관련부서로서 군사안보 전담기구는 국

4) 조영갑, 『국가안보학』, (서울 : 선학사, 2009), pp. 260~261.

방부가 주축이 되었고, 외교안보 분야에서는 외무부가 중심이 되어 정책이 추진되었다. 그러나 오늘날 학문적 · 실제적 차원에서 본다면 국방체제 정립기의 국가안보정책은 국가최고통치자인 이승만 대통령이 지속적으로 주창하였던 무력에 의한 북진통일정책이었다.

1948년 8월 15일 남한 단독으로 대한민국 정부는 남북통일과 산업재건을 2대 국가목표로 설정하고, 이 목표를 달성하기 위하여 국방 · 치안 · 내무 · 문교 · 사회 · 외교 · 식량 · 대일 배상요구 등 9개 항목으로 구분된 당면 국가정책을 발표하였다.

한국은 정부수립과 더불어 안보정책의 기조는 헌법전문에 명시되어 있는 것과 같이 "3 · 1독립정신으로 재건된 민주독립국가로서 항구적인 국제평화유지와 자손만대의 자유행복을 확보하는 국제간의 질서유지와 평화애호의 국시를 중심으로 모든 침략적 전쟁을 부인하며, 국군의 국토방위의 신성한 의무를 수행함을 사명으로 한다."는 것을 헌법에서 규정하고 있었으나, 이승만 대통령은 북진통일정책을 주창하였다.

따라서 국방부는 북진통일정책 목표를 달성하기 위해 연합군에 의존하여 북진통일을 달성하기 위한 연합국가에 의존한 연합 국방을 시책의 기본으로 삼아 강력한 지상군 육성에 중점을 둘 것을 밝혔다.

이승만 대통령은 유엔감시 하에 남 · 북한 동시선거가 불가능하다고 판단하고, 남북통일을 위해서는 신생국가로서 강력한 국방체제를 정립하여 무력에 의한 북진통일정책을 주창하였다.

그러나 미국은 1948년 4월 "한국의 방위나 안보에 관한 일체의 공략을 허용하지 않을 것이며, 한국에서 미국이 자동적으로 교전 당사국이 되어야 할 정도로 한국 사태에 깊이 관여하지 않는다"는 아시아에서의 보안정책이 트루먼(H.S. Truman) 대통령에 의해 승인됨으로써, 1948년 9월부터 주한미군철수가 개시되어 1949년 6월에는 495명의 미 군사 고문단만을 남기고 미군은 철수 〈도표 4-1〉를 완료하였다.

〈도표 4-1〉 한국전쟁 이전 주한미군 철수현황(1946~1949년)

| 구분 | | 철수완료일 | 비고 |
|---|---|---|---|
| 미 군정기 | 제40보병사단 | 1946. 3.15 | |
| | 제308항공폭격단 | 1646. 3.15 | |
| 정부수립 이후 | 제7보병사단 | 1948.12.29 | |
| | 제6보병사단 | 1949. 1.15 | |
| | 제24군단 | 1949. 1.15 | |
| | 제5연대전투단 | 1949. 6.29 | |

미국은 한국의 북진통일정책이 무력을 획득하면 한반도에서 전쟁을 일으킬지도 모른다는 우려감이 있었기 때문에 건국과 더불어 주한미군을 철수시키고 공격용 무기지원을 거부하는 등 군사력 건설에 나쁜 영향을 미쳤다.

또한 미국 애치슨(Dean G. Acheson) 국방부장관은 1949년 중국대륙이 공산화가 된 후에 중국과 구소련 간의 이해대립을 촉진시키며 상호 밀착을 방지하고, 일본을 전략적 거점으로 하여 공산세력의 팽창을 저지한다는 전략으로 '알라스카-알류션열도-오키나와-류큐-필리핀'을 연결하는 태평양 방위선 확보를 선언함으로써 한국은 1950년 1월 12일 애치슨라인에서 제외되었다.[5)]

이와 같은 상황에서 이승만 대통령의 북진통일정책은 미국으로 하여금 한

5) 동아시아에 대한 미국의 안보(국방)정책이 고립주의로 돌아선 예는 1950년 1월 발표된 '애치스라인'이다. 미국 국방부장관 애치슨(Dean Acheson)은 내셔널 프레스 클럽 연설에서 미국의 태평양 방위선(defensive perimeter)은 알류산 열도에서 일본과 류큐 열도(오키나와)를 거쳐 필리핀에 이른다고 하면서, 한국과 대만을 미국의 방위선에서 제외시켰다. 이것은 해·공군을 중심으로 한 전형적인 도서방위전력으로서 반년전인 1949년 6월에 한국에서 미지상군을 모두 철수시키는 조치와도 일맥상통하는 것이었다. 그러나 6·25전쟁이 발발하자 상황은 역전되었다. 미국은 구소련을 중심으로 한 공산세력의 봉쇄 및 억제를 위해 공세적 개입주의로 전환하여 대규모 군대를 한국에 파견하고 전쟁에 개입하기 시작했다. 미국이 이렇게 개입주의로 돌아선 배경에는 한국을 잃을 경우 미국의 동아시아 정책의 중심축인 일본까지 위험해질 수 있다는 전략적 계산이 깔려 있었다. 이 전쟁을 계기로 한국은 아시아에서 냉전의 전초기지이자 일본을 지키기 위한 전진방어기지로서의 전략적 가치를 지니게 되었다. 따라서 미국은 정전 이후에도 동맹국에 대한 신뢰를 유지하고 동아시아에서 자신의 전략적 이해를 지키기 위해 한국에 지상군을 중심으로 한 2개 사단 규모의 미군을 주둔시키게 되었다.

국이 무력을 획득하면 한반도에서 전쟁을 일으킬지도 모른다는 의구심을 갖게 하여 한국에 대한 군사원조를 주저하게 만들었고, 1950년 6 · 25전쟁에 대한 북한의 북침설에 악용됨으로써 안보정책에 역효과를 가져왔다. 그러나 이승만 대통령의 북진통일정책은 다음 3가지 측면에서 분석하여 볼 수 있다.

첫째, 이승만 대통령은 국가안보정책을 북진통일정책으로 설정하였으나, 그 목표를 실현할 수 있는 수단 확보가 부족한 준비되지 않은 선언적 의미의 정책이라고 볼 수 있다.

둘째, 이승만 대통령은 북한에 대하여 공갈협박 정책을 취함으로써 북한의 있을지도 모를 군사적 도발을 억제하려는 안보적 목적을 달성하기 위한 제재적 억제전략이라고 생각할 수 있다.

셋째, 이승만 대통령은 북한기도를 오판하고 한국군의 능력을 과신하였거나 또는 미군에 의존하여 무력에 의한 북진통일정책을 주장하였다고 생각할 수 있다.

이상에서 여러 가지 견해를 생각하여 볼 수 있지만, 이승만 대통령은 국가안보정책으로 무력에 의한 북진통일을 지속적으로 주장하였다.[6)]

미국 측이 정전협정을 추진하면 모든 작전지휘권을 환수하고 한국군 단독으로 북진하겠다는 이승만 대통령의 최종방침이 발표된 뒤인 1953년 6월 9일에 국회도 휴전거부를 결의했으며, 그 행동으로 6월 18일에는 반공포로석방을 단행했다.

---

6) 그 예로서 6 · 25전쟁 중인 1950년 7월 14일부로 국군이 작전지휘권을 맥아더 사령관에게 이양하면서 9월 19일에 한국정부는 유엔군의 작전목표가 전쟁전의 상태회복, 즉 38선의 진격정지에 그쳐서는 안 되며, 만주국경을 목표로 진군하여 북진통일을 완수해야 한다고 강조했다. 또한 1953년 4월 11일 포로교환 협정이 정식으로 조인되자, 이승만 대통령은 휴전반대와 함께 단독으로 북진통일을 하겠다는 성명을 발표하였고, 이에 부응하여 국회도 북진통일을 결의하는 한편 북진통일 특별위원회를 조직하였다. 그 가운데 유엔군은 4월 20일부터 양측의 상호 포로교환이 개시되면서, 그 며칠 후에는 중단되었던 휴전회담 본회의가 재개되었다. 이런 과정에서 5월 25일에는 유엔군 측이 공산군 측의 의견을 상당한 정도 수용하여 포로송환을 위한 중립국감시단을 두기로 제의하였고, 이에 대해 5월 28일 변영태 외무장관이 휴전조건을 수락할 수 없다고 밝힌데 이어, 이승만 대통령은 포로관리를 위한 외국군이 올 경우 이를 격퇴할 것이라고 언명하기도 했다.

1953년 북진통일이 미국의 반대로 무산되자, 이승만 대통령이 6 · 25전쟁 당시 리처드 닉슨 당시 미국 부통령 앞에서 눈물을 흘린 사실이 밝혀졌다. 미국이 자신의 북진통일정책에 동조하지 않은 것이 그 이유였다. 2003년 5월 30일자로 비밀 해제된 미국국립문서보관소의 '닉슨-저우언라이 사이에 있었던 베이징회담' 기록에 있다.

리처드 닉슨은 1972년 미국 대통령으로서는 최초로 중국을 방문하여, 미 · 중 정상회담을 했다. 이때 중국 저우언라이 총리가 한반도 평화통일 방안을 물었고, 리처드 닉슨은 "부통령이었던 지난 1953년 이승만 대통령을 만나 미국은 한국의 북진통일정책에 동의하지 않으며 한국이 단독으로 북진을 고집한다면 이를 돕지 않겠다는 아이젠하워 대통령의 뜻을 전했다"고 말했다. 그는 또 "이에 이승만 대통령이 눈물을 흘린 것으로 기억한다. 한국인들은 남과 북 모두 감성적이고 충동적인 국민"이라고 덧붙였다. 닉슨은 "한반도가 또다시 분쟁지역이 된다면 어리석은 일이 될 것"이라며 "절대 같은 일이 재발되지 않도록 해야 한다"고 말했다. 이에 저우언라이는 "문제는 남 · 북한이 상호 접촉하도록 하는 것"이라며 남북대화를 주장했다. 닉슨도 "적십자 회담이나 정치적 접촉 같은 것"이라며 맞장구를 쳤다.

이와 같은 이승만 대통령의 북진통일에 대한 파상적 공세에 대해 이승만 제거를 위한 에버레디 계획(군사쿠데타 계획)까지 준비했던 미국은 1953년 8월 8일 이승만 대통령과 덜레스(J. F. Dulles) 미 국무장관과의 회담에서 결실을 보게 되었다.

미국과 한국은 1953년 10월 1일 미국 워싱턴에서 변영태 외무장관과 포스터 덜레스(John F. Dulles) 국무장관에 의하여 한 · 미 상호방위조약을 체결했다.

이 조약에서는 국제적 분쟁이라도 국제연합 정신에 입각한 평화적 수단에 의한 해결과 외부로부터 무력공격이나 위협을 받고 있다고 인정될 때에는 언제든지 상호 협조하며, 지원은 물론 무력공격을 방지하기 위한 적절한 대책을 실행하는 조치를 협의하도록 조약에 명기하였다.

특히 미국의 육 · 해 · 공군을 대한민국 영토 내와 그 주변에 배치하는 권리를 허락하고 미국은 이를 수락한다는 것을 명기하였으며, 조약 중에 원조의 개념은 외부로부터 공격이 있을 경우에만 국한하였다.

상호방위조약에는 유사시 "각자의 헌법상의 수속에 따라(제3조)" 한다고 되어 있지 자동 개입한다는 내용은 없었다. 이러한 조약의 약점을 보완하기 위해 휴전 이후 주한미국은 서울 북방의 서부전선에 집중배치되었다.

그것은 북한이 서울을 겨냥해 기습 남침할 경우, 미군을 공격할 수밖에 없게 만들어 미국으로 하여금 한국 문제에 자동 개입하도록 하기 위한 인계철선 기능을 수행하기 위해서였다. 아울러 주한미군은 서울 북방에 배치됨으로써 한국군이 북한에 대해 독자적인 군사적 행동을 감행(예컨대, 이승만의 북진통일)하는 것도 막을 수 있게 되었다. 결국 미국은 주한미군에게 인계철선 역할을 맡김으로써 북한의 남진과 남한의 북진을 동시에 막고 한반도에서 현상을 유지할 수 있었다.

대북인계철선 및 일본과 동아시아의 안정을 지키는 전진방어기지 역할을 하던 주한미군의 전력은 1957년 일본에 있던 전술핵무기가 한국으로 이동·전진 배치됨으로써 보다 강화되었다. 적어도 냉전 시기에는 한·미·일 3국 간에 주한미군의 이러한 역할에 관해 상당한 합의가 형성되어 있었다. 사실 이것은 1개 국가차원에서 주한미군의 주둔과 역할에 국한된 것이라기보다는 냉전시대 주한미군과 주일미군, 한국군, 더 나아가 자위대까지를 연결하는 동아시아지역 방위구상에 대한 한·미·일 3국의 합의였다. 그동안 한·미·일 3국은 주한미군에 관한 이러한 냉전적 합의에서 북한의 군사적 위협을 억제하고 동아시아에서 안정과 평화를 유지할 수 있었다.

1959년 6월 6일 이승만 대통령은 특별성명을 통하여 "우리는 기회만 주어진다면 미국 병력의 원조 없이도, 대전을 유발하지 않고 북한으로부터 공산주의를 몰아내고 통일을 할 수 있다. 한반도를 통일할 수 있는 유일한 길은 무력행사뿐이다"라고 다시 천명함으로써, 국가 최고정치지도자의 일관된 안보정책을 확인할 수 있으며, 이 안보정책은 제2공화국 장면 정부에서 그 강도가 약화되고, 유엔 감시아래 남·북한 동시선거가 강조되었으나, 큰 틀 속에서는 계속되었다.

그러나 북진통일정책은 정치 · 외교적 · 경제적, 군사적으로 미국에 절대적인 의존관계에서는 그 정책을 수행하기 위한 수단이 준비되지 않은 상황에서는 한계적인 안보정책일 수밖에 없었다.7)

## 4. 자주국방 추진기의 안보정책

자주국방 추진기(1961~1998)는 국제적 안보환경 변화와 남 · 북한 정세 및 국내적 상황이 일면에는 건설, 일면에는 국방이라는 힘겨운 국가안보 정책을 추진할 수밖에 없었다. 제3공화국에서는 경제 · 안보 · 통일 등 3가지의 목표 중에 어느 하나도 경시할 수 없는 상황적 요구였으나 박정희 대통령은 조국 근대화로 경제발전이 우선적으로 달성되지 못하면 안보와 통일이 이루어질 수 없다는 정책적 입장이었다.

박정희 대통령은 한국의 경제력과 군사력을 발전시켜 북한의 침략의도를 포기토록 하고 통일의 기반을 완성하고자 했으며, 또한 김일성 주석이 살아

---

7) 한국의 통일정책은 제1공화국의 이승만 대통령이 그 정책적 기조를 다져놓은 셈이다. 통일정책의 기저에는 UN이 대한민국 정부를 유일한 합법정부로 인정한 것과 그 후 6 · 25전쟁으로 인한 남 · 북한 상호적대와 불신이 깔려 있었던 것이다. UN총회 결의안에 따라서 한국정부가 한반도 전역에서 유일한 합법정부라는데 통일정책의 향방을 결정짓게 된다. 이 주장에 따라 이승만 대통령은 한국정부의 법통성과 당위성에 기초하여 북한과의 일체의 접촉이나 협상을 거부하고 한국에서 공석으로 남겨둔 국회의 1/3 의석을 채우기 위해 북한은 UN 감독 하에 자유선거를 실시할 것을 계속 촉구하였다. 이 제안에 대한 북한 측의 거부는 확고하였다. 이 제안이 거부되었기 때문에 이승만은 무력사용을 주장하고 북진통일을 정당화하려고 노력하였다. 따라서 이승만 정부의 북진 통일정책은 비현실적이고 통일의 상대를 설득할 만한 근거가 미흡한 것이었다.
제2공화국의 장면 정부도 이승만 정부의 반공정책을 계승하였다는 점에서 차이가 없었다. 이승만 정부의 갑작스러운 붕괴는 국내 정치의 극심한 혼란을 초래하였다. 제2공화국은 민주화 정책을 추구하였으나 5 · 16사건으로 말미암아 단명으로 끝나게 되었다. 그렇기 때문에 국가이익이나 민족이익의 시작에서 안보정책의 핵심인 통일정책이나 국방정책 및 군사전략을 설정할 수 있는 기회도 갖지 못했던 것이다.

있는 한 통일은 어렵다는 생각을 가지고 있었다. 따라서 선(先) 건설로 경제를 발전시켜 독자적인 자주국방을 달성하고 후(後) 통일을 실현하겠다는 합리적인 안보정책을 제시했다.

예컨대, 1960년 남·북한 경제력을 비교하여 보면, 남한의 GDP는 79달러인 반면에 북한 GDP는 137달러가 되었으며, 제2차 경제개발 5개년계획기간이었던 1969년도를 분기점으로 하여 남한 GDP가 북한 GDP를 추월하기 시작했다.

이와 같은 선 건설·후 통일 안보정책은 경제개발 5개년계획(1962~1981)이 성공한 후에 달성할 수 있었으며, 그 경제발전은 자주국방을 위한 기능성과 자신감을 갖게 되었다. 자주국방 추진기의 안보정책으로서 선 건설·후 통일 정책은 쌍두마차적 관계로 경제발전은 국가안보와 연계된 가운데 총력안보체제를 추진하고 발전시켰다.

다른 한편으로 북한은 1968년 1월 21일 청와대 무장공비 기습사건, 그리고 이틀 후인 1월 23일 미 푸에블로호 납치사건, 그 후 1개월 동안이나 울진·삼척 지역에 120명의 무장공비 침투사건을 계속 일으켰다.[8)]

1970년 2월 18일 닉슨 대통령은 닉슨독트린 발표를 통해 어떤 나라의 국방과 경제도 미국 혼자만이 떠맡을 수는 없다. 세계 각 국가들, 특히 아시아 및 중남미 국가들은 자주국방의 책임을 져야 한다고 선언했다. 닉슨 대통령은 미국은 아시아에서 ① 우방국이 핵공격이 아닌 형태의 공격을 당할 경우 미국은 제한된 군사와 경제적 지원만 제공하며, ② 당사국은 미지상군병력지원

---

8) 1970년 6월 5일에는 서해 휴전선 부근에서 어선단 보호임무를 수행하던 한국 해군방송선의 피랍사건이 발생하였다. 그리고 같은 달 6월 22일에는 국립묘지 현충문 폭파사건이 발생하였다. 6월 22일 새벽 3시 50분에 특수훈련을 받은 북한무장특공대 3명이 서울 동작동 국립묘지 안에 잠입, 추념제단 앞에 있는 현충문 지붕위에 올라가 전자식 폭탄을 장치하려다 그들의 실수로 폭발하는 바람에 1명은 현충문에서 약 10m 떨어진 잔디밭에 피투성이 시체로 발견되었고, 잔당 2명은 군경·예비군의 추격전 끝에 계양산에서 사살되었다. 이들 무장특공대들은 6·25 기념식 때 정례적으로 참석하는 박대통령을 비롯한 정부요인들을 암살테러할 목적으로 현충문에 전자식 폭탄을 장치한 후 현장에서 2~300미터 떨어진 곳에서 전자식으로 폭파시키려고 했던 것이다.

을 기대하지 말고 제1차적 방위책임을 져야 한다고 천명하였다. 다시 말해, 이것은 미국이 다시는 아시아 대륙에 지상군을 투입하지 않겠다는 분명한 의사표시고 닉슨의 이같은 발언은 주한 미지상군이 철수나 감축될 것이라는 암시였다.

1970년 7월 5일 마닐라에서 열린 베트남전에 참전한 7개국 외상회의에 참석 중이던 최규하 외무장관에게 미국 로저스 국무장관은 주한미군 제7사단의 철수방침을 통고해 왔고, 7월 6일에는 포터 주한미대사가 정일권 국무총리를 방문하여 같은 내용을 통보해왔다. 이어 8월 24일에는 애그뉴 미국부통령이 닉슨 대통령의 특사자격으로 한국에 와서 박정희 대통령과 회담하고 1971년 3월에는 7사단을 철수했다.

한국은 닉슨 독트린의 거센 물결이 언제인가는 한국에도 밀어닥쳐올 것을 예견하지 못한 것은 아니었지만, 그 첫 적용이나 실천은 베트남 주둔 미군의 철수가 어느 정도 매듭지어진 뒤에 한국에서 논의될 것으로 보고 있었다.

특히 한국군의 남베트남 파병은 표면상으로는 남베트남 정부의 요청에 응한 것으로 되어 있으나, 사실은 미국 측의 강력한 요청에 의해 남베트남에 맹호 · 백마의 2개 전투보병사단과 1개 해병여단인 청룡부대, 그리고 지원부대로서 비둘기부대를 파병, 미군과 더불어 남베트남 지원군의 주축을 이루면서 참전하였다. 2개 사단과 1개 여단, 그리고 지원부대라는 대병력을 파병한 것은 남베트남을 지원하는 목적도 있으나 6 · 25 전쟁 시에 한국을 도와준 미국에 보답하기 위한 것이었으며, 특히 2개 사단의 미군이 한국에 주둔하고 있는 점에 비추어 주한미군에 버금가는 국군을 파병하지 않을 경우에는 주한미군의 일부가 전용될지도 모르는 점을 예방하기 위해서였다. 즉 2개 사단 이상의 대병력을 남베트남에 파병하고 있는 이상, 주한미군의 감축은 있을 수 없을 것으로 판단하였다.

그 뿐만이 아니라 1974년부터 발견된 북한의 땅굴사건, 1975년 남베트남의 패망사건, 1976년 8 · 18 판문점 도끼만행사건 등 과거 어느 때보다도 한반도 안보가 위기에 놓이게 되었다. 그런가 하면 1977년 1월 20일 미국 지미 카터 대통령은 한국의 반정부적인 개인이나 단체들에 대한 탄압 및 인권문제와 미국의 정책변화를 이유로 1978년부터 1982년까지 5년 이내에 주한 미군을 점진적으로 철수할 것임을 일방적으로 한국에 통고한 카터독트린을 다시 발표했다.

주한미군 철수에 관한 미국의 일방적 정책결정방식은 이번에도 마찬가지였다. 어떤 경로를 통해서도 카터 행정부는 한국 정부와 주한미군 철수문제를 협의한 일이 없이 다만 미국의 철군결정만을 통고한 것이다.

그러나 이 같은 카터정부의 주한미지상군 철수계획은 완전히 정치적 동기에서 결정된 것으로서 군사적 정보나 한반도의 군사적 현실에 입각한 것이 아니었기 때문에 미 군부의 강한 반발을 사지 않을 수 없었다. 1977년 5월 19일 「워싱턴포스트지」는 '전쟁위험을 안은 주한미군 철수'라는 제목의 특파원 현지 기사를 게재하면서 주한 미 장성들이 카터 대통령의 철군계획을 신랄히 비판하고 있다고 보도했다.[9)]

미 군부에서 최초로 대통령의 철군정책을 공공연히 비판한 싱글로브 소장의 발언은 워싱턴에 큰 파문을 일으켰다. 백악관 대변인은 이 발언을 불쾌하게 여긴 카터 대통령이 싱글로브 소장에게 소환명령을 내려 진상해명을 요구했다고 발표했다. 5월 21일 카터 대통령은 싱글로브 소장을 접견해서 의견을 청취한 다음 주한 미 8군 참모장직에서 해임함으로써, 군 최고통수권자인 대통령의 문민통제 원칙을 재확인하고 군부의 철군반대론에 쐐기를 박았다. 그러나 5월 25일 미 하원 군사위원회에 출석한 싱글로브 소장은 "철군이 전쟁을 유발할 것이라고 보는 자신의 소신에는 변함이 없다"고 다시 주장하고, 카

---

9) "……만약 그 계획대로 4~5년 내에 주한미군을 철수시킨다면 그것은 곧 전쟁의 길로 가는 것"이라고 주한 미 8군 참모장 싱글로브 소장은 말했다. 주한미군 서열 3위인 싱글로브 소장은 자기 뿐 아니라 많은 군 관계자들이 카터 대통령의 철군정책에 반대하고 있다고 밝히고 미 2사단 철수는 남한의 전력을 약화시켜 김일성의 남침을 유발할 것이라고 주장했다. 싱글로브 소장은 다음과 같이 결론을 내렸다. "지난 12개월 간 철저한 정보수집 결과 북한 전력이 부쩍 증가되었음이 드러났다. 내가 깊은 관심을 쏟고 있는 것은 정책입안자들이 3년 전의 낡은 정보 속에 파묻혀 있다는 것이다."

터 행정부는 주한 미군사령부에 철군의 파급효과에 관해 물어온 적이 없으며, 합참본부는 철군의 타당성을 해명해 달라는 미 8군의 요청을 묵살했다고 증언했다.

이와 같은 국가적 상황에서 제3공화국과 제4공화국의 박정희 대통령은 통일을 경제건설과 군사적 우위확립 이후로 미루는 선 건설 · 후 통일 안보정책을 더욱 강력하게 추진했다. 그 결과로 한국은 1960년대에는 경제적으로나 군사적으로 북한에 비하여 열세에 있었으나 1970년대부터는 조국 근대화라는 경제 건설과 군사력 건설의 성공으로 체제경쟁을 통한 우월한 위치를 확보할 수 있었기 때문에 승공통일을 달성할 수 있는 자신감을 갖게 되었다.

이러한 배경에서 지금까지 북한의 존재를 철저히 인정하지 않았던 불인정 관계가 이산가족의 재회를 추진하기 위한 남 · 북한 적십자회담과 남 · 북한 고위 당국자의 비밀협상, 남북조절위원회 등의 회담으로 북한을 인정하는 적대적 공존관계로 발전된 새로운 유형의 남북관계가 시작되었던 것이다.

그러나 남 · 북한은 각기 독립주권 국가로 철저한 자신의 이념을 추구하였기 때문에 통일에 접근하기에는 너무나 큰 간격이 있었던 것이다. 남 · 북한이 처음 합의하였던 1972년 7 · 4공동성명의 평화통일 3대원칙은 획기적인 관계개선의 전기로 보였으나, 곧 남 · 북한의 합의에 대한 해석의 차이점과 감정대립으로 불신이나 적대관계의 청산이 불가능하다는 것을 확인하였다. 남 · 북한 관계는 계속되는 회담의 결렬로 7 · 4공동성명 이전의 상태로 회귀해 버렸던 것이다.[10)]

---

10) 1960년대 박정희 대통령은 선 건설 · 후 통일정책에 따라 구체화된 통일방안이 없이 경제건설에 매진하였다. 그러나 1970년대 초부터 미국과 중국의 수교 등 국제정세의 변화와 선 건설 · 후 통일정책에 대한 대북한의 자신감 때문에 1970년 8월 15일 광복절 기념식에서 평화통일구상 선언을 발표하였다. 이어서 1972년 역사적인 7 · 4 남북공동성명을 발표하고, 자주 · 평화 · 민족대단결의 3대원칙에 합의하였다.
그 후 정부당국 간의 남북조절회의와 민간차원의 남북적십자회담이 서울과 평양을 오가며 동시에 진행되었다. 1974년 8월 15일 박정희 대통령은 한반도 평화정착→상호문호개방과 신뢰회복→남 · 북한 자유총선거라는 평화통일 3단계 기본원칙을 발표하였다. 그러나 1975년 3월 이후 남북대화는 사실상 중단되었다. 이와 같이 제3공화국 · 제4공화국에서

이러한 선 건설 · 후 통일정책을 계승한 제5공화국(1980~1988)의 전두환 대통령은 1982년 1월 22일 국정연설을 통해 처음으로 민족화합 민주통일방안을 구체적으로 제안했다. 그 주요 내용은 남 · 북한 간의 민족적 화합에 기반하여 통일헌법을 제정한 후 통일국회와 단일정부를 수립함으로써, 통일민주공화국을 완성시키자는 것으로 1민족 1체제를 지향하는 체제통일론이었다.

1984년 9월 29일 북한은 한국의 수재민을 돕기 위해 수해구호품을 판문점 군사분계선을 넘어 보내옴으로써 6 · 25전쟁 종전 이후 최초로 남 · 북한 물자교류 물꼬를 텄으며, 1985년 5월 남북적십자회담이 재개되었다.

1985년 9월 20일 분단 후 처음으로 이산가족 고향방문과 예술공연단 교환방문이라는 민간교류가 이루어졌으나, 정부차원에서는 큰 진전이 없었다. 그리고 제6공화국에서 노태우 대통령은 1988년 2월 25일 취임사에서 북방정책을 선언했다.

북방정책이란 중국 · 구소련 · 동유럽국가 · 기타 사회주의 국가 및 북한을 대상으로 하는 외교정책으로서 중국 · 구소련과의 관계개선을 도모하여 한반도의 평화와 안정을 유지하고, 사회주의 국가와의 경제협력을 통한 경제이익의 증진과 남 · 북한 교류 · 협력관계의 발전을 추구하며, 궁극적으로는 사회주의 국가와의 외교 정상화와 남 · 북한 통일의 실현을 목적으로 한 것이다.

한국정부는 1989년 2월 헝가리와의 수교가 이루어졌고, 1990년 9월 러시아와의 수교하였으며, 1991년 9월 남 · 북한이 국제연합에 동시 가입하였다. 1992년 1월 20일 한반도 비핵화 공동선언과 더불어 미국의 전술핵 재배치 계획에 따라 주한미군의 전술핵을 철수했다. 1992년 8월 중국과의 수교가 이루어지는 등의 외교적 성과를 거두었다. 한국정부는 북방정책을 통하여 안보와 통일을 위한 분위기를 조성하고, 한국경제의 활로를 개척하는 한편, 한국의 국제적 위상을 제고시키는 등의 성과가 있었다.

---

이루어 놓은 선 건설에 의한 국력의 자신감을 기반으로 하여 제5공화국 · 제6공화국 · 문민정부에서는 후 통일정책 실현을 위해 노력할 수 있는 계기가 되었다.

특히 노태우 대통령은 1989년 9월 11일 국회 연설에서 한민족공동체 통일방안을 제안하였다. 주요 내용은 자주 · 평화 · 민주의 3대원칙 아래 공존공영→남북연합→단일민족국가라는 3단계를 거쳐 통일을 실현하자는 것이다. 전두환 정부의 통일방안과 마찬가지로 1민족 1체제를 목표로 하지만, 남북연합이라는 과도체제를 설정한 점에서 다소 진전된 내용을 담고 있다.

1990년 9월 4일 제1차 남북고위급회담이 서울에서 개최된 이래 1년 반의 회담을 거쳐 1992년 2월 18일 평양 제6차 회담에서 남 · 북한 화해 및 불가침과 교류협력에 관한 남북기본합의서가 채택되었으나 실천되지 못했다.

그 후 문민정부(1993～1998)에서 김영삼 대통령은 1993년 7월 6일 평화통일정책자문회의에서 민족공동체 통일방안으로 3단계 통일을 다시 제안하였다. 그 내용은 민주적 절차의 존중, 공존공영의 정신, 민족 전체의 복리라는 3가지를 기조로 해서 화해 · 협력의 단계→남북연합의 단계→1개 국가라는 3단계를 통일을 이룬다는 것이다. 이 방안은 한민족공동체 통일방안과 마찬가지로 남북연합이라는 과도기를 거쳐 1민족 1체제의 완전통일을 지향한 것이다.

다른 한편으로 김영삼 정부는 김일성 주석 사망 및 식량위기를 비롯한 내부적인 요소와 북한 핵개발의 국제적 제재 및 공산권 해체 등의 외부적 요소에 의해 북한이 붕괴되면 최소의 충격으로 사뿐히 흡수통일을 할 수 있다는 연착륙 정책을 추진하기도 했다. 그러나 김영삼 정부는 김일성 주석 조문파동 · 북핵문제, 북한 붕괴에 따른 연착륙 정책 등의 대립으로 대북관계가 최악상태가 됨에 따라 화해 · 협력을 통한 통일정책은 실패하고 말았다. 북한 조국평화통일위원회는 1996년 7월 15일 성명서에서 남한의 김영삼 정부는 한국의 역대 집권자 가운데 유일하게 북한과 마주 앉아보지도 못하고 실적도 없는 집권자로 민족의 버림을 받게 되었다고 비판했으며, 남 · 북한의 관계는 더욱 악화되었다.

요컨대, 한국의 자주국방추진기(1961～1998)의 국가안보정책은 선 건설 · 후 통일정책으로서 제3공화국 · 제4공화국에서는 국가통일을 위한 국력을 키우는데 성공하였으며, 제5공화국 · 제6공화국 · 문민정부에서는 그 기반 위에서 화해와 협력을 통한 통일정책을 추진하였으나 실천되지 못하고 실패로 끝나고 말았다.

즉 국제안보환경은 냉전체제에서 탈냉전화되어 화해 · 협력체제로 변환되었으나, 남 · 북한은 적대적 공존관계로 냉전체제가 계속된 상황에서 한국은 선 건설에 의한 국력을 바탕으로 후 통일정책을 추진하였으나 성과 없이 선언적 의미로써 행사적 의미로써 끝나게 되었다.

## 5. 자주국방 발전기의 안보정책

대한민국 헌법에 반영된 국가이익은 ① 국민의 안전보장, 영토보전 및 주권보호를 통해서 독립국가로서 생존하는 것이며, ② 국민생활의 균등한 향상과 복지증진을 실현할 수 있도록 국가발전과 번영을 도모하는 것이고, ③ 자유와 평등, 인간의 존엄성 등 기본적 가치를 지키고 자유민주주의 체제를 유지 · 발전시켜 나아가는 것이고, ④ 남 · 북한 간의 냉전적 대결관계를 평화공존관계로 변화시키고 궁극적으로 통일국가를 건설하는 것이며, ⑤ 인류의 보편적 가치를 존중하고 세계평화와 인류공영에 기여하는 것이다.

이 중에 독립국가로서의 생존과 주권을 수호하는 것이 최상위로 지켜야 할 국가이익이며, 이는 완벽한 국가안보에 의해서 보장되는 것이다. 국가이익을 위한 국가목표와 국가안보정책은 중요하며, 또한 국방정책을 수립하는데 주요지침이 되는 것이다.

김대중 대통령은 취임사에서 "분단반세기가 넘도록 대화와 교류는 고사하고 이산가족이 서로 부모형제의 생사조차 알지 못하는 냉전적 남 · 북한 관계는 하루 빨리 청산되어야 하며, 남 · 북한 관계는 화해와 협력 그리고 평화정착에 토대를 두고 발전시켜 나가야 한다"고 강조하고, 1998년 3월 19일 국가

안보정책을 "확고한 국가안보 바탕 위에 포용정책의 추진"이란 햇볕정책을 발표하였다.11)

먼저, 확고한 국가안보 바탕 위에서 햇볕정책 추진이란 국가안보정책 목표를 제시하고 다음과 같이 세 가지 기본방향을 제시하였다.

첫째, 확고한 안보태세를 유지하는 것이다.

북한을 흡수하거나 무력으로 위협하지는 않는 것이지만, 북한의 무력도발에는 단호히 대처할 것이며, 이를 위해 민·관·군 통합방위체제를 포함한 위기대응능력과 체제를 강화하는 등 확고한 안보태세를 유지하며, 북한의 무력도발을 억제하고 남·북한 화해협력을 촉진하는 것이다.

둘째, 남·북한의 경제공동체를 건설하는 것이다.

정경분리 원칙에 따라 민간 경제협력을 확대하고 교류를 다변화함으로써 남·북 간에 실질 협력관계를 증대시켜 나가는 것이며, 또한 한국의 기술과 자본을 북한의 토지와 노동력과 결합하는 상호보완적이고 호혜적인 협력관

---

11) 햇볕정책은 화해와 포용자세로 남·북한의 교류와 협력을 증대하기 위한 대북한 정책이다. 국제안보환경은 탈냉전시대에도 불구하고 한반도는 여전히 대결과 갈등관계에서 벗어나지 못하고 가장 첨예한 냉전적 대치상태에 있다. 지난날의 정권은 북한과 대결하면서 여러 가지 강경정책을 써왔지만 북한을 변화시킬 수 없었다. 오랫동안 북한은 과도한 군비지출과 경제위기에 몰려 있었고, 김일성 주석의 사망과 식량위기에 몰려 있으면서도 체제는 바뀌지 않았다.
한편, 미국은 제네바 협정을 통해 핵개발을 동결시킨 후 경수로 원자력발전소 건설 지원 등으로 유화정책을 추구했었다. 이와 같은 상황에서 한국정부가 대북한 강경책을 계속하기는 어려워졌다. 따라서 협력과 화해를 적극 추진하는 것을 대북한 정책으로 설정하였다. 대북한 강경정책으로부터 햇볕정책으로 바꾼 것이다. 한국은 정경분리원칙을 적용하여 대북한 투자규모의 제한을 완전히 폐지하고 투자제한 업종의 최소화를 골자로 하는 경제협력 활성화조치를 취하였다. 북한과의 주된 교류협력을 들면 남·북한 비료협상, 정주영 명예회장의 북한방문, 금강산 관광개발사업 등이다.
햇볕정책은 튼튼한 안보를 바탕으로 남·북한 간의 화해와 교류, 협력을 통하여 북한을 개방시킴으로써 한반도에서 평화와 공존을 이룩하려는 정책이다. 햇볕정책이란 말은 김대중 대통령이 1998년 4월 3일 영국을 방문했을 때 런던대학교에서 연설할 때 사용하였고, 그때부터 정착된 용어이다. 겨울 나그네의 외투를 벗게 만드는 것은 강한 바람(강경정책)이 아니라, 따뜻한 햇볕(유화정책)이라는 이솝우화에서 인용한 말이며, 그 내용은 독일 브란트 수상의 동방정책과 같은 개념이라고 할 수 있다.

계로 발전시켜 나가는 것이다.

셋째, 한반도 화해협력을 위한 통일외교정책을 강화해 나가는 것이다.

북한의 핵 및 대량살상무기 위협제거를 포함한 상호 위협감소를 실현하기 위해 군비통제를 위한 약속이 지켜지고 북한이 국제적 규범에 가입하여, 이를 준수하도록 외교적 노력을 경주하는 것이며, 또한 북한이 책임 있는 국제사회의 일원으로 참여할 수 있도록 지원하는 것이다.

김대중 대통령과 김정일 국방위원장은 2000년 6 · 15 남북공동선언에서 남측의 연합제 안과 북측의 낮은 단계의 연방제 안이 서로 공통성이 있다고 상호 인정한 사실이 중요한 변화인 것이다.

남 · 북한의 공통성은 남한의 남북연합제와 북한의 낮은 단계의 연방제를 통합해 통일의 1단계로 남 · 북한 정부가 정치 · 군사 · 외교권 등 현재의 기능과 권한을 그대로 보유한 상태에서 남 · 북한이 공동으로 참여하는 기구를 만들어 남북통일의 제도화를 논의하는 것이다. 즉 연방중앙정부는 정치 · 외교 · 국방을 담당하고 대외적으로 통일국가를 대표하며, 지역정부는 자치제로서 독자적인 제도와 사상을 갖도록 하자는 것이다. 그리고 2단계의 목표 및 원칙으로 남한의 1민족 1국가 1체제 1정부 방안과 북한의 1민족 1국가, 2체제 2정부 방안을 통합하여 1국가 1체제 1정부로 통일국가를 달성하는 것이다.

또한 노무현 정부는 탈냉전의 세계사적 흐름과 6 · 15 남북정상회담 이후 한반도의 평화증진과 남북 공동번영을 추구함으로써 평화통일의 기반을 조성하고 나아가 동북아 공존 · 공영의 토대를 마련하기 위한 평화번영정책을 천명하고, 이를 구현하기 위해 통일 · 외교 · 안보정책을 포괄하는 국가안보정책을 구체화하였다.

즉 2007년 10월 4일 노무현 대통령과 김정일 국방위원장이 평양에서 제2차 남북정상회담을 갖고 10 · 4 정상선언을 발표했다. 6 · 15 공동선언이 남 · 북한의 평화와 공동번영의 총론이라면 10 · 4 정상선언은 실천적 각론 방안이었다. 그리고 이명박 정부도 상생과 공영정책으로 남 · 북한의 관계발전과

세부적 실천을 위한 노력들이 지속되었다.[12)]

이와 같은 평화적이고 협력적인 공존관계로 남·북한 관계를 발전시키고, 굳건한 안보기반 위에서 평화적이고 번영된 자유민주국가 및 자유시장 경쟁체제로 통일시키고자 한 모든 정책적 노력들을 여기에서는 국가안보적 차원에서 국가번영과 평화통일정책이라고 했다.

지금까지 구축해 온 남·북한 간의 정치적·경제적·사회적·문화적·과학기술적·군사적인 협력과 교류를 계승 및 확대하고, 평화통일을 달성하기 위해 부족하고 개선시켜야 할 부분은 보완 발전시켜 국가번영과 평화통일정책은 계속되어야 한다.

국가번영과 평화통일정책은 그 세부 실천과정에서 일방주의 및 상호주의 원칙, 지원(당근)과 압박(채찍) 원칙, 협조의 이익과 비협조의 불이익원칙 등이 적절히 적용될 수 있지만, 평화지향적인 대화와 협력의 끈을 결코 포기해서는 안 된다.

요컨대, 힘에 의해 달성될 수 있는 평화의 보장과 제도적 장치에 의해 달성될 수 있는 평화의 제도화 노력들은 많은 고통과 시련이 있을 수 있지만, 21세기 다음 정부에서도 확고한 안보태세 바탕 위에서 평화지향적, 번영지향적, 통일지향적인 국가번영 및 평화통일정책을 더욱 발전시켜 국가통일을 완수할 수 있어야 한다.

한국은 국가헌법에 명시된 국가이익과 국가목표가 크게 변화하지 않고, 남·북한의 관계에서 대립과 갈등을 화해·협력·변화의 관계로 발전시키고, 동맹국가 및 주변국가와 선린관계를 증진시켜 통일과 번영을 추구해 나가기 위해서는 국가번영과 평화통일정책을 지속적으로 발전시켜 나가야 한다.

---

12) 그동안 한국은 남·북한의 전쟁적이고 파괴적인 적대관계에서도 역대정부들은 평화통일을 위해 7·4남북공동성명(1974), 남북기본합의서(1991) 및 부속합의서(1992), 노태우 정부의 북방정책, 김영삼 정부의 연착륙정책이 있었으나 실패하였다. 그러나 2000년 6·15 남북공동선언으로 시작된 김대중 정부의 햇볕정책, 노무현 정부의 평화번영정책, 이명박 정부의 상생과 공영정책, 다음 정부의 대북정책에서도 교류·협력·변화를 통한 평화통일을 위해 같은 방향의 노력들이 지속될 것이다.

# 제9장

# 한 · 미 동맹의 형성과 발전

## 1. 한 · 미 동맹의 형성

### 1) 한 · 미 상호방위조약

한 · 미 동맹의 근간이 되는 「한 · 미 상호방위조약」은 1953년 10월 1일 한국과 미국 간에 상호방위를 목적으로 워싱턴에서 체결된 조약으로 원래 이름은 「대한민국과 미합중국 간의 상호방위조약」이다.

1953년 7월의 휴전성립을 전후해서 이승만 대통령은 미국에 대해 북한의 재침략에 대비한 한 · 미군사동맹 체결을 촉구했다. 이에 1953년 6월, 로버트슨 미국 대통령 특사가 내한함에 따라 외교적 절충이 시작되었고, 8월에 내한한 덜레스 미 국무장관과의 일련의 회담에서 결실을 보게 되었다.

1953년 8월, 변영태 당시 외무부장관과 덜레스 미 국무장관 사이에 가조인된 「한 · 미 상호방위조약」은 1953년 10월 1일 체결되고 1954년 11월 18일 「조약 제34호」로 발효되었다. 이 조약은 제2차 세계대전 후 소련이 급속도로 팽창하여 미국의 방위를 직접 위협하게 되자, 공산침략에 대한 공동방위를 목적으로 맺어진 조약이기도 하다. 「한 · 미 상호방위조약」의 주요 내용은 다음과 같다.

① 한 · 미 양국은 어떠한 국제적 분쟁이라도 국제적 평화와 안전과 정의를 위태롭게 하지 않는 평화적 수단에 의하여 해결한다.
② 양국 중 어느 한 나라가 독립 또는 안전이 외부로부터 무력공격에 의하여 위협을 받고 있다고 어느 당사국이든지 인정할 때에는 서로 협의하여 무력공격을 저지하기 위한 조치를 협의와 합의하에 취할 것이다.
③ 양국은 타 당사국에 대한 태평양지역에 있어서의 무력공격에 자국의 평화와 안전을 위태롭게 하는 것이라고 인정하고 공동위험에 대처하기 위하여 각자의 헌법상의 수속에 따라 행동할 것을 선언한다.
④ 상호적 합의에 의하여 미국의 육군 · 해군 · 공군을 한국의 영토와 그 부근에 배치하는 권리를 한국은 이를 허여하고 미국은 이를 수락한다.
⑤ 이 조약은 무기한으로 유효하며 어느 당사국이든지 타 당사국에 통고한 후 1년 후에 본 조약을 중지시킬 수 있다.

이 조약에 따라 한국과 미국 간의 공식적인 군사동맹관계가 수립되었고, 한 · 미 양국은 외부로부터의 무력공격을 공동으로 방위하고 미국은 한국방위를 위해 한국 내에 미군을 주둔시키게 되었다.

이 조약에 근거하여 한반도에 무력충돌이 발생할 경우 미국은 유엔의 토의와 결정을 거치지 않고도 즉각 개입할 수 있게 되었다.

또한 한 · 미 상호방위조약은 주한미군의 주둔을 포함한 한 · 미 연합방위체제의 법적 근간으로서 「주한미군 지위협정(SOFA)」과 정부 간 또는 군사당국자 간 각종 안보 및 군사 관련 후속협정에 대한 기초를 제공하고 있다.

### 2) 한 · 미 동맹의 의의

한 · 미 상호방위조약에 근거한 한 · 미 동맹과 한 · 미 연합방위체제는 외부세력의 침략에 대해 한 · 미 양국이 공동으로 대응하기 위하여 마련한 기본 틀로서 국가안보적 차원은 물론 정치 · 외교적 차원에서도 커다란 의의가 있다.

먼저 한·미 동맹은 지난 반세기 동안 한국에 대한 외부의 위협을 억제하여 장기적인 평화를 유지함으로써 한국의 국가안보뿐만 아니라 동북아 지역의 안정에도 크게 기여하였다.

「한·미 상호방위조약」의 성격은 한국전쟁이라는 특수한 상황을 계기로 결성된 동맹이며 국가안보를 목적으로 한 전형적인 군사동맹이다. 조약의 발동조건은 동맹국 일방이 적대세력으로부터 무력침공을 받을 때이며, 조약 발동절차는 NATO국가가 무력피침 시 자동적으로 지원하는 것과는 달리 한·미 동맹은 지원국 의회승인 또는 행정부의 결의를 통과해야 하는 등 지원국의 국내승인이 필요하다.

## 2. 한·미 동맹 변천과정

### 1) 미군의 한반도 진주

미군이 최초 한반도에 진주한 것은 제2차 세계대전 종료 후 한반도 38도선 이남의 일본군을 무장해제시키기 위한 목적이었다.

미국이 히로시마에 원자탄을 투하한 2일 후인 8월 8일, 소련은 대일 선전포고를 하고 만주로 진격한 후 계속 남하하여, 8월 11일 웅기, 8월 12일에는 나남과 청진을 차례로 점령하였다. 미 국무장관 버즈는 소련이 한반도 전체를 점령할 것을 우려하여 한반도의 가급적 북쪽에서 미군이 일본군의 항복을 받아내는 선을 선정하라는 지침을 미육군성 정책과장 본스틸 대령과 펜타곤의 러스크 대령에게 하달하였다.

두 대령은 미군이 원활하게 활동할 수 있는 부산항과 인천항이 포함되고 서울의 북쪽인 38도선을 경계선으로 할 것을 건의하여 8월 15일 트루먼 대통령의 승인을 받았으며, 9월 2일에 "38도선 이북의 일본군은 소련군에게 항복하고 38도선 이남의 일본군은 미군에게 항복하라"고 하는 「일반명령 1호」를 극동군 사령관 맥아더에게 하달하였다. 그러나 그때는 이미 소련군이 38도선 이북을 점령하고 난 다음이었다.

미군은 제24군단장 하지(John R. Hodge) 중장을 점령군 사령관으로 하여 소련군보다 22일이 늦은 9월 4일 선발대를 투입하고 9월 8일에 미 제7보병사단이 인천에 상륙하여 38선으로 진주하게 되었다. 이어 미 제40사단과 제6사단이 도착함으로서 77,600명의 미군이 남한에 주둔하게 되었으며, 이로부터 3년 동안 하지 중장은 총독과도 같은 권한을 가지고 남한에 대한 군정을 실시하게 되었다.

그러나 미군은 군정에 필요한 한국에 대한 기초지식과 세부준비가 없었기 때문에 군정수행 기간 수많은 시행착오를 범하였고 정치적 · 사회적인 혼란을 야기시켰다.

최초 우리나라의 국군은 미군정 당국에 의하여 그 모체가 형성되었다. 미국 육군사령부는 1945년 11월 13일, 미 군정청 내에 한국 국방사령부를 설치하고, 국방군의 조직 · 편성 · 훈련 등 제반 준비업무에 착수하였다. 그해 12월 5일에는 서울에 「군사영어학교」를 창설하여 창군기간장교 110명을 배출하였다. 미 군정당국은 국방군을 창설하려 했으나, 미 · 소 관계가 악화될 것을 우려한 미 정부의 반대로 한국군 창설을 포기하고 2만 5천명 규모의 경찰예비대를 창설하려는 「Bamboo계획」을 수립하였다.

「Bamboo계획」은 경찰을 지원할 경찰예비대를 남한의 8개 도에 1개 연대씩 창설하는 계획으로서, 최초 1개 중대씩을 창설하고 단기간 내 연대규모로 확대한다는 계획이다. 이 계획은 국방경비대의 창설의 청사진이 되었으며, 1946년 1월 14일에 1개 대대의 병력으로 치안을 확립하기 위한 경찰 보조기구 형태의 「남조선국방경비대」가 창설되었다.13)

1948년 8월 15일, 대한민국 정부가 수립되고 국군이 창설됨에 따라 미군정청이 지휘하던 한국군에 대한 작전지휘권은 한국정부로 이양되었다. 미군이

---

13) 안광찬, "헌법상 군사제도에 관한 연구"(동국대학교 박사학위논문, 2002), pp. 45~49.

한반도로부터 철수하기로 결정한 시기는 이미 한국정부가 수립되기 전인 1947년 9월이었다. 한반도에서 미군이 철수하게 된 이유는 제2차 세계대전이 끝나면서 미군의 예산이 삭감되어 점령군을 유지할 여유가 없었고, 또한 한반도의 전략적 가치가 희소하였기 때문이다.

미군은 대한민국정부가 수립되자 한반도로부터 철군을 시작하였으며, 미국의 군사원조를 집행할 「미군사고문단」(KMAG : The United States Military Advisory Group to the Republic of Korea)만을 잔류시키고 1949년 6월 29일 철수를 완료하였다.[14]

### 2) 미군의 한국전쟁 참전

북한은 1948년 9월 9일 정권을 수립한 후 소련 점령군으로부터 장비를 인수받고 중 · 소의 군사지원 하에 군대를 확장하면서 전쟁준비를 시작하였다. 6 · 25 남침전쟁이 개시될 시점에 북한은 전차 242대와 함정 10척, 210여대의 항공기를 포함한 육군의 10개 보병사단과 1개 전차여단, 공군 1개 비행사단 등 약 20만 명의 막강한 군대를 보유하였다.

반면 국군은 미국의 소극적인 지원으로 항공기 22대, 함정 71척, 전차가 없는 8개 보병사단 등 약 10만 명의 보잘 것 없는 군사력을 유지하고 있었다.

1950년 6월 25일, 북한의 기습남침으로 한국전쟁은 개시되었으며, 북한군은 한국군의 전방 방어진지를 유린하며 파죽지세로 공격하여 불과 3일만인 6월 28일에 수도 서울을 함락하였다.

주한미국 대사와 동경의 맥아더 사령부로부터 북한의 공격사실을 보고 받은 미 대통령 트루먼(Harry S. Truman)은 유엔안전보장이사회를 소집토록 요구하여 현지 시간으로 6월 25일 오후 6시에 북한의 전쟁중지와 38도선 이북으로 즉각 철수하라는 결의안을 통과시키고 난 후, 6월 27일 안전보장이사회

14) 서근구, 『미국의 세계전략과 분쟁개입』, (서울 : 현음사, 2007), pp. 84~97.

는 미국이 제출한 「침략의 격퇴를 위해 대한민국 원조를 권고하는 유엔안전보장이사회 결의안」을 채택하게 되었다.

유엔안보리 참전결의에 따라 미대통령은 6월 29일에 미군의 한반도에 미지상군 투입을 승인하였다. 미 지상군 투입 결정에 따라 미 극동군사령부는 일본에 주둔하고 있던 제24단에게 출동명령을 하달하고, 「스미스 특수 임무부대」를 선발대로 하여 7월 1일 부산에 상륙하게 됨으로써 미군의 참전이 시작되었다.

한국전쟁에는 미국뿐만 아니라 영국, 캐나다, 호주, 프랑스, 터키 등 유엔 16개국이 전투병력을 파병하였으며, 이 나라들의 부대를 지휘하기 위한 유엔군사령부가 7월 7일 창설되었고, 미국정부는 맥아더 극동군사령관을 유엔군사령관으로 임명하였다.15)

한국은 유엔의 가맹국이 아니므로 국군은 유엔군사령부의 통제를 받지 않아도 되었으나, 미군 참전시부터 각 군별로 연합작전을 실시해 왔다. 이승만 대통령은 1950년 7월 15일, 유엔군과 동일한 전략 · 전술을 구사하기 위하여 "한국에서 적대행위가 계속되는 동안 국군에 대한 작전지휘권을 유엔군사령관에게 이양한다"는 공문을 발송함으로써 국군에 대한 작전지휘권을 유엔군사령관이 행사하게 되었다.

국가의 존망이 백척간두에 놓였던 당시 상황에서 작전통제권 이양은 국가통수기구의 불가피한 전략적 선택이었으며, 우리로서는 그러한 선택이 전쟁수행에 결정적 도움이 됐다.

유엔사 주도하의 방위체제는 단일지휘체계로 한때 유엔군사령관은 전 · 평시 작전통제권은 물론 평시 교육훈련, 주요 지휘관에 대한 인사행정권한까지 행사하기도 했다.

미국은 한국전쟁 수행을 위해 신병모집을 개시하고 기존 병력의 복무기간을 연장하면서 예비군을 소집하고 군의 정원을 계속 증강시켰다.

---

15) 안광찬(2002), p. 61.

1950년 6월의 미 육군의 정원은 59만 명이었으나, 1951년 12월에는 160만 명으로 증강되었다. 이 같은 병력증강은 한국에서 교대하며 전투하기 위해 취한 불가피한 조치였다. 한국전쟁이 종료될 때까지 연인원 약 180만 명의 미군이 참전하였다.

### 3) 한 · 미 동맹의 성립과 군사원조

한 · 미 동맹은 한국전쟁 후 미국의 군사력을 한반도에 계속 주둔시킴으로써 한국의 안보를 확고히 유지하려는 이승만 대통령의 의지로 성립되었다. 그러나 1953년 10월 1일 조인된 「한 · 미 상호방위조약」에는 군사작전에 관한 구체적인 조항이 빠져 있기 때문에 이를 보완하기 위하여 1954년 11월 17일, 「한국에 대한 미국의 군사 및 경제원조에 대한 한 · 미 합의의사록」을 체결하였다. 「한 · 미 합의의사록」은 「한 · 미 상호방위조약」을 보완하는 행정공약으로써, 한국의 안보를 위한 계속적인 노력과 방위력 증강을 위한 미국의 직접적 군사원조 및 한국군에 대한 작전통제 규정이 포함되어 있다.[16] 전쟁이 종료되고 난 후 미국은 한국군이 20개 보병사단을 유지할 수 있는 군사원조를 계속하였으며, 1954년부터 1968년까지 군사 및 경제원조액은 224억 달러에 달했다.

한국군에 대한 작전통제권은 한국전쟁 당시부터 맥아더 사령관이 미8군사령관에게 위임하였으며, 1957년 미극동군사령부가 해체되자 미8군사령관이 유엔군사령관과 주한미군사령관, 유엔 육군구성군사령관을 겸임하면서 한국군에 대한 작전통제권을 계속 행사하였다.

한 · 미 동맹은 미국이 한국에 대한 일방적인 원조의 방식으로 유지되다가, 1960년대에 들어서면서 미국이 베트남 문제를 해결하기 위하여 한국군의 파병을 요청하였고, 이를 한국이 수용하여 베트남 파병을 결정함으로써 한 · 미

16) 백종천, 「작전권문제의 발전방향」, (서울 : 국토통일원 조사연구실, 1998), pp. 49~50. 안광찬(2002), pp. 95~97. 재인용.

동맹이 한 차원 더 발전하는 계기가 되었다. 미국이 일방적으로 주도했던 한·미 관계가 상호이익을 전제로 한 협력관계로 발전된 것이다. 베트남 파병을 통하여 한국은 미국으로부터 경제적 지원을 받았을 뿐 아니라 한국기업들과 기술자들이 해외로 진출하는 교두보 역할을 하게 되었다. 또한 한국군의 활약이 세계 각국의 주목을 받으면서 한국의 국제적인 위상을 확립할 수 있었다.

1960년대 후반, 베트남을 비롯한 인도차이나 반도에서 민족해방전쟁이 가열되자, 북한은 한국에 무장공비들을 침투시켜 유격전 기지를 확보하려는 시도를 하게 되었다. 1968년 1월 21일, 북한은 특수부대를 침투시켜 청와대를 기습하려다가 발각되어 실패하였고, 2일 후인 1월 23일 미군의 정보수집함 '푸에블로호'를 원산 앞 공해상에서 나포하였다.

1·21 사태는 한국의 정부와 국민들에게 큰 충격을 주어 대북경각심을 고양시켰고, 향토예비군 창설, 비상기획위원회 설치 등 국가안보태세를 혁신적으로 개선하는 계기가 되었다.

당시 푸에블로호 납치사건은 세계가 놀란 사건이었다. 미국 내에서는 북한에 대해 강경한 보복조치를 취하라는 여론이 비등하였으며, 미국은 일전을 불사한다는 결연한 태도로 항공모함과 구축함을 출동시키는 군사적 조치를 취했으나, 결국 푸에블로호가 북한의 영해 침범을 시인·사과하는 요지의 승무원 석방문서에 서명하고 승무원들을 석방시키는 수모를 당했다.

이 두 사건을 처리하는 과정에서 대북응징조치를 취하자는 한국과 새로운 분쟁에 말릴 것을 우려하는 미국과 많은 의견 차이를 보임에 따라 한국은 미군의 한반도 방위공약에 대해 심각한 의구심을 가지게 되었다.

이러한 한·미 간 의견불일치를 해소하고 우호적인 군사협력을 강화하기 위하여 한·미 국방각료회의를 매년 개최하기로 합의하였다.

1968년 4월 17일 하와이에서 열린 한·미 정상회담에서 '한·미 연례 국방각료회의'를 양국 간 교대로 개최하기로 합의하고, 5월에 워싱턴에서 제1차 회의를 개최하였다.

1971년 제4차 회의 때부터는 명칭을 「한 · 미 연례안보협의회의」[17]로 바꾸었다. 박정희 대통령이 시해되었던 1979년 한해를 제외하고 지금까지 매년 열리고 있다.

그 후 한 · 미 연합군사령부의 창설에 따라 양국 간의 군사적인 문제를 협의하기 위해 양국 합참의장을 대표로 하는 군사위원회회의(MCM)가 1978년부터 매년 한 · 미 안보협의회의와 같은 시기에 개최되고 있다.

### 4) 닉슨과 카터의 주한미군 철수정책

#### (1) 닉슨 독트린

「닉슨 독트린」은 1969년 미국의 닉슨 대통령이 발표한 대 아시아 외교정책을 말하며, 일명 「괌 독트린」이라고도 한다.

닉슨은 1969년 7월 25일 괌(Guam)에서 아시아에 대한 외교정책을 발표하고 1970년 2월 국회에 보낸 외교교서를 통해 선포하였으며, 주요 내용은 다음과 같다.

① 미국은 향후 베트남전쟁과 같은 군사적 개입을 피한다.

② 미국은 아시아 국가들과의 조약상 약속을 지키지만 강대국의 핵에 의한 위협의 경우를 제외하고는 내란이나 침략에 대하여 아시아 각국이 스스로 협력하여 그에 대처하여야 할 것이다.

③ 미국은 '태평양 국가'로서 그 지역에서 중요한 역할을 계속하지만 직접적 · 군사적 또는 정치적인 과잉개입은 하지 않으며, 자조(自助)의 의사를 가진 아시아제국의 자주적 행동을 측면 지원한다.

---

17) SCM : ROK-US Security Consultative Meeting. 한 · 미 양국의 안보문제 전반에 관한 정책협의, 동북아시아와 한반도의 군사적 위협평가 및 공동대책 수립, 양국 간의 긴밀한 군사협력을 위한 의사조정 및 전달, 한 · 미 연합방위력의 효율적 건설 및 운영방법을 토의하는 등의 기능을 수행한다.

④ 아시아 국가들에 대한 원조는 경제중심으로 바꾸며 다자간 방식을 강화하여 미국의 과중한 부담을 피한다.
⑤ 아시아 국가들이 5~10년의 장래에는 상호안전보장을 위한 군사기구를 만들기를 기대한다.

닉슨 독트린의 중요한 요지는 아시아에서의 미군철수이다. 이것은 아시아 국가들의 안보에 대한 미국의 부담을 경감시키려는 미국 정부의 노력이 그대로 반영된 것이며, 이러한 미국의 정책은 한국에도 그대로 반영되었다. 한국 정부는 미군 철수정책에 대한 미국의 움직임에도 불구하고 한·미 관계의 특수성과 한반도가 차지하는 전략의 중요성, 그리고 한국군이 월남에 파병하고 있었기 때문에 미군 철수는 쉽게 단행되지 않을 것으로 믿고 있었다.

그러나 1970년 7월 8일, 미국은 5년 내에 주한미군 2만 명을 줄이겠다고 공식 통보하면서 미 제7사단 철수를 발표하였다. 이로 인해 주한미군은 61,000명에서 43,000명으로 감축되었고, 서부전선 최전방에 배치되었던 미 제2사단은 후방으로 철수하고 한국군이 그 지역을 담당하게 되었다.[18]

주한 미군의 일방적인 감축으로 한국은 자주국방의 필요성을 절감하게 되었고, 박정희 대통령은 자주국방 정책을 추진하게 되었다. 박정희 대통령의 자주국방정책은 율곡사업이라는 이름으로 구체화되어 한국군의 획기적인 전력증강사업으로 자리잡았다.

#### (2) 카터의 주한미군 철수계획

1977년 미국 대통령으로 취임한 카터는 한국의 인권상황을 문제삼아 그해 3월 9일의 기자회견에서 주한미군을 4~5년에 걸쳐 전면 철수할 계획임을 공표했다.

당시 주한미군 철수론은 한국이 미군의 도움 없이 북한군을 격퇴할 수 있

18) 국방일보(2007.6.12).

는 군사력과 경제력을 보유하고 있으며, 미군은 북한군의 움직임을 사전탐지가 가능하기 때문에 미군이 철수해도 북한이나 중국이 침략하기 어렵다고 하는 논리와, 미군이 주로 휴전선 주변에 위치하여 유사시 미군 인명피해에 대한 우려가 작용하였다.

한국정부는 한국군의 현대화 계획이 완료되고 한반도의 평화유지 조치가 강구될 때까지는 주한미군의 완전철수를 보류하는 노력을 강화하였다. 또한 일본정부와 공조하여 주한미군 철수계획에 대한 반대의사를 표명하였으며, 기타 태평양 국가를 설득하여 동조하도록 하는 외교적 노력을 병행하였다.

주한미군 철수가 실천단계에 이르자 주한 미8군 참모장 존. K.싱글러브 소장은 「워싱턴포스트지」 동경 지국장과의 인터뷰에서 "4~5년 내에 주한 미군을 철수시키겠다는 카터 대통령의 계획은 곧 전쟁의 길로 유도하는 오판이다"라고 반대의사를 밝힘으로써 정부와 군부 사이의 갈등을 증폭시켰다.

2년 6개월 동안 우여곡절을 겪은 끝에 카터의 주한미군 철군계획은 중단되었고 실제로 1개 전투대대만을 철수하는 것으로 마무리되었다. 카터 행정부 때 한반도에서 철수한 미군병력은 1개 전투대대 병력을 포함해 3,000명 정도이다.

### 5) 동맹관계 재결속과 작전통제권의 변화

#### (1) 한 · 미 연합사령부 창설

주한미군의 철수와 감축, 유엔의 유엔사해체결의안 통과 등 한반도를 둘러싼 전략 환경 변화에 맞춰 한 · 미 양국은 공동으로 작전통제권을 행사하는 한 · 미 연합방위체제를 구상하기에 이르렀고, 이러한 노력의 결과로 1978년 11월 7일, 한 · 미 연합군사령부가 창설되었다.

한 · 미 연합군사령부 창설과 동시에 6 · 25전쟁 당시부터 유엔군사령관이 행사해 오던 한국군에 대한 전 · 평시 작전통제권은 한 · 미 연합군사령관에게 위임되었다. 그 후 1994년 12월 평시 작전통제권이 우리나라 합참의장에게 환수됨에 따라 한·미 연합군사령관은 전시 작전통제권만 가지게 되었다.

한·미 연합사는 육·해·공을 포함한 한·미 현역 정규군을 통제하고 있으며, 전쟁이 발발할 경우 육·해·공 및 해병대 연합사령부와 연합 비정규전 특수 임무부대 등의 작전조율을 담당하게 되었다.

한·미 연합사의 지휘부는 사령관에 미군 대장, 부사령관은 한국군 대장으로 보임하고, 참모장은 미군 중장이, 각 참모요원은 부서장이 한국군 장성일 경우 차장은 미군 장성이 되고, 반대의 경우에는 한국군 장성이 차장직을 맡도록 하였다.

### (2) 작전통제권 환수논의

작전통제권 환수에 대한 논의는 1980년대 후반에 들어 서서히 고개를 들기 시작했다. 급속한 경제성장에 따른 국력신장과 아울러, 서울올림픽 개최를 통한 국민의 자긍심 증대 등은 이러한 논의를 촉진하는 배경이 됐고, 작전통제권 전환 및 용산기지 이전이 대통령 선거공약으로 제시되기도 했다.

미국 역시 1989년의 「넌-워너법안」[19], '90~92년의 「동아시아 전략구상」(EASI : Asia Security Initiative)을 발표하면서 한국과 미국은 작전통제권 전환에 대한 공동연구·협의에 착수했으며, 이것은 곧 1994년 정전 시 작전통제권 전환으로 이어지게 된다.

정전 시 작전통제권 전환과 동시에 한국군 장성인 연합사 부사령관이 지상구성군사령관을 겸임하는 등 한국군의 지휘 범위가 확대됐으나, 연합사령관은 평시에도 「연합권한위임사항」(CODA)[20]을 통해 작계발전·연습 등 주요 권한을 행사할 수 있게 됐다.

EASI의 핵심은 1980년대 이후 유럽을 능가하는 미국의 최대 교역대상국들

---

19) 미국 상원 군사위의 민주당 샘 넌 위원장과 공화당 존 워너 의원이 유럽 주둔 미군과 주일미군, 주한미군, 해외주둔 미 군속 유지경비 등에 관한 4개 법안을 1990~91년도 미국방예산안에 대한 하나의 일괄수정안으로 1989년 7월 31일 상원 본회의에 제출해 8월 2일 본회의에서 이의 없이 통과된 법안.

20) CODA : 연합권한위임사항 Combined Delegated authority.

이 포함되어 있는 아 · 태지역의 중요성에 대한 재인식, 소련에 의한 전통적 안보위협의 감소, 국내 재정압박에 따른 국방예산의 대폭삭감 등의 제반요인들을 고려하여 아 · 태지역에서의 미군주둔 전략을 재검토하는 것이었다.

EASI는 한 · 미 군사관계가 명실 공히 '동반자 관계'로 발전하는 중대한 계기를 마련하였다. EASI는 주한미군의 역할을 한국방위에 있어 '주도적 역할'에서 '보조적 역할'로 변경하고 우리 정부가 많은 방위비 분담금을 지급할 것을 요구하였다.

### (3) 방위비 분담

방위비 분담은 1991년 체결된 「방위비 분담 특별협정」에 기초하며, 우리나라는 주한미군의 안정적 주둔여건을 보장하기 위하여 한 · 미 간의 협상을 통해 방위비의 일정부분을 분담하고 있다.

방위비 분담금은 주한미군의 인건비를 제외한 총 주둔비용 가운데 우리화폐로 지급되는 4개 분야로 한국인 고용원의 인건비, 군사건설비, 군수지원비, 연합방위력증강사업비로 구성되어 있다.

한국인 인건비는 주한미군이 고용하고 있는 한국인 근로자들에게 지급되는 인건비로 그 상당부분을 한국정부가 분담 지급한다. 군사건설비와 연합방위력 증강사업은 주로 한국 업체에 의한 미군기지 내 각종 시설 신축 및 보수 등의 군사시설물 건설에 소요되는 비용을 말한다. 군수지원비는 주한미군의 한국산 군수물자 구매 및 정비 등의 군수지원에 사용되는 비용이다.

주한미군의 방위비 분담비의 대부분은 소모성 지출이 아니라 한국시장에서 구입 발주하는 건설용역, 각종 소모품, 운송장비, 운송용역, 항송기 정비 등의 수요로 지역경제 기여도가 높은 특성이 있다.

### (4) 전시 작전통제권 환수와 연합사 해체

전시작전통제권은 한국과 미국의 군 통수계통과 양국의 합동참모본부의 지침을 받아 한 · 미 연합군사령부가 행사하고 있다.

작전통제권을 하나의 사령부가 행사하는 것은 군사교리에서 명시하고 있는 지휘통일의 원칙을 지키기 위함이며, 제1 · 2차 세계대전 중에도 연합작전을 수행할 때에는 여러 국가의 군대가 1명의 연합군사령관 지휘를 받도록 하였다.

한반도에서 전쟁이 발발할 경우 한 · 미 상호방위조약에 의거하여 미군이 참전하게 되며, 이때 전쟁의 승리를 위해 반드시 지휘통일을 기해야 한다. 작전통제권은 군사작전 차원의 문제이며 이것을 주권과 연결하는 것은 너무나도 비약된 발상이다.

2003년에 노무현 정부가 등장하면서 "군사주권을 회복한다"라는 명분으로 한 · 미 연합사가 행사하고 있는 작전통제권을 환수하겠다고 공언하였다. 작전통제권은 한 · 미 연합사 창설 시부터 한국과 미국이 공동으로 행사하고 있었기 때문에 사실은 환수라기보다는 한국군 단독행사가 더 적절한 표현이다.

작전통제권 환수문제는 결국 한미연합군사령부의 해체를 의미하며 이것은 한 · 미 동맹과 국가안보에 결정적인 영향을 미치는 중대 사안이었으나, 노무현 정부는 북한의 위협을 무시하고 한반도에 평화체제를 구축하겠다는 정치적 이유로 제대로 된 국론의 수렴도 없이 각계각층의 반대를 무릅쓰고 전시작전통제권 환수를 결정하고 말았다.

미국은 북한의 핵무기와 장거리미사일 개발로 인해 악화된 한반도 안보환경을 고려하여 전시작전통제권 이양을 고려하지 않고 있었으나, 한국이 2012년부터 단독 행사하겠다는 의사를 통보해 오자, 럼스펠드 미 국방장관은 2009년에 조기 이양하겠다는 역제안을 하게 되었다. 이는 한반도 위기 시 융통성을 확보하려는 미국의 의도와 부합되면서 일사천리로 진행되었다.

전시작통권 전환 논의는 2005년 10월 「제37차 한 · 미 안보협의회」에서 양국방장관 간에 논의를 가속화하는 데 합의를 하였으며, 2006년 9월에 열린 한 · 미 정상회담에서 양국정상 간 작전통제권을 전환한다는 기본원칙에 합의하였다. 이어 2007년 2월에 열린 「한 · 미 국방장관회담」에서 2012년 4월

17일에 작전통제권을 전환하기로 최종 합의를 하였다.[21)]

2007년 6월 28일 한국 합참의장과 주한미군사령관은 전시작전통제권을 한국군으로 전환하기 위한 「단계별 이행계획서」에 서명했다. 이 계획서에 따르면 전시작전통제권은 2012년 4월 17일 오전 10시를 기해 한국군으로 전환된다. 이에 따라 한반도 전구 전투사령부 기능을 맡는 한 · 미 연합사는 해체되고 한국 합참 주도의 전구사령부와 주한미군의 전투사령부로 분리된다.

## 3. 미군 재배치계획(GPR)과 주한미군 재조정

### 1) GPR의 개념

동 · 서 냉전체제의 와해에 이어 9 · 11 테러사태 이후 대두된 뉴테러리즘 등 다양한 안보위협으로부터 미국의 핵심이익을 보호하기 위하여 미국은 대테러전 수행을 위한 선제공격 등 새로운 안보전략개념을 수립하였다.

또한 미군의 장기 해외주둔은 국방비 부담을 증가시키고, 현지인들과의 갈등을 야기시켰으며, 새롭게 등장한 위협과 정보화시대에 싸우는 방법의 변화는 미군의 새로운 변혁을 요구하게 되었다. 이러한 군사변혁의 일환으로 미군전력의 첨단화 · 기동화 · 경량화를 추구함과 동시에 해외주둔 미군의 유연성을 증대시키는 기지개념 변화의 필요성이 제기되었다.

「해외주둔 미군의 재배치계획」이라고 하는 미국의 GPR[22)] 구상은 「QDR 2001」[23)]에 잘 나타나 있다. 해외주둔 미군 재배치의 지향점으로 다음 네 가지를 지적하고 있다.

첫째, 서유럽과 동북아를 넘어서 추가적인 기지와 주둔지 확보에 주안점을

21) 「2008년 국방백서」, (서울 : 국방부, 2008), p. 68.
22) GPR : Global Defense Posture Review.
23) QDR : Quaderennial Defense Report. 4개년 국방보고서(국방부가 4년마다 의회에 제출하는 군사력 운용계획 · 군사전략보고서).

두고, 세계 중요 지역에서 미군에 더 큰 유연성을 제공하기 위한 기지체계를 발전시킨다.

둘째, 항구적 기지가 없는 지역에서 미군이 훈련과 군사연습을 수행할 수 있도록 외국시설에 대한 일시적 접근을 제공한다.

셋째, 지역적 억지요구에 기초하여 병력과 장비를 재배분한다.

넷째, 핵무기와 미군의 접근을 거부하는 기타 수단으로 무장한 적에 대항하기 위해서 원거리 위협원에 대한 원정작전을 수행할 수 있도록, 공중·해상수송, 사전배치, 기지인프라, 대체상륙지점, 새로운 군수지원 개념을 포함해 충분한 기동성을 제공한다.

GPR의 핵심전략은 병력수와 기지수보다 능력에 초점을 맞추어 신속한 동맹국의 지원능력을 확보하는 것이다. 미 국방부는 범세계적 방위태세를 검토하여 기지체계를 조정하는 계획을 수립하였다. 미국의 기지조정체계는 4개 단위로 재분류하였다.

① 전략투사거점(PPH : Power Projection Hub)은 영구적인 기지로서 미국 전력의 중심이 된다. 미국 영토 내에서는 괌과 하와이, 유럽에서는 영국이 해당된다.

② 주요작전기지(MOB : Main Operation Base)는 대규모 병력이 장기 주둔하는 상설기지로서 초현대식 지휘체계를 갖추고 미군의 훈련지원 및 다른 국가와의 안보협력을 담당하며 한국, 일본, 독일은 바로 여기에 해당한다.

③ 전지작전기지(FOS : Forward Operating Sites)는 평시 소규모 병력을 주둔하되, 유사시 증원을 전제로 한 넉넉한 규모의 기지를 유지하며, 중동과 중앙아시아 등이 해당된다.

④ 협력적 안보지역(CSL : Cooperative Security Locations)은 소규모 연락시설과 훈련장만 필요로 하는 호주, 필리핀과 같은 지역이 해당된다.

미국의 해외주둔 미군의 재배치 및 감축계획은 2002년 5월 3일, 미국 국방장관 도널드 럼스펠드가 2004년부터 2009년까지의 5개년계획인 「국방계획지침」(Defense Planning Guidance)이라는 비공개 문서에 서명하면서 현실화되었다.

부시 대통령은 2003년 11월 25일, 유럽과 아시아 등 전 세계에 주둔 중인 미군의 재배치를 내용으로 하는 「해외주둔 미군 재배치계획」을 공식 발표했으며, 2004년 8월 16일에는 향후 10년간 아시아와 유럽 등 해외주둔 미군 가운데 6~7만 명을 미 본토로 철수시키겠다고 선언했다.

특히 아시아의 경우 주둔미군의 재편과 재배치 필요성이 다른 지역보다도 더 큰 지역이다. 중국에 대한 견제와 봉쇄를 세계전략의 핵심으로 설정하고 있는 부시 행정부의 입장에서 주한미군을 비롯한 아시아 주둔 미군의 개편과 재배치는 긴급한 현안이기 때문이다.

이에 따라 중국을 포위하기 위해서는 동북쪽에 집중 배치되어 있는 현재의 아시아 주둔 미군을 보다 남쪽으로 이동 배치할 필요가 생긴 것이다. 괌을 중심기지로 삼고 필리핀에서 기지를 재확보하려는 시도도 이러한 전략적 목표와 연관된 것으로 보인다. 「QDR 2001」에서 '도발지역(challengingarea)'으로 규정하고 있는 벵갈만에서 동해에 이르는 '동아시아연안'은 바로 중국에 대한 봉쇄선의 의미를 지니는 것으로 해석할 수 있다.

### 2) 주한미군 재배치

한 · 미 양국 간에도 주한미군의 재배치와 감축에 관한 협상이 진행되어 왔으며, 협상이 마무리됨에 따라 합의 내용대로 주한미군의 재배치와 감축이 진행될 예정이다. 미국이 미 제2사단을 중심으로 일부 병력의 감축을 포함해 주한미군의 재배치와 재편이 추진되고 있는 배경은 다음 몇 가지로 요약된다.

첫째, 미국이 현재 추진 중인 주한미군의 재배치는 전 세계에 배치된 해외주둔미군의 재배치와 재편계획의 차원에서 나온 것이다. 둘째, 전쟁개념이

첨단무기와 장비를 사용하는 과학전으로 바뀌었고, 미국의 세계전략이 변함에 따라 지금처럼 대규모 병력을 해외의 일정한 장소에 고정 배치할 필요가 없어진 것이다.

이처럼 주한미군 재배치는 미국의 세계전략 변화와 군사변환(Military Transformation) 차원에서 해외 주둔군 재배치계획 일환으로 추진되고 있는 것이다. 한강 이북 모든 미군부대의 평택 이전, 전시작전통제권 전환, 주한미군의 신속 기동군으로의 재편 등은 미국의 전략적 유연성 정책과 맞물려 있다.

2001년 공개된 랜드(Rand)연구소의 보고서는, 한반도의 정세변화에 따라 주한미군 2사단 병력의 일부를 철수하고, 오산과 군산 공군기지 가운데 한 곳을 폐쇄할 준비를 해야 할 것이라고 밝힌 바 있다.

이러한 미국의 재배치계획은 제한된 군사력을 특정지역에 집중함으로써 미군의 전략적 유연성을 증대시키는 부대위치 조정의 성격이다.

# 제10장 최저 수준의 조치와 최고 수준의 조치

## 1. 개 요

국가의 자기보존에 대한 욕구는 국가가 중대한 위협에 당면했을 때 절정에 오른다고 볼 수 있다.

평소에 국가안보에 대한 국가적 욕구는 잠재해 있다가 위협의 등장을 계기로 현재화하는 것이라 볼 수 있다.

국가가 위협에 당면하여 이에 대응하는 수준, 즉 안전책의 강구를 절감하는 정도와 범위는 실제 위협의 정도와 범위에 좌우되는 것이 원칙이겠지만, 적어도 초기단계에서는 우선 위협이 밀고 들어오는 힘에 의하여 이루어지는 선에서 대응의 정도 및 범위가 결정될 것이다.

그리고 일단 위기를 극복한 후에는 비로소 이의 재발을 방지하는 조치를 취할 여유를 갖게 된다. 이와 같이 위협에 당면한 국가가 자기방어 조치 또는 자기보존 조치를 취함에 있어서는 두 가지의 중요한 단계를 거친다고 할 수 있을 것이다.

말하자면, 국가의 생존 및 유지를 위한 최소한의 위기극복을 위한 조치, 즉 최저 수준의 조치와 재발을 방지 또는 사전경계 및 예방을 위한 조치, 즉 최고 수준의 조치가 그것이다.

물론 이러한 최저 수준의 조치와 최고 수준의 조치는 방어적 범위에 속하는 것으로 현실적 위협이 없거나 예상되지 않는 상황에서 이루어지는 국가의 자의적 · 자발적 행위와는 구별되어야 할 것이다.

## 2. 최저 수준의 조치와 최고 수준의 조치

국가안전을 위태롭게 하는 위협이 국가생존을 겨냥하는 직접적인 것이든 또는 이것이 원인이 되어 언젠가는 국가존망에 치명타가 될지도 모를 일종의 간접적인 것이든 국가가 일단 중대위협이라고 판단하는 사태에 직면하게 되면 무엇보다도 국가의 존속 여부가 일차적인 초점이 되지 않을 수 없다.

최저 수준의 조치가 지향하는 바는 우선 당면한 위협으로부터 피하는 것, 즉 자국의 생존권을 수호하는 것이다. 따라서 이런 경우에, 국가는 적어도 위협받기 직전까지의 상태를 우선 존속시키는 데 일차적인 목표를 두고 있다고 할 수 있다.

그것은 특정시점[24] —위협을 받는다고 판단한 시점—에서의 국가적 상태의 보존을 최소한의 요청으로 할 것이다. 그러므로 최저 수준의 조치를 통하여 얻어지는 것은 결국 특정시점의 국가상태의 보존인 것이다.

최고 수준의 조치는 위협의 재발방지 또는 그와 같은 위협의 예방에 초점이 있는 것이므로, 이 경우에 있어서도 역시 특정시점의 국가적 상태의 보존을 기준으로 이에 필요한 수단을 동원하는 것이 될 것이다.

적어도 명분상으로는 특정상태의 지속을 목표로 하지 않을 수 없다. 결과

24) 1962년 10월 쿠바 미사일 위기는 미국의 입장에서 중대한 위협으로 판단되었지만, 위협의 존재가 확인된 시점에서부터 소련이 철수 결정을 내려 위협이 해소되었다고 결론이 내려질 때까지의 기간은 며칠도 가지 않았기 때문에 특정시점의 경계는 분명하다. 그러나 월남의 경우는 제2차 세계대전 종전부터 1975년 패망까지 30년간 위협을 당하였기 때문에 특정시점을 어느 시점으로 할 것인가 하는 논란이 있을 수 있다. 따라서 이론적으로는 위협이 있기 직전을 특정시점으로 보는 것이 타당하다.

적으로 최저 수준의 조치와 거의 동일한 결과를 보게 된다고 할 수도 있지만, 최고 수준의 조치의 경우에는 그와 같은 우선적인 목표 추구를 위하여 동원될 수 있는 수단들이 다양하고 또 상대적인 성격을 띠게 될 것이므로, 공격적 성격의 수단과 방어적 성격의 수단에는 사실상 구별하기가 매우 어려울 뿐만 아니라, 적극적 조치가 목표 달성을 위해 불가피하다고 판단될 경우에는 마치 과잉조치가 타당한 것인 양 보일 수 있다는 문제가 있다.

이상에서 검토한 바와 같이 국가안전보장의 본질은 특정한 위협에 대항한 자기보존에 있는 것으로서 이는 결과적으로 '특정시점을 기준한 국가적 상태의 보존'을 그 우선적인 목표로 하게 되는 바, 이를 위한 제반 조치는 그것이 최저 수준의 것이든, 최고 수준의 것이든 간에 다 같이 명분상으로는 방어적인 성격을 그 특징으로 한다고 할 수 있겠다.

## 3. 분단국에서의 최저 수준의 조치와 최고 수준의 조치

### 1) 일반목표와 특수목표

남북으로 분단된 우리나라의 경우 적어도 두 가지의 중대한 안보목표가 설정되어야 할 것이다. 두 가지 목표 중 하나는 일반목표이고, 또 하나는 특수목표라고 할 수 있다.

분단국에 있어 안보정책의 일반목표라고 함은 현재의 분단된 상태 하에서 부분적인 국토와 국민 등을 국가의 현실적 존립요소로 함으로써 이와 같은 현재의 상태를 그 이상으로 악화되지 않도록 유지하는, 이른바 협의의 안보목표 또는 단기적인 안보목표를 뜻한다고 볼 수 있는데, 이것은 향후 국토가 재통일되기 이전까지의 잠정적인 안보목표라고 할 수도 있다.

이에 대하여 특수목표라고 할 때는 지금까지 반자유민주주의적 사회주의 집단에 의하여 불법적으로 강점된 일부의 국토까지도 원상태로, 즉 분단 전

상태로 회복함으로써 국가안전에 대한 근본적인 위협요인을 일단 제거하겠다는 것으로서 장기적이며 미래지향적인 목표이다.

결과적으로 일반목표는 '현시점에서의 상태의 보존' 개념이고, 특수목표는 '과거시점, 즉 분단 이전 시점에서의 국가적 상태의 보존' 개념으로 이 두 개념을 어떻게 논리적으로 양립시킬 수 있느냐 하는 것이 논의의 대상이 될 것이다.

### 2) 일반목표와 최저 수준의 조치, 특수목표와 최고 수준의 조치

분단국의 경우에 있어 과거 어떤 시점에서 발생된 위협은 현재에는 물론, 미래의 어떤 시점에 이르러 국토와 민족의 재통일이 실현될 때까지는 틀림없이 연장되리라는 명백한 논리가 성립된다. 이러한 관점에서 볼 때, 논리적 귀결로써 두 가지 주목할 사실이 있다.

그 첫째는 우리나라와 같은 분단국이 장래에 받게 될 기본위협의 예측은 이미 명확해져 있다는 사실이고, 둘째는 따라서 향후 언젠가 있을 국토 재통일 실현의 하나로 현존 위협의 해소 등 일체의 관련 위협이 일단 해결될 수 있다는 사실이다. 그만큼 재통일 목표, 즉 안보정책의 특수목표가 갖는 의의와 비중이 크다고 할 수 있다.

또 한 가지 주목할 점은 특정상태의 유지를 최우선 목표로 하면서 이와 관련된 조치로써 안보정책의 최저 및 최고 수준의 조치라는 관점에서 볼 때, 이론상으로는 분단국 안보정책의 일반목표가 안보정책의 최저 수준의 조치라면 특수목표는 안보정책의 최고 수준의 조치에 해당한다고 할 수 있다는 사실이다. 그것은 우선, 현존하는 공산주의 위협이 이들 양 목표를 동시에 설정하게 해 주는 계기로서 작용하지만, 특수목표에 해당하는 재통일 문제는 공산주의 극복을 의미하는 것이며, 현재의 국제정세 흐름과 사회주의 국가들의 내부적 변화들은 공산주의 이데올로기의 변화를 가능하게 하기 때문이다.

### 3) 분단국 안보정책의 과제

우리나라와 같은 분단국의 안보정책이 갖게 되는 정책목표는 크게 두 가지로 대별된다고 하겠다. 하나는 일반목표이며 또 하나는 특수목표이다.

일반목표는 국토가 통일되기 전까지의 목표로써 국가안보가 현재 이상으로 악화되지 않도록 국가의 현존 상태의 유지를 최소한의 요청으로 비교적 단기적인 안보정책 목표라고 할 수 있다.

특수목표는 사회주의 집단에 의하여 일방적으로 점거된 국토를 본연의 위치로 환원시킴으로써 문제의 기존 위협요인을 제거하는 것으로, 일반목표에 비하면 장기적이며 미래지향적인 것으로 분단국만이 갖는 특수한 경우라고 할 수 있을 것이다.

이러한 분단국으로서 갖게 되는 특수한 상황에서 안보정책을 수립하는 데는 몇 가지 선결되어야 할 과제가 있다.

첫째는 일반목표와 특수목표의 명확한 구분이 사실상 어렵다는 것이다.

특수목표를 달성하는 것이 최고 수준의 조치를 취하는 것이라고 해서 일반목표와는 무관한 것이냐 하면 그렇지 않을 수도 있다는 것이다. 다시 말하면, 분단국에 있어 재통일 문제가 안보의 특수목표라 하더라도 그것은 한편으로 현존의 위협요인을 근본적으로 해결하는 것인 만큼 현존의 위협을 제거한다는 안보의 일반목표와도 무관한 것이기 때문에 어느 정도의 선에서 일반목표와 특수목표를 구분하여 안보정책을 수립하느냐 하는 선결과제가 주어진다고 볼 수 있다.[25)]

둘째는 정책결정의 중심개념 중 하나인 능력의 배양 및 확보에도 한계가 있으며, 무엇보다 국내적 공감대 형성이 단시일 내에 이룩될 성질이 아니라는 사실이다. 사회적 융합은 일방적이거나 인위적인 단결 또는 외형적인 결속만으로 이룰 수 없는 것이며 이 융합의 근본적인 장애요인부터 제거해야

25) 통일독일의 경우 안보의 특수목표인 재통일 문제가 동·서독의 능력의 차이, 이데올로기 및 정치체제의 차이, 그리고 재통일 문제에 대한 태도의 차이 등으로 안보의 일반목표인 현실적 위협 제거와도 밀접한 관계에 있었던 것으로 평가되고 있다.

하기 때문에 장기적이고 복합적인 준비가 필요할 것이다.

셋째는 분단 상태에 있기 때문에 특히 정부와 시민단체들 간의 긴장조성 가능성이 타 국가들에 비해 많을 수 있다는 사실에 관심을 가져야 한다. 분단국 주변에는 상대방 또는 제3국들이 의도적으로 이와 같은 취약성을 역이용하려고 하기 때문에 어려움은 더 커질 수밖에 없을 것이다.

네 번째로는 한국안보정책이 지향하는 한 · 미 동맹에 따른 대미 의존성이 두 가지의 이율배반적인 측면을 가지게 된다는 점이다. 하나는 부정적 측면으로써 의존성 자체가 불안정적이고 유동적인 것이기 때문에 안보정책의 일반목표 추구에도 미흡한 점이 없지 않다는 것이고, 긍정적인 측면은 분단국의 안보는 미국과 같은 강대국의 정책과 지원에 크게 영향 받지 않고는 최소한의 일반목표 달성조차도 어려움이 있을 것이라는 점이다.

독일통일에서 보여지듯 한국의 재통일 문제도 미국을 비롯한 주변 관련 강대국들의 이해관계와 무관하지 않다는 것이 역사적으로나 최근의 한국 정부 대응에서도 잘 나타나고 있다고 하겠다.[26)]

이상의 몇 가지 제한점들은 그 해결이 간단한 것은 아니나, 그렇다고 전혀 비관적이지도 않다는 것을 우리는 우리와 여건이 유사했던 독일 재통일로부터 교훈을 얻을 수 있을 것이다. 우리가 비록 미국과 같은 강대국과는 달리 우리의 뜻대로 우방관계 축과 적대관계 축을 조절해 갈 수 없는 약점은 있으나, 분단국으로서 한국안보정책이 지향해 갈 길은 그 나름대로 있다고 생각되며 그 방안을 모색해야 할 것이다.

---

26) 2011년 5월 10일 독일을 방문했던 이명박 대통령은 베를린 시내 도린트 호텔에서 가진 독일통일 주역들과의 '통일간담회'에서 "대한민국 통일은 선택의 문제가 아니라 필연적인 과제"라고 말했으며, 통일재원 마련과 관련, "우리 국민들 중에서 남북 간 경제적 격차가 크다보니 경제적인 부담을 느끼는 사람이 있을 수 있지만, 결국 길게 보면 통일은 긍정적인 면이 많다"고 강조했다.

제4부

# 위협의 실체

# 제11장

# 북한의 체제적 특성

사회주의 국가에 대한 정의는 몇 가지 '이념적 유형(ideal type)'에 따라 결정된다. 즉 사회주의 국가의 일반적 특징과 관련해 학자들은 각기 관점에 따라 약간의 강조점과 차이점을 보이기는 하지만, 대체로 다음 4가지 유형을 지적하고 있다고 하겠다.

그것은 통치이데올로기의 존재 유무, 공산당의 영도권, 공유제 경제, 양대 진영론 등이라 할 수 있다.

첫째, 통치이데올로기의 존재 유무에 대해 살펴보면, 사회주의 국가들은 모두 마르크스-레닌주의 내지는 그것의 변형이라고 할 수 있는 사상을 공식적인 당의 지도이념으로 삼고 있으며, 그것은 당과 국가의 정책과 노선의 방향에 영향을 주고, 또 그것을 정당화할 뿐만 아니라 개개인과 집단의 행동규범을 제공하기도 한다.

둘째, 공산당의 영도권과 관련해, 사회주의 국가의 가장 중요하고도 결정적인 기준은 역시 공산당의 영도권을 바탕으로 한 국가의 정치제도를 견지하고 있는가의 문제라고 할 수 있다. 즉 공산당이 국가와 사회를 지배한다는 원칙은 이념적 차원에서 뿐만 아니라 정치적 · 제도적 차원에서도 보장되어 있는 당 국가체제를 견지하고 있다는 것이다. 다시 말해, 공산당의 지배권은 선거나 다수결 원칙으로 합법화되는 것이 아니라, 당국가체제의 이념과 제도 안에 내장되어 있다는 것이다.

셋째, 공유제 경제 문제이다. 국가들마다 정도의 차이는 있겠지만 대부분의 사회주의 국가에서는 공유제의 원칙이 강조되면서 사적 소유와 사적 경제활동이 제약을 받고 있다. 그리고 이와 함께 기본적으로 중앙집권적 계획경제의 틀 안에서 당과 국가에 의한 직접통제가 관철되고 있는 것이다.

넷째, 양대 진영론 문제는, 사회주의 국가는 기본적으로 프롤레타리아 국제주의를 표방하면서 사회주의 진영과의 연대를 강조하고 있기 때문에 자본주의 국가와의 대립은 불가피하다. 즉 사회주의 국가들은 자본주의 진영과의 경쟁과 갈등, 그리고 대결을 바탕으로 복잡한 국제관계에 접근하고 있는 것이다.

일반적으로 사회주의 국가의 이상형을 스탈린주의 체제라고 한다면, 스탈린주의 체제가 보여주는 구조적 특징은 바로 위에서 지적한 4가지로 요약할 수 있는 것이다.

그렇다고 해서 모든 사회주의 국가들이 이런 4가지 구조적 특징을 공유하고 있는 것은 물론 아니다. 역사적 상황과 현실적 조건에 따라서 사회주의체제는 위의 4가지 특징을 부분적으로 수정 · 보완하면서 다양한 형태의 사회주의체제를 발전시켜 왔다고 하겠다. 이런 측면에서 볼 때, '북한식 사회주의체제'는 다음과 같은 정치 · 경제 · 사회적 특징을 갖는다고 하겠다.

북한은 '우리식 사회주의'라는 독특한 체제를 유지하고 있는 국가로서 나름의 역사와 경험 속에서 정치 · 경제 · 사회적 특성을 이루고 있다. 따라서 '있는 그대로의 북한'을 올바로 이해하기 위해서는 무엇보다 북한체제의 구조적 특징을 살펴볼 필요가 있다.[1)]

먼저, 북한체제의 정치적 특성은 다음과 같다. 북한은 주체사상이라는 통치이데올로기를 중심으로 수령의 유일적 영도체제에 의해 지배되며, 혁명의 전위대인 조선노동당 일당에 의해 지배되는 정치적 특성을 가진 국가이다. 즉 사상적으로 주체사상이라는 통치이데올로기가 존재하며, 정치적으로 일

1) 양재성, "북한 어떻게 볼 것인가", 『2006 북한이해』, (서울 : 통일교육원, 2006), pp. 12~17.

당지배체제가 유지되는 사회주의의 정치적 특성을 가진 국가이다.

통치이데올로기 측면에서 북한의 통치이념은 1956년 이전까지는 마르크스 레닌주의였으나, 1970년 11월 제5차 노동당대회를 계기로 마르크스-레닌주의와 함께 주체사상이 노동당의 지도이념으로 확립되었다가, 1972년 12월 개정된 사회주의헌법에서는 "마르크스-레닌주의를 창조적으로 적용한 주체사상만을 국가 활동의 지침으로 삼는다"고 했으며, 1980년 10월 제6차 노동당대회의 당 규약에서는 "김일성의 주체사상"만을 당의 공식 지도이념이라고 규정하였다. 이후 1992년 4월 개정된 사회주의헌법에서는 "사람중심의 세계관이며 인민대중의 자주성을 실현하기 위한 혁명사상인 주체사상을 자기활동의 지침으로 삼는다"고 규정하였다. 즉 북한의 주장에 따르면, 주체사상은 사람중심의 세계관이고 인민 대중의 자주성을 실현하기 위한 혁명사상이다. 북한은 이러한 변화과정을 거친 주체사상이라는 유일사상에 의해 지배되는 체제이다.

북한에서의 수령은 주체의 핵이며 당은 수령을 중심으로 한 정치적 조직으로 설명될 수 있다. 이렇게 볼 때, 북한은 사실상 수령의 유일적 영도 아래 통치되는 전체주의적 독제체제인 것이다. 이와 같은 수령 중심의 체제논리는 1982년 김정일 국방위원장이 발표한 논문에서도 다음과 같이 강조되고 있다.

> 수령의 사상과 령도를 떠나서 령도적 정치조직으로서의 당에 대하여 생각할 수 없으며 대중과 결합되지 않고는 혁명과 건설을 승리에로 이끌어 나갈 수 없다. 수령을 중심으로 수령·당·대중이 일심동체가 될 때 가장 공고하고 위력한 혁명의 주체를 이루게 되며 그것은 혁명과 건설의 위대한 추동력으로 된다. 그러므로 로동계급의 당은 수령의 당으로, 수령의 사상과 령도를 실현하는 정치조직으로 건설되어야 하며 인민대중과 혼연일체를 이루어야한다. … 당의 유일사상체계는 수령의 사상체계이며 수령의 령도체계이다.
>
> 유일사상체계를 세우는 것은 당을 수령의 당으로 건설하기 위한 기본방도이다. … 로동계급의 당은 전당이 수령의 사상으로 일색화되고 수령의 유일적 령도 밑에 하나와 같이 움직이는 사상적 순결체로, 조직적 전일체로 되어야 한다.[2)]

2) 김정일, "주체사상에 대하여", 『친애하는 지도자 김정일 동지의 문헌집』, (평양 : 조선로동당 출판사, 1992), pp. 43~45; 김정일, "조선로동당은 김일성 당이다"(10.2), 『월간 북향동향』,

이처럼 북한에서의 수령은 단결과 영도의 중심으로서 인민대중의 운명을 개척하는 데서 결정적 역할을 하는 당의 최고 영도자로 규정되는 동시에, 사회 · 정치적 생명체의 '최고 뇌수'로 규정된다. 나아가 '사회 · 정치적 생명체'란 "인민 대중이 혁명의 자주적 주체로 되기 위해 당의 영도 밑에 수령을 중심으로 하여 조직 사상적으로 결속됨으로써 영생하는 생명력을 지닌 생명체"라고 주장한다. 북한사회에서의 수령은 "전 당의 조직적 의사의 체현자"이며, "당의 최고 영도자"로 "사회 · 정치적 생명체의 생명활동을 통일적으로 조직하고 지휘하는 영도의 유일 중심"이라고 하여 그 절대적 지위와 역할을 부여받고 있다.

그러나 북한의 수령은 현재까지 김일성 주석 개인에만 한정된 호칭이었다. 북한은 김일성 주석이 사망한 이후 김정일 체제가 공식 출범한 시점에서도 김일성 주석을 '영원한 수령'이라고 부르고 있다.

2002년 신년 공동사설에서 수령제일주의를 주장하고 있음을 볼 때, 이미 김정일 국방위원장이 수령으로서의 역할을 계승 · 수행하고 있다고 볼 수 있다. 즉 김정일 국방위원장은 이미 북한의 당과 군과 정권의 유일중심으로서 사회 · 정치적 생명체의 '뇌수' 역할을 수행하고 있는 것이다.

다음으로, 북한체제의 경제적 특성은 다음과 같다.

북한은 생산수단을 국가와 협동단체가 소유하는 사회주의적 소유제도와 자원의 배분을 국가계획위원회라는 국가의 공식 계획기구가 담당하는 중앙집권적 계획경제제도를 유지하고 있는 국가이다.

북한은 사회주의적 소유를 "사회주의적 생산관계의 기초가 되는 생산수단과 생산물의 전 사회적 또는 집단적 소유"라고 개념화하고 있다.[3)]

사회주의적 소유의 핵심은 생산수단에 대한 소유인데, 생산수단은 국가와

---

1995년 10월, pp. 173~174.

그러나 2년 후 북한은 1997년 10월 10일 노동신문 기념사설을 통해 종래 "조선로동당은 김일성 당이다"라고 지칭하던 것을 '김정일의 당'으로 호칭하는 변화를 보이고 있다.

3) 『백과전서』 제3권, (평양 : 과학백과사전 출판사, 1983), p. 530.

사회협동 단체가 소유함을 원칙으로 한다. 그러나 북한에서도 매우 제한적이나마 개인소유를 인정하고 있다. 북한의 개인소유는 생산수단에 대한 사회적 소유의 토대에서 발생한다고 하여 '사회주의에서의 개인소유'라고 강조한다. 개인소유의 대상은 근로자들이 받는 임금이나 노동의 질과 양에 따라 받는 분배 몫과 그것으로 구입한 소비품목들이다. 구체적으로 근로소득과 저축, 가정용품, 일용소비품 등이 개인소유의 대상에 포함된다. 개인소유물은 그 소유자가 자유롭게 처분할 수 있으며 그에 대한 상속권도 인정하고 있다.[4] 북한의 각종 수매기관과 농민시장은 개인소유물을 처분할 수 있는 제도적 장치로 이용되고 있다.

북한경제는 "중앙집권화된 경제이며 유일적인 지휘에 따라 움직이는 경제"이다. 따라서 북한은 계획수립을 비롯한 모든 경제적 의사결정과 이에 필요한 정보의 흐름이 중앙당국에 집중되어 있으며, 하부조직은 중앙의 명령에 절대적으로 복종하도록 되어 있어 '중앙집권적 명령경제체제(Centrally Planned Command System)'라고도 한다. 중앙집권적 계획경제란 경제계획의 작성과 집행 및 감독은 국가계획위원회를 중심으로 하여 도 · 시 · 군 및 공장 기업소에 이르기까지 일원화된 체계로 이루어지고 있다. 국가계획위원회는 경제 전 분야에 걸쳐 노동당의 정책을 계획화하고 그 집행을 감동하는 것을 임무로 하고 있다. 1965년부터 계획의 일원화와 세부화 원칙이 강조된 이래, 지구계획위원회와 중앙 공장 · 기업소 계획 부서를 국가계획위원회의 직속으로 개편하는 등 계획체제의 중앙집권화를 강화시켜 왔다.

북한은 국가계획기관과 감독 · 통제기관이 국가계획을 제멋대로 변경시키거나 계획권 밖에서 경제활동을 벌이는 아주 사소한 요소도 허용하지 않으며, 계획 작성으로부터 집행에 이르기까지 모든 사업을 당의 요구에 맞게 조직 · 진행하도록 강력히 통제하고 있다. 그러나 실제의 경우 인민경제계획을 수행하는 과정에 어쩔 수 없이 법을 어긴 행동에 대해서는 행정적 또는 형사

---

4) 『경제사전』 제2권, (평양 : 과학백과사전 출판사, 1998), p. 118.

적 책임을 묻지 않는다. 사례로 석탄을 생산하고 있는 탄광의 지배인이 생산된 석탄을 국가계획에 의하여 지정된 화력발전소에 보내지 않고 부득이하게 탄광노동자들의 식량과 탄광에 필요한 운반기계를 해결하는 데 소비하여 화력발전소의 전력생산에 상당한 지장을 주었더라도 탄광지배인은 본인이 부정축재를 하려고 한 것이 아니라 탄광의 경영활동을 위하여 어쩔 수 없이 국가계획을 어겼으므로 법적 및 행정적인 책임을 묻지 않은 예가 있었다.

그러나 북한은 2002년 7월 1일「7 · 1 경제관리 개선조치」이후 계획경제의 핵심이라고 할 수 있는 국가에 의한 배급체계가 대폭 축소되고 주민들이 시장과 상점에서 생필품을 자체 구입할 수 있도록 전환됨으로써 기존의 중앙집권적인 계획경제제도에 사실상 자본주의 사장경제의 요소가 도입되어 가는 과정이 시작되었다고 볼 수 있다.

북한은 7 · 1 조치 추진 이후 초인플레, 재정의 압박, 빈부격차의 확대 등으로 거시경제적 문제를 겪고 있으나, 외부세계의 평가와는 달리 2005년까지 2년 6개월 동안 점차 안정적이며 '관리되는 개혁'으로 추진되는 모습을 보이고 있다. 북한은 7 · 1 조치의 성공적 추진을 위해 체제 유지를 위한 선군정치를 강조하면서도, '3실'(즉 실리 · 실적 · 실력)을 강조하는 실리사회주의 노선에 따라 당 · 정 인력들을 젊은 층으로 세대교체를 하였으며, 무역성 산하에 자본주의 경제제도 연구원을 설립하여 적극적인 대외개방도 추진하고 있다. 물론 7 · 1 조치 이후 대두된 정치 · 경제 · 사회적 부작용은 북한이 극복해야 할 도전과제이기도 하다.

마지막으로, 북한체제의 사회특성은 다음과 같다.

북한은 집단주의 원칙에 의한 공산주의적 전체주의 체제이며, 수령을 어버이로 하는 '사회주의 대가정체제'라는 특성을 가지고 있다. 북한은 공민들의 권리와 의무는 '하나는 전체를 위하여 전체는 하나를 위하여'라는 집단주의 원칙에 기초[5]하고, 자기 운명을 집단의 운명과 결부시켜 개인적 목표가치보

5) 『조선민주주의인민공화국 사회주의헌법』 제63조, (1998년 9월 5일 개정).

다는 집단적 목표가치를 우선으로 추구하는 집단주의 원리에 의거 공산주의적 인간으로의 개조사업을 하고 있다. 북한에는 개념적으로 두 개의 가정이 존재한다. 하나는 혈육들로 구성되는 '보통의 가정'이고, 다른 하나는 수령을 어버이로 하는 소위 '사회주의 대가정'이다. 이 '사회주의 대가정'의 가족성원인 북한 사람들은 보통의 가정에서 자녀들이 부모를 섬기듯 어버이인 수령을 믿고 사랑하며 충성과 효성을 다해야 하는 것으로 교육받고 있다. 유교사회의 관습과 전통이 비교적 많이 남아 있는 북한에서 사회주의 대가정론은 '수합방식'이 되는 것이다.

북한은 주민들에게 이러한 규범을 각인시키기 위해 정치학습, 생활총화 등 정치사상교육을 시키고 있으나, 주민들의 실제 가치관이 반드시 이러한 규범과 일치하고 있는 것은 아니다. 최근 들어, 집단주의 규범에 대한 주민들의 거부감이 높아지고 있으며 이 같은 불만은 경제난이 심해지면서 더욱 커지고 있다. 겉으로는 당 · 수령 · 대중이 평등하게 함께 하는 가정이라고 하지만, 실제로는 당원과 비당원, 상급간부와 하급간부 사이에 사회적 대우, 배급량과 임금 등에서 실질적인 차별이 존재하고 있기 때문이다. 그동안 북한체제를 유지시켜 주던 '사회정치적 생명체론'과 '사회주의 대가정론'에 대한 신념이 점차로 느슨해지고 있는 것이다.

결론적으로 북한은 '우리식 사회주의'라는 대전제 아래, 사상적으로 주체사상이라는 통치이데올로기를 유지하고 있고, 정치적으로 수령을 정점으로 하는 조선노동당의 일당지배체제를 지속하고 있으며, 경제적으로 중앙집권적 계획경제체제라는 사회주의적 경제원칙을 실시하고 있다.

# 제12장

# 조선노동당규약과 사회주의헌법

'노동당규약'과 '사회주의헌법'의 공통점과 차이점을 분야별로 구분하여 살펴보면 다음과 같다.

## 1. 정치적 측면

공통점으로는 첫째, 조선인민을 대표한다는 점을 들 수 있을 것이다. '사회주의헌법' 제1조에 "조선인민의 리익을 대표하는 사회주의 국가"라고 명시되어 있고, '노동당규약'에서는 "조선민족과 조선인민의 이익을 대표"한다고 명시되어 있다.

둘째, 혁명전통성의 강조이다. '사회주의헌법' 제2조에서 "영광스러운 혁명투쟁에서 이룩한 빛나는 전통을 이어받은 혁명적 국가"임을 강조하고 있고, '노동당규약'에서는 "영광스런 혁명전통을 계승"하였다고 하였다.

셋째, 주체사상이다. '사회주의헌법' 제3조에서는 "혁명사상인 주체사상을 자기활동의 지침으로 삼는다"고 하였고, '노동당규약'에서는 "주체사상에 의해 지도되고 최종 목적은 온 사회의 주체사상화"라고 명시하고 있다.

넷째, 반제국주의이다. '사회주의헌법' 제2조에서는 "제국주의 침략자들을 반대"한다고 명시하였고, '노동당규약'에서는 "미국을 우두머리로 하는 제국주의와 지배주의를 반대"한다고 적고 있다.

차이점으로는 첫째, '노동당규약'에서의 '유일사상' 도입이다. '사회주의헌법'이 주체사상에 의한 정치면에서 자주, 경제면에서의 자립, 국방면에서 자위를 중심으로 한 김일성 지배체제의 강화를 강조하였다면, '노동당규약'에서는 더 나아가 '유일사상'을 도입, 김일성을 우상화하여 그 외에 신이나 인물에 대한 숭배를 용납하지 않는 범위까지 김일성 지배체제를 강화하였다.

둘째, '사회주의헌법' 제6조의 "각급 주권기관은 일반적 · 평등적 · 직접적 원칙에 의하여 조직되고 운영"된다고 하였으나, '노동당규약'에서는 이러한 일반적 · 평등적 · 직접적 원칙이 아닌 개별적 심사를 도입함으로써 당적인 자의성을 보여주고 있다.

셋째, 노동당규약의 서문에서 "북반부에서 사회주의의 완전한 승리를 이룩, 전국적 범위에서 민족해방을 완수하는데 목적이 있다"라고 밝혔는데, 사회주의헌법 제9조에는 "북반부에서 인민정권 강화"로 수정했다. 시대가 지나면서 투쟁적 정치목표가 약해진 모습을 보이는 것이다.

넷째, 노동당규약 서문에서 "천리마운동과 사상, 기술, 문화 혁명을 추진한다"는 조항이 98년 사회주의헌법에서 "사상, 기술, 문화의 3대 혁명을 추진한다"고 수정되었다.

3대 혁명이 김정일의 주도이고, 천리마 운동은 김일성의 주도였던 점을 감안하면, 김일성에서 김정일로 넘어가는 정권 변화가 법안에 반영되었다고 볼 수 있다.

## 2. 경제적 측면

경제적 측면에서의 공통점은 첫째, 인민들의 물질적, 문화적 수준향상이다. '사회주의헌법' 제25조에서는 "인민들의 물질 문화생활을 끊임없이 논의하는 것을 활동의 최고 원칙으로 삼고 늘어나는 물질적 부는 전적으로 근로자들의 복리증진에 돌려진다"고 하였으며, '노동당규약'에서도 "인민의 물질적 및 문화적 수준을 끊임없이 높이는 것을 최고의 활동원칙으로 삼는다"고 하였다.

둘째, 계급노선의 관철이다. 즉 혁명과 건설에 있어서 언제나 노동계급의 이익을 옹호한다. '사회주의헌법'에서는 "근로자들은 어렵고 힘든 노동에서 해방하며 육체노동과 정신노동의 차이를 줄여나간다(제27조)" 하고 "협동농장의 생산시설과 농촌문화 주택을 국가부담으로 건설(제28조)"한다고 하였으며, '노동당규약'에서는 "모든 당사업의 기본원칙으로 계급노선을 관철한다"고 하였다.

셋째, 군중 노선의 관철이다. 즉 대중을 교악 개조하여 대중의 창조적 지혜와 무궁무진함을 얻고 이를 대중을 위해 사용한다고 한다. '사회주의헌법'에서는 "농민들의 사상의식과 기술 문화 수준을 높여 이를 협동 경리제도로 공고히 발전시켜 협동단체 소유를 전 인민 소유로 전환한다고 하였고(제23조)," '노동당규약'에서는 "모든 당 사업의 기본 원칙으로 군중노선을 관철한다."고 하였다.

넷째, 계획경제체제이다. '사회주의헌법' 제34조에서는 "조선민주주의 공화국의 인민경제는 계획경제"라고 하였으며 '노동당규약'에서는 "사회주의제도를 강화"한다고 하였다(전문).

차이점과 관련하여 경제조항의 경우 비교적 많은 변화를 보인다. 시대가 변하면서 가장 큰 변화는 1998년 사회주의헌법에 사유재산 조항이 생긴 것이다. 당의 계획적 경제개발을 전제로 하는 노동당규약과 달리 1998년 사회주의헌법 제25조에는 "개인소유는 공민들의 개인적이며, 소비적인 목적을 위한 소유이다. 국가는 개인소유를 보호하며 그에 대한 상속권을 법적으로 보장한다"라고 명시하여 약간의 소유재산과 상속권을 인정하였다. 소극적 입장이지만 사회주의 국가에서 개인소유를 인정한 것은 큰 변화라 볼 수 있다. 이후

2002년 7. 경제관리 개선조치 때에는 사유재산의 범위를 대폭 확대[6] 한 만큼 당 규약과의 괴리도 커졌다고 할 수 있다.

## 3. 문화적 측면

'노동당규약'에는 "온 사회의 혁명화, 노동계급화, 인테리화를 촉진하고 나아가 사회주의를 강화한다"고 언급하고 있다. '사회주의헌법'과의 공통점을 살펴보면,

첫째, '인테리화'이다. '사회주의헌법'에서는 "문화혁명을 철저히 수행하여 모든 사람들을 자연과 사회에 대한 깊은 지식과 높은 문화예술 수준을 가진 건설자를 만들어 온 사회를 인테리화 한다"고 하였다. 그리고 이러한 과정으로서 11년 의무교육제도가 시행 중이다.

둘째, '사회주의의 강화'이다. '사회주의헌법' 제41조에 의하면 "국가는 제국주의 문화침투와 복고주의 경향에 반대하며 민족문화 유실을 보호 사회주의를 현실에 맞게 계승 · 발전시킨다."고 하였다.

셋째, 혁명화이다. '사회주의헌법' 제52조는 "국가는 족적 형식의 사회주의적 내용을 담은 주체적이며 혁명적인 문화예술을 발전시킨다"고 한다.

차이점을 보면 '사회주의헌법'에서는 제56조에 의해 "전반적 무상치료제를 발전시켜 사람들의 생명을 보호하며 근로자의 건강을 증진시킨다"고 명시하고 있으나, '노동당규약'에서는 이러한 기본적인 의료 · 환경 · 복지에 관한 규정이 없다.

---

6) 개인의 경작면적을 30~50평에서 400평으로, 유통부문의 배급제를 구입제로 전환하였음.

## 4. 국방 군사적 측면

공통점을 보면 '사회주의헌법' 제59조는 "무장력의 사명을 인민보호와 외래침략으로부터 사회주의제도 · 조국 보호에 있다"고 명시하여 '노동당규약'과 같다.

그러나 국방적 측면에서만 본다면 '사회주의헌법'이 자국의 보호적 측면에 중점을 두었다면 '노동당규약'은 공격적이고 국제적인 반제국주의를 표명하고 있어 차이를 보이고 있으며, 1980년 노동당규약에 있었던 "남조선에서 미제국주의 침략군대를 몰아내고 식민지 통치를 청산하며, 그리고 일본 군국주의의 재침기도를 좌절시키기 위한 투쟁을 전개한다"는 조항이 삭제되고, 1998년 사회주의헌법, 제59조에서 "조선민주주의 인민공화국 무장렬의 사명은 근로 인민의 이익을 옹호하며 외래침략으로부터 사회주의 제도와 혁명의 전취물을 보위하고 조국의 자유와 독립과 평화를 지키는 데 있다"고 명시하였는데, 군사력의 목표가 타국 배척이 아닌 자국 수호로 바뀐 차이를 발견할 수 있다.

## 5. 외교적 측면

외교적 측면에서의 공통점을 살펴보면 '사회주의헌법' 제17조에는 "자주 · 평화를 대외활동의 원칙"으로 하여 북한에 우호적으로 대하는 나라에 대하여 관계를 맺는다고 명시하고 있다. 그리고 자주성을 침해하는 침략과 내정간섭을 반대한다고 하였다.

'노동당규약'에서도 "사회주의 나라들과의 단결, 신흥세력 나라 인민들과의 친선협조를 하고 반제민족 해방 등을 지지한다"고 하여 우호적 국가와의 교역과 단결, 반제국주의적 성격을 보이고 있다.

그러나 '노동당규약'에서는 외교적 활동에 있어서 미국이라는 나라를 명시하고 특정지역의 국명을 명시하는 등 우호국과 비우호국에 대한 개념을 명확히 강화하는 차이를 보인다.

'노동당규약' 서문에서 "사회주의 나라들과의 단결과 국제공산주의 운동과의 연대성을 강화한다"는 조항이 1998년 '사회주의헌법'에서(제17조) "자주, 평화, 친선의 대외정책 기본이념과 북한의 자주성을 옹호하는 모든 나라들과 국가적 또는 정치, 경제, 문화적 관계를 맺는다"로 수정되었다. 또한 1980년 '노동당규약'에서는 "남조선에서 미 제국주의 침략군대를 몰아낸다"는 조항이 있는데, 1998년 사회주의헌법에서는 이를 삭제해 대미정책에도 변화와 차이가 있음을 알 수 있다.

## 6. 소결론

'사회주의헌법'과 '노동당규약'의 공통점과 차이점에 대해 살펴보았다. 정리해보면,

첫째, 정치적 측면에 있어 혁명적 전통성을 강조하고 주체사상을 통한 김일성 지배체제의 강화라는 체제적 성격과 조선인민을 대표한다는 대표의식, 반제국주의적 정치사상에서 공통점을 보인다. 그러나 '노동당규약'에서는 '유일사상'을 도입함으로써 김일성의 '신격화'를 통한 독제체제를 강화한 점, 그리고 '사회주의헌법' 제6조에 명시한 일반원칙이 '노동당규약'에서는 보이지 않는 점에서 차이를 보인다.

둘째, 경제적 측면에 있어서 인민들의 물질적, 문화적 수준향상과 계급노선 · 군중노선 · 계획경제체제에서 공통된 입장을 보이지만, '사회주의헌법' 제36조, 제37조에 있는 대외무역이나 특수경제지대 등의 언급은 '노동당규약'에는 없어 당중심의 북한체제 하에서 고립적 · 내적인 경제발전에 중심을 두고

있다고 생각된다.

셋째, 문화적 측면에서는 사회의 혁명화, 인테리화를 통한 사회주의의 강화라는 경향에 있어 공통점을 보이지만 '사회주의헌법'에서 언급된(제56 · 57조) 의료시설이나 환경 · 복지적 측면은 '노동당규약'에서 다루어지지 않아 인민을 위하고 대표하는 당이 실질적으로 중요한 의료 · 환경 · 복지보다는 사회주의 사상의 강화에만 중심을 두었다고 생각된다.

넷째, 국방 · 외교적 측면에서는 자신들의 사회주의 체제보호를 위하고 이를 외부로 확장시키려는 의도나 사상에서는 공통되지만, 국방적 측면에서는 '사회주의헌법'이 자국 보호적이라면 '노동당규약'은 공격적이고 국제적(반제국주의)인 성격을 보여준다.

다섯째, 외교적 측면에서는 '사회주의헌법'의 일반적인 내용을 구체화하여 규정함으로써 자신들에게 비우호국가의 개념과 우호국의 개념을 명확히 하였다.

노동당규약과 사회주의헌법의 상관관계 분석을 통하여 북한의 헌법은 노동당규약을 그 모태로 하고 있다는 점을 확인하였다. 현재 북한의 노동당규약은 김일성 사후의 체제변화를 수용하지 못하고 있다. 김일성 사망 직전 개정되었던 1992년 헌법조차도 1980년의 노동당규약과 상당한 차이를 보이고 있다. 김일성 사후 김정일에게 모든 권력이 넘어온 이후 1998년 또 한 번의 헌법 개정을 단행하였다. 이러한 일련의 변화는 북한사회의 특성(당 · 국가체제)상 당연히 당규에 의해 제도적으로 보장받아야 하므로 제7차 당 대회를 통한 당 규약의 변화가 예상되고, 제7차 당 대회가 열리면 그동안 미루었던 당 중앙위원회 정후보위원 교체, 당 중앙위 정치국 정후보위원 교체, 당 중앙위 비서국 비서 보임, 당 중앙군사위원회 교체 등 다양한 세대교체를 예상할 수 있다. 북한은 당 대회 없이 1984년부터 당 군사위원회를 당 중앙군사위원회로 개칭하고, 1997년 10월 8일 김정일이 총비서로 추대되는 등 파격적으로 당을 운영하고 있다.

제7차 당 대회를 통해 당 규약을 수정할 경우 다음의 부분들이 변경되어야 북한의 변화를 제도적으로 담보받을 수 있을 것이다. 1970년 제5차 당 대회부터의 당면목적 및 당의 최고강령으로 명시된 '공화국 북반부에서 사회주의 완전한 승리 보장과 전국적 범위에서 민족해방과 인민민주주의 혁명수행' 부분의 수정과 이를 수행할 정책방향도 새롭게 수정되어야 할 것이다. 또한 최종 목표로 삼고 있는 '온 사회의 주체사상화와 공산주의 사회건설' 부분도 수정과제라 할 것이다. 아울러 외곽단체 규정과 당-군 관계 부분의 수정도 이루어져야 할 것이다. 이는 북한사회에 보다 다원화된 정치참여의 기회를 보장하는 것이기도 할 뿐 아니라, 군이 당에 예속되어 있는 비정상적 관계에서 정상적 국가권력으로 환원하는 조치가 될 수 있을 것이다. 정당이 국가를 지배하는 현재의 시스템에 변화가 필요한 것이다.

# 제13장

# 북한의 핵개발과 위협의 실체

## 1. 개 요

북한은 2009년 5월 25일, 2차 핵실험을 실시하였다. 2006년 10월 9일의 핵실험에 이어 또다시 한반도에서 핵 공갈을 자행한 것이다. 북한이 2009년 4월 5일 장거리 미사일 발사에 이어 국제사회의 비난에도 불구하고 핵실험을 강행한 것은 핵보유국으로서의 지위를 굳혀 향후 핵협상에서 유리한 고지를 선점하기 위한 포석인 것으로 분석되었다.

북한의 핵무기 개발은 한반도에서의 최대 안보현안이자 국제적 문제이다. 북한 핵문제가 국제사회에 초미의 관심사가 된 지 이미 20년이 지났다. 1989년 영변의 비밀 핵시설 정보를 담은 프랑스 상업위성 사진이 국제적인 주목을 받은 이래, 한국과 미국은 북한과 20여 년 동안 지루한 핵협상을 전개해왔다.

1993년 3월, 국제원자력기구의 영변의 미신고 핵시설 특별사찰에 대한 반발로 야기된 1차 북한 핵위기는 군사적 대결 직전까지 고조되었다가 1994년 10월 21일 제네바 합의로 위기가 종식되었다.

그러나 2002년 10월, 북한을 방문한 미국의 제임스 켈리 특사가 북한의 고농축우라늄 핵무기 개발 추진증거를 제시하자, 북한이 이를 시인함으로써 핵문제에 대한 평화적 해결의 상징인 제네바 합의는 한 장의 휴지조각이 되었고, 한반도는 출구가 없는 2차 핵위기에 봉착하였다.

미국과 중국 등 주변국은 또다시 조성된 핵위기를 해소하고 북한 핵개발을 해결하기 위해 「6자 회담」으로 상징되는 대화의 장을 마련하였다. 그러나 북한은 벼랑 끝 전술로 「9·19공동선언」 등 그동안 회담에서 도출된 합의를 무산시키고, 일면 대화를 하면서 은밀히 핵무기를 개발한 후, 국제사회의 경고에도 북구하고 2차에 걸친 핵실험을 감행함으로써 실질적인 핵무기 보유국가로 부상하였다. 또한 핵실험과 병행하여 핵무기 운반수단인 장사정미사일을 태평양 상공으로 시험발사하며 군사강국의 면모를 과시하였다.

## 2. 북한 핵 위기상황의 전개

### 1) 북한 핵개발 배경

북한은 1956년 3월 소련과 「조·소 원자력 평화적 이용에 관한 협정」을 체결하여 소련으로부터 핵기술 지원을 받기 위한 법적근거를 마련하는 한편, 매년 수십 명에 이르는 핵관련 과학자들을 소련 「드부나 핵연구소」에 파견하여 기술훈련을 받게 하는 등 핵개발을 착수하였다. 또한 중국과도 1959년 9월 원자력협정을 체결하였다.

이후 북한은 영변에 원자력연구소를 설립하고, 1962년 소련으로부터 원조를 받아 연구용 원자로(IRT-2000, 2M Wt급)를 건설하였으며, 이 원자로를 1965년에 가동을 함으로써 본격적인 북한의 핵 프로그램이 시작되었다.

1970년대와 1980년대를 통하여 북한은 핵 프로그램을 점차 확장하였고. 1980년대에는 「IRT-2000 연구용 원자로」를 통해 축적한 기술을 이용하여 자체기술로 5M급 원자로를 건설하였다. 이 원자로는 연소율이 낮아 사용 후 핵연료에서 핵무기의 핵심적인 성분인 고농축 플루토늄을 생산하는데 매우 적합한 것이다.

1985년 12월에 북한은 소련과 「조 · 소 원자력발전소 건설 관련 경제 · 기술 협정」을 체결하였으며, 소련으로부터 400M We급 원자로 4기를 도입하기로 하였다. 또한 1985년에는 핵연료 재처리 시설인 방사화학실험실을 착공하였으며, 1985년 12월에 NPT에 가입하였다. 북한이 NPT에 가입하도록 압력을 행사한 국가는 소련이었다.

북한의 NPT 가입은 소련과 「원자력발전소 건설관련 경제 · 기술협정」을 체결하는 과정에서 소련의 요구에 의해 가입하였으나, NPT상의 의무인 IAEA 안전협정 체결을 계속 지연시키면서 핵무기를 개발하고 있다는 심증을 고조시키는 행동을 계속하였다.

북한의 핵개발에 대한 국제사회의 의혹은 1980년대 후반부터 재기되었으나, 직접적인 요소는 1989년에 프랑스의 상업용 위성 SPOT호가 영변지역에 있는 핵시설 촬영을 계기로 국제문제로 비화되었다.

### 2) 한반도 비핵화 공동선언

영변에서 북한이 핵개발을 하고 있는 사실을 인지한 한국과 미국은 북한의 핵개발을 저지하기 위해 다각적인 노력을 하였다. 우선 북한 핵관련 정보를 공개하여 국제쟁점화하고 IAEA 차원의 핵사찰 촉구와 함께 일본과 소련 등 주변국을 통해 외교적 압력과 설득을 병행하였다.

또한 북한 핵개발 프로그램의 최대 지원국이었던 소련을 북한의 핵개발을 저지하는데 영향력을 미칠 수 있는 중요한 변수로 설정하여 소련과 외교적인 협력을 하였다.

1991년에 접어들면서 IAEA와 유엔안보리 차원에서 북한에 대한 핵사찰 수용압력을 집단적이고 강도 높게 제기하였다. 그 결과 그해 6월에 IAEA는 최초로 북한의 핵사찰을 촉구하는 IAEA 이사회 의장 명의의 성명을 발표하기에 이르렀다.

미국을 비롯한 국제사회의 핵사찰 요구가 가중되자, 북한은 이에 대하여 두 가지 요구조건으로 맞섰다. 하나는 핵사찰을 주한 미군 전술핵의 철수와 연계시키는 것이었고, 다른 하나는 핵문제 해결의 근본적인 방안으로 한반도 비핵지대화 요구를 강화하는 것이었다.

북한은 1991년 7월 30일 외교부 대변인 성명을 통해 남 · 북한이 한반도 비핵지대화에 합의하고 이를 공동으로 선언하자고 제의해 왔다. 북한이 발표한 성명의 주요 내용은 ① 남 · 북한이 한반도 비핵지대화를 창설하는데 합의하고 이를 공동으로 선언할 것, ② 미국, 소련, 중국 등 주변 핵보유국들은 공동선언이 채택될 경우 이를 법적으로 보장할 것, ③ 아시아의 비핵국가들은 한반도의 비핵지대화를 지지하고 그 지위를 존중할 것 등이었다.

한 · 미 양국정부는 남북대화의 테두리 내에서 핵문제를 해결키로 하고 남 · 북한 비핵화 공동선언과 남 · 북 상호사찰을 통해 북한의 핵개발을 저지하기로 하였다.

1991년 11월 25일 북한은 "미국이 남한으로부터 핵무기의 철수를 개시한다면 안전조치협정에 서명하겠다"고 발표했다. 그리고 "동시사찰과 핵위협해소를 논의하기 위한 북 · 미 협상"을 요구했다.

1991년 12월 31일 "북한은 핵무기의 시험, 생산, 접수, 보유, 저장, 배치, 사용을 금지"하는 한반도의 비핵화에 관한 공동선언에 합의했다. 공동선언은 NPT 체제 하의 의무사항 이행의 범위를 넘어서는 핵재처리시설과 농축시설 보유의 금지를 규정하고 있으며 핵통제공동위원회가 실시하는 사찰을 수용하고 있다. 1992년 1월 30일, 북한은 핵안전조치협정에 서명했다.

### 3) 제1차 북한 핵위기(1993.3~1994.10)

#### (1) 위기진행의 경과

**가) 북한 NPT 탈퇴선언**

북한은 IAEA와의 안전조치 협정에 따라 1992년 5월 4일에 보유중인 핵시설에 관한 최초보고서를 IAEA에 제출하였다. IAEA는 1992년 5월 25일부터

1993년 2월까지 총 6차에 걸친 임시 핵사찰 실시결과 북한이 주장한 소위 방사화학실험실은 사실상 재처리시설로 판명되었고, 북한이 신고한 플루토늄 추출량과 IAEA측 추정치 간에 '중대한 불일치'[7]가 발생하였음을 발견하였다.

1992년 9월 이후 '중대한 불일치' 문제의 규명을 위한 IAEA 특별사찰 문제가 최대 현안으로 부각되었다. 1992년 중반, 북한이 영변지역 내 2개 장소[8] 미신고 의심지역 방문허용을 강력히 요청하였으나, 북한은 동 시설이 핵과 무관한 군사시설이라고 주장하면서 사찰요구를 계속할 경우 중대한 결과가 초래될 것이라고 위협하였다.

북한이 IAEA의 거듭되는 요구를 거부함에 따라 IAEA 이사회는 1993년 2월 25일 북한의 특별사찰 수락을 촉구하는 결의안을 채택하였다. 특별사찰 문제로 IAEA와 북한 간의 대립이 점차 고조되었고, 북한은 군사시설에 대한 특별사찰과 IAEA에 대한 미국의 조정을 비난하였다.

1993년 1월, 한·미 양국은 제17차 팀스피리트 훈련이 3월 중순부터 실시된다고 공동 발표하였다. 이 발표는 상호 핵사찰 문제에 의미 있는 진전이 없을 경우 「93년도 팀스피리트 훈련」을 실시한다는 한·미 간 합의에 의한 것이며, 그동안 이를 빌미로 상호 핵사찰의 조속한 실시를 북한에 촉구해왔다.

북한은 팀스피리트 훈련 실시를 이유로 남북대화 일체 중단과 준전시상태를 선포하였으며, 1993년 3월 12일에는 NPT 탈퇴를 공식 선언하였다.[9]

---

7) 중대한 불일치는 다음과 같다. 정보사령부, 『북한핵문제 분석자료집』(2003.3.11), p. 14, 참조.

| 구분 | 북한 주장 | IAEA 주장 |
|---|---|---|
| Pu 추출량 | 90g | 수 kg |
| Pu 추출시기 | 1회(1990년) | 3회(1989, 90, 91년) |
| Pu 출처 | 손상된 연료봉 | 사용 후 핵연료 |
| 미신고 시설(2개소) | 군사기지 | 핵폐기 저장소 |

8) 2개 시설은 액체 핵폐기물 저장소로 추정되며 액체 폐기물은 핵처리의 가장 직접적인 증거임.

9) 북한은 3월 9일 김정일 최고사령관 명의의 준전시상태를 명령, 3월 9일 김일성광장 10만 명 군중대회 등 지역별 집회, 3월 12일 NPT 탈퇴 선언.
NPT 10조 1항 : 각 당사국은 본 조약상의 문제와 관련되는 비상사태가 자국의 이익을 위태롭게 하고 있다고 판단할 경우, 본 조약으로부터 탈퇴할 수 있는 권한을 가진다. 각 당사국은 탈퇴 3개월 전에 모든 조약 당사국과 유엔안전보장이사회에 통보한다.

미국은 북한의 NPT 탈퇴를 ① 상당한 양의 플루토늄을 은폐하고, ② 신고량과 사찰시 발견될 양의 불일치를 은폐하여 국재사회의 반향을 흡수하며, ③ 국제적 이목을 집중시켜 미국으로부터 양보를 받아낸다는 동기에서 결행한 것으로 보았다.

북한은 NPT 탈퇴선언을 함에 따라 IAEA는 1993년 4월 1일 북한을 핵안전협정 불이행 국가로 규정하고 핵사찰 문제를 유엔 안전보장이사회에 회부하는 결의안을 가결했다.

**나) 북 · 미 고위급 회담**

4월 10일 북한은 핵과 관련하여 미국과 직접 협상을 촉구하였고, 4월 19일에는 북한이 미국과 고위급 협상을 통해 핵문제 해결을 제의하면서 1993년 6월 2일, 「1단계 북 · 미 고위급 회담」이 개최되었다.

북 · 미 회담 결과 공동발표문의 주요 내용은 ① 핵무기를 포함한 무력불사용 및 불위협 보장, ② 전면적 안전조치의 공정한 적용을 포함한 비핵화한 한반도의 평화와 안전의 보장과 상대방 주권의 상호존중 및 내정불간섭, ③ 한반도의 평화적 통일 지지, ④ 북한은 NPT 탈퇴를 잠정적으로 유보한다는 것이었다. 북 · 미 회담의 결과에 따라 1993년 6월 12일 발효될 예정이던 북한의 NPT 탈퇴는 발효를 하루 앞두고 그 효력 발생이 유보되었다.

그 후 1993년 7월 16일부터 스위스 제네바에서 개최된 「2단계 북미회담」시 북한은 미국에 대하여 경수로 지원요청을 전제조건으로 제시하였으며, 미국은 북한 핵문제의 종국적 해결의 일환으로서 이를 협의하기 위한 용의가 있음을 표명하였다.

「2단계 북미회담」 후 IAEA 사찰단이 북한을 방문하여 핵사찰을 시도하였으나 또다시 북한은 5MW 원자로와 재처리시설에 대한 접근 거부 등 사찰활동을 제한함으로써 정상적인 핵사찰 수행이 불가능하였다.

북한이 핵사찰조차 거부하고 나오는 상황에서 미국은 제재라는 강경조치 이외에 더 이상 유화책을 쓰기 어려운 상황으로 빠져들었다.

### 다) 핵사찰 지연과 한반도 위기설 대두

북한의 핵사찰 제한과 미국의 강경조치에 따라 한반도 위기설이 점점 확대되는 1993년 12월 10일, 클린턴 미 대통령은 국방부로부터 한반도 상황에 관한 보고를 청취하였다. 국방부는 이때 한반도 작전계획과 함께 북한과 전쟁할 경우 4개월 간의 고강도전을 요한다는 내용의 평가서를 보고하였다.

클린턴 대통령은 외교적 해결책을 우선적으로 고려하면서도 한국방어를 위한 국방부의 계획을 검토하도록 지시하였으며, 제임스 울시 미 중앙정보국장도 북한의 공격 가능성을 배제할 수 없다고 말함으로써 미국 내에서 한반도 위기설이 고조되었다. 그 당시 미 국방부는 잠재적 전쟁 가능성에 대비하여 우발계획(contingency planning)을 검토하고 있었으며, 클린턴 대통령은 매스컴을 통해 한반도에서의 미군병력 강화를 배제하지 않고 있음을 밝혔다.

### 라) 북한의 핵 연료봉 무단인출과 IAEA 탈퇴

IAEA는 사찰이 실패로 돌아간 이후, 계속적으로 핵시설에 대한 추가사찰을 요구했으나 북한은 이를 완강하게 거부하였다.

북한은 1994년 5월 14일 아무런 통고 없이 IAEA가 입회하지 않은 가운데 핵 연료봉 교체작업을 시작하였으며, 미국과 IAEA는 북한의 증거인멸을 저지하기 위해 연료봉 인출의 중지와 인출된 연료봉의 분류 보관을 강력히 요구하였다.

1994년 6월 10일 IAEA 이사회는 기술지원 중단을 주 내용으로 하는 대북제재 결의안을 채택하였고, 북한은 IAEA에서 즉각 탈퇴하여 북한이 특수지위 아래 받아 온 안전조치의 연속성 보증을 위한 사찰을 더 이상 받을 수 없다고 하는 외교부 성명을 발표했다.

또한 북한은 유엔이 대북한 제재를 결의할 경우, 이를 선전포고로 간주할 것이라고 위협함에 따라 한반도 전쟁발발 가능성에 대한 국제적 우려가 증폭되었다. 한 · 미 양국은 북한의 남침 등 비상사태 발생에 대비한 협의와 위기관리조치를 착수하였다.

미국은 6월 15일, 유엔의 대북제재 결의안 채택을 위한 본격적인 협의에 돌입했다. 결의안 초안은 북한이 전면적인 사찰에 응하지 않을 경우 무기금수, 정기노선을 제외한 항공기의 이·착륙금지, 과학기술교류 중단, 경제지원 중단 등의 제재조치가 시행됨을 내용으로 하고 있었다.

한·미 양국도 대북 경제제재의 구체적 준비와 함께 '만일의 돌발사태'에 대비하는 비상 대비태세에 돌입하였다. 클린턴 미 대통령이 "한·미 상호방위조약이 확고하다"고 밝힌데 이어, 미 국방부는 한국에 파견할 증원군 증원 계획검토 등 위기조치에 들어갔다. 미국의 이 같은 조치는 북한이 끝내 태도 변화를 보이지 않을 경우 대북 경제제재 조치를 시행하고, 그 경우 있을 수도 있는 북한의 전면 도발에 대비해야 한다는 인식에 근거한 것이다. 미 국방부는 "한반도 지역에 대한 감시 및 방위태세를 시간 단위로 점검하고 있다"면서 "사태발생 시 대응시간 축소방안을 강구 중"이라고 밝혔다.

한국 국방부는 '전쟁이 발발할 경우 한국군에 시급히 필요한 무기가 무엇인가'에 대한 평가 작업을 완료하고, '무기 긴급구매안'에 대한 결재를 받아 놓은 상태였다. 이와 같이 국제사회의 대북제재 움직임이 구체화되면서 한반도의 위기는 점차 고조되었다.

클린턴은 그의 회고록(My Life)에서 그 당시 상황을 다음과 같이 기술하였다.

"1994년 3월 말 북한 핵위기의 심각성이 마침내 수면에 떠올랐다. 북한은 2월 국제원자력기구(IAEA) 조사관들의 입북에 동의한 후 2월 15일 그들이 조사활동을 마무리하지 못하도록 막았다. 1주일 뒤 나는 패트리엇 미사일을 한국에 보내고 유엔에는 경제제재를 가해달라고 요청하기로 결정했다. 나는 전쟁의 위험을 감수하고라도 북한이 핵무기를 개발하는 것을 저지하기로 마음먹었다."

윌리엄 페리 국방장관은 이후 3일 동안 "선제 군사공격 가능성을 배제하지 않는다"는 강경경고를 반복했다.

### (2) 지미 카터의 평양방문

미국과 유엔의 강경한 대북제재 분위기와 교착된 북핵문제의 물꼬를 튼 것은 지미 카터 전 미국대통령의 방북이었다, 카터는 6월 15일부터 6월 18일까지 평양을 방문하여 두 차례에 걸친 김일성과의 회담을 통해 일촉즉발의 긴장국면을 해소하고 3단계 북미회담을 개최하기 위한 여건을 조성하였다. 카터는 북한에 체류 중 클린턴 대통령에게 "상호 신뢰에 기반한 노력이 계속된다면 IAEA 사찰단을 추방하지 않겠다"라는 김일성의 말을 전했으며, 클린턴대통령은 카터에게 "북한이 핵 프로그램 동결을 준비한다면 우리도 대화로 돌아가겠다"라고 말했다.

카터의 극적인 방북결과에 따라 미국은 유엔안보리 제재결의 추진을 중단키로 공식 결정하였고, 한반도에서 고조되었던 군사적 위기국면도 진정되었다.

카터는 평양방문 일정을 마치고 김영삼 대통령을 만나 김일성의 메시지를 전달했다. 김일성의 메시지는 "3단계 고위급 회담이 열릴 경우 핵개발 동결의사가 있다"는 내용 이외에 빠른 시일 안에 남·북한 정상회담이 개최되기를 희망한다는 내용이었다. 이어서 남·북한은 정상회담 개최를 위한 예비접촉을 갖고 「남·북 정상회담 개최를 위한 합의서」를 채택하였다. 그러나 7월 8일에 김일성이 갑자기 사망함에 따라 남·북 정상회담은 취소되었다.

### (3) 제네바 합의와 위기의 종식

3단계 북·미 회담은 카터 전 대통령 방북 시 김일성과의 합의사항에 의거 7월 8일, 갈루치 핵 담당대사와 강석주 제1외교부부장 간에 제네바에서 개최되었으나 김일성 사망으로 인해 회담이 중단되었다. 그 후 8월 5일부터 8월 12일까지 제네바에서 재차 북·미 고위급 회담을 갖고 추후 「북·미 제네바 합의」의 골격을 구성하게 될 핵심사항에 합의했다.

주요 내용은 첫째, 북한의 흑연 감속로를 경수로체제로 전환하는 것으로 미국은 약 2,000MW 규모의 경수로 제공 및 전환에 따르는 대체에너지 제공을 위한 조치추진을 준비하고, 북한은 경수로 제공 및 대체에너지 제공에 관한 미국의 보장을 접수하는 즉시 ① 50MW 및 200MW 원자로 건설 동결, ② 핵재처리 포기, ③ 방사화학실험실 폐쇄 및 IAEA에 의한 감시를 수용한다는 것이다.

둘째, 북 · 미 관계 개선으로 양국 간 정치 · 경제관계의 완전한 정상화를 향한 조치로서, 상대방 수도에 외교 창구를 설치하고 교역 · 투자 장벽을 축소하며, 셋째, 북한의 NPT 잔류 및 안전조치 협정을 이행하고, 기타 합의사항으로는 핵 활동 동결(재처리 및 연료 재장전 금지)과 안전조치의 계속성 유지, 경수로, 연료봉 처리, 대체에너지 제공, 연락사무소 설치 등 현안에 관한 북 · 미 전문가회의 개최, 경수로 제공 보장에 필요한 조치의 추진, 9월 28일 제네바에서 회담을 재개하는 것 등이다.

이어서 미국과 북한은 9월 23일부터 10월 17일까지 제네바에서 「북 · 미 고위급회담」을 속개하여 합의사항을 구체화한 후, 한국정부와 일본정부의 동의를 얻어 10월 21일 「북 · 미 기본합의문」(통칭 제네바 합의)에 서명하였다. 제네바 합의는 북한이 핵시설을 동결하고 궁극적으로는 해체하는 한편, 그 대가로 미국은 2,000MW 경수로 2기와 연간 50만 톤의 중유를 제공하고 경수로 핵심부품의 도착 이전에 IAEA가 필요로 하는 모든 사찰(특별사찰 포함)의 수락을 명기하며, 아울러 미 · 북한 간 무역 · 투자장벽 축소, 연락사무소 교환 설치, 기타 북 · 미관계 현안(미사일, 미군유해송환 등) 협의, 남북대화 재개, 한반도 비핵화 공동선언 이행 등도 규정하였다.

이로써 한반도에 2년여 동안 긴장상태를 조성했던 북한 핵위기는 일단 평화적 해결국면으로 방향이 전환되었다.

1993년 3월 12일 북한의 NPT 탈퇴선언으로 야기된 북한 핵위기는 1994년 10월 21일에 제네바 합의로 위기가 종식될 때까지 북한, 미국, 한국을 중심으로 하여 자극과 갈등, 도전과 대응으로 이어지는 위기의 단계를 거치면서 군사적 대결 직전까지 간 길고도 복잡한 위기의 연속이었다.

북한 핵개발로 야기된 한반도 위기는 북한이 자국의 생존과 군사적 우위를 확보하기 위한 목적으로 핵무기를 개발하고, 미국은 소련 붕괴 후 세계유일의 초강대국으로서 신국제질서를 구속해 가는 과정으로 발생한 대립인 것이다.

미국은 동아시아의 안전을 위협하고 일본을 비롯한 주변국가에 핵무장을 확산시킬 수 있는 북한의 핵개발을 저지하기 위해 한국을 비롯한 국제사회 및 IAEA 등과 같은 국제기구와 공조하여 북한의 핵개발 실태를 확인하기 위해 끈질긴 노력을 하였으며, 이에 도전하는 북한에게 대화와 설득, 위협과 제재 등 각종 방안을 구사하며 사태를 진정시켰다.

북한은 시종 NPT탈퇴, IAEA탈퇴 등의 폭탄선언과 핵 연료봉 무단인출 등의 돌발행동을 통해 보다 큰 문제를 만들어 가는 벼랑 끝 전술을 통해 사태의 본질을 흐리고 협상에서 유리한 고지를 점령하였다.

최초 북한의 핵개발을 철저하게 파헤치려고 했던 미국은 북한이 국제사회로부터 이탈되지 않도록 대화와 타협을 통해 이를 무마하고 국제사회에 대한 약속을 이행하도록 종용했으나, 북한은 경수로 지원 등 반대급부를 요구하며 미행정부를 궁지에 몰아넣고 정책결정기관 간의 이견을 조장함으로써 입지를 난처하게 만들었다.

북한에게 계속 끌려가던 미국은 북한의 과거 핵개발 의혹 해소보다 앞으로의 핵 확산을 막겠다는 쪽으로 정책의 중점을 전환시켜 결국 그들이 원하는 대로 한국을 배제시킨 가운데 경수로 제공, 중유지원 등 엄청난 이익을 북한에 안겨주었다. 그럼에도 불구하고 북한의 과거 핵개발에 대해서는 더 이상 규명하지 못하고 당장의 위기종결에 만족해야만 했다.

### 4) 제2차 북한 핵위기(2002.10.3 이후)

#### (1) 배 경

제네바 합의에 따라 미국은 북한에 경수로를 제공하기 위하여 한국, 일본과 합의 후 북한에 경수로의 제공과 자금조달의 추진기구인 KEDO(Korean Peninsula Energy Development Organization)를 설립하였으며, KEDO에 의한 경수로 건설공사는 2001년 함경남도 신포 · 금호 지구에 2008년에 완공할 예정으로 진행되었다.

KEDO는 경수로 제공 목적 외에도 경수로 1호기 완성 때까지 매년 대체에너지로 중류 50만 톤을 제공하는 등 대체에너지 제공과 폐연료봉 처리 및 기존 핵시설 해체 등을 활동목표로 하고 있었다.

미국을 비롯한 국제사회의 북한 핵 프로그램을 종식시키기 위한 노력에도 불구하고 북한이 또다른 핵무기 제조방법인 고농축 우라늄을 이용한 핵개발을 추진하고 있다는 의혹이 재기되었다.

미국은 1990년대 말부터 북한이 파키스탄으로부터 우라늄을 농축하는 기술과 원심분리기 등 부품을 반입하고 있다는 첩보를 입수하고 계속 추적하고 있었다. 농축우라늄 제조공정은 플루토늄 재처리처럼 대규모 시설을 필요로 하지 않고 방출되는 방사능의 양도 매우 적어 제조 여부에 대한 감시가 어렵다.

북한이 영변원자로에서 생산하는 플루토늄 외에 고농축우라늄(HEU : High Enriched Uranium)을 생산하고 있다는 사실을 먼저 확인해 준 나라는 파키스탄이다.

미국은 파키스탄의 핵물리학자 칸 박사와 북한의 비밀거래를 포착했다. 그의 활동을 감시 추적해오던 미국 CIA는 북한이 파키스탄에 미사일개발 기술을 이전하고 그 대가로 칸 박사로부터 고농축우라늄 개발과 핵무기 제조 기술을 전수받은 사실을 확인했다.

파키스탄 정부는 칸 박사를 체포하고 그를 통해 북한에 고농축우라늄을 이용한 핵무기 제조법과 핵개발에 반드시 필요한 원심분리기를 판매한 사실을 발견하였다. 또 칸 박사가 몇 번씩 북한 핵시설과 위장된 지하 핵무기 제조시설을 돌아본 사실도 알아내고 그 같은 정보를 미국에 제공했다.

2001년 1월, 미국에서는 부시 공화당 신정부가 출범하였으며, 새로 취임한 조지 부시 미국 대통령은 북한과의 합의를 재검토한 후, 과거 클린턴 행정부의 대북 핵정책을 불만족스럽게 생각하고 북한 핵의 완전한 검증과 철저한 상호주의에 입각한 대북 강경책을 시사하였다.

그리고 2001년 3월 8일 한·미 정상회담 시 부시 대통령은 대북 강경책을 재확인하였다.

조지 부시 미국 대통령은 2002년 1월 국정연설에서 북한을 '불량국가'라고 지목했다. 북한을 이란과 이라크, 시리아와 함께 자유민주주의(시장경제)의 이념을 위협하고, 세계평화와 공존을 위협하는 국가들이라고 한 것이다. 미국과 북한과의 적대적 분위기가 조성되는 가운데, 2002년 10월 2일, 미국의 제임스 켈리 미 국무성 차관보 일행이 북한을 방문하여 북한이 고농축우라늄 핵무기를 개발하고 있다는 증거를 제시하면서 추궁하였다.

켈리 차관보는 강석주 북한 외교부 제1부부장을 만난 자리에서 "북한은 파키스탄에서 고농축우라늄 기술자를 초청하고 원심분리기를 비밀리에 사들였는데, 그것은 고농축 우라늄을 생산하기 위한 것으로 제네바협정 위반"이라고 비난했다.

이를 계속 부인하던 북한의 강석주가 "우리는 핵개발 계획을 갖고 있을 뿐만 아니라 더욱 강력한 것들도 갖고 있다"고 이를 시인하는 내용의 발언을 함으로써 북한의 핵개발 사실이 알려지게 된 것이다.

워싱턴으로 돌아온 켈리 차관보가 북한이 핵개발을 하고 있다는 사실을 보고하였으며, 제네바합의 효력이 무산된 사실을 확인한 미국은 북한에 매년 50만 톤을 제공하던 중유공급을 중단하였다.

북한은 이에 반발하면서 제1차 북한 핵위기 때와 같은 벼랑 끝 전술을 반복하였다. 북한은 2002년 12월 12일 핵동결 해제선언을 하고 난 후 핵개발 시설에 설치하였던 봉인과 감시카메라를 하나씩 제거하며 위기의 강도를 높이다가, 12월 31일에는 IAEA 사찰관을 추방하고, 2003년 1월 10일 NPT 탈퇴를 선언했다.

북한이 NPT와 IAEA에서 탈퇴한다고 선언함으로써 제네바 합의에 따라 공사 중이던 신포 경수로 건설이 중단되었고, 한국은 14억 달러의 자금만 투입하고 아무런 소득 없이 철수하였다.

결국 19개월에 어렵고도 긴 과정을 통해 가까스로 체결한 1994년 10월의

「북 · 미 제네바 합의서」는 한 장의 휴지에 불과한 것으로 판명된 것이다. 북한의 핵개발 시인으로 또다시 국민여론은 들끓었고, 한반도는 1993년 제1차 북한 핵 위기에 이어 또다시 북한 핵개발로 인한 안보위기를 맞이하게 되었다.

### (2) 북한의 핵실험

#### 가) 제1차 핵실험

북한은 2006년 10월 9일과 2009년 5월 25일, 제2차에 걸친 핵실험을 단행하였다.

북한이 2006년 7월 5일 동해에서 미사일 발사시험을 하자, 유엔 안보리에서는 「대북제재 결의 1695호」를 채택하였고, 이어 9월에는 중국 등 세계 24개 금융기관이 대북거래를 중단하자, 북한은 이에 반발하여 10월 9일, 함경북도 길주군 풍계리에서 최초의 핵실험을 실시하였다.

핵실험 직후 북한은 핵실험을 안전하게 성공적으로 진행했다고 선전했으나 폭발의 위력이 너무 약해 처음에는 성공에 많은 의구심을 가졌다. 그러나 3일 후 미국의 특수정찰기가 동해상공에서 핵실험 때에만 방출되는 제논(Xenon)과 크립톤(Krypton) 기체를 검출함으로써 핵실험이 성공한 것으로 인정하게 되었다.

북한의 제1차 핵실험은 검출할 수 있는 최소량의 방사능 기체만을 방출시킬 정도로 폭발력이 약해 국제사회에 큰 충격을 주지는 못했다.

북한의 핵실험을 확인한 유엔 안전보장이사회는 유엔헌장 제7조에 의거 「대북제재 결의 1718호」를 채택하였다. 결의 내용은 북한의 핵실험을 비난하고 북한에 대해 추가 핵실험을 실시하거나 탄도미사일을 발사하지 말 것과 북의 NPT 탈퇴선언을 즉각 철회하고 국제원자력기구(IAEA) 안전규정에 복귀할 것을 요구하였다. 모든 유엔회원국들에게는 핵이나 미사일에 관련된 물품이나 무기류에 대한 북한 반입을 금하는 내용과 더불어 사치품 반입을 차단하고 북한의 금융거래를 동결하는 조치들이 포함되었다.

북한의 핵실험 이후 개최된 제5차 6자회담은 2005년 11월부터 2007년 2월까지 3단계에 걸쳐 열렸다. 3단계 회담에서 북한의 핵시설 폐쇄와 불능화, 북한의 핵 프로그램 신고와 이에 상응하는 5개국의 에너지 100만 톤 지원, 북한의 테러지원국 지정 해제과정 개시 등 이른바 '2 · 13합의'가 채택되었다.

### 나) 제2차 핵실험

제2차 핵실험은 2009년 1월에 버락 오바마가 미국 대통령으로 취임하고 난 후, 북한은 오바마 신정부가 부시 행정부와는 다른 대북정책을 표명할 것으로 기대하였으나 별다른 변화가 없자, 미국의 관심을 끌기 위해 그들의 주특기인 벼랑 끝 전술을 구사하기 위한 것으로 분석된다.

제2차 핵실험도 제1차 때와 유사하게 미사일 발사시험부터 시작하며 점차 위기를 고조시켰다.

북한은 2009년 4월 5일 장거리 미사일을 발사하였고, 이에 대한 경고로 유엔안보리는 전체 공개회의 열어 의장성명을 공식 채택하였으나, 북한 외무성은 성명을 통해 6자회담 불참과 핵시설 원상복구방침을 천명하였다.

4월 18일 북한군 총참모부는 성명을 통해 남한이 대량살상무기 확산방지구상(PSI)에 전면 참여하는 것은 선전포고라고 경고하며 위기를 고조시켰다. 이어 5월 8일, 북한은 "북한을 적대시하는 미국과의 대화는 필요 없다"는 입장을 발표하였고, 국제사회의 우려에도 불구하고 5월 25일 제2차 핵실험을 감행하였다.

북한의 제2차 핵실험은 제1차 때에 비해 5배 이상 폭발위력이 강해졌다. 제1차 핵실험 때 폭발력은 0.8kt이었으나, 2차 때 폭발력은 4.5kt으로 추정되었다.

북한도 "폭발력과 기술에 있어 새로운 높은 단계에서 안전하게 진행됐다"고 주장했다. 또 "시험결과 핵무기의 위력을 더욱 높이고 핵 기술을 끊임없이 발전시켜 나갈 수 있는 과학 · 기술적 문제들을 원만하게 해결하게 되었다"고 밝힘으로써 1차 실험 때에 비해 많은 진전이 있었음을 나타냈다.

북한이 제2차 핵실험을 강행한 데 대한 대응으로 한국정부는 그동안 미루어왔던 대량살상무기 확산방지 구상(PSI)237)에 가입한다는 사실을 발표했다.

그간 우리나라는 북한을 자극할 수 있다는 점을 고려해 PSI 옵저버로만 참가해왔으나, 4월 5일 북한이 장거리미사일을 발사하고 2차 핵실험을 단행하자 북한의 선전포고 위협에도 불구하고 가입을 선언한 것이다.

유엔 안전보장이사회는 6월 14일 전체회의를 열고 북한의 핵실험을 비난하고 잘못된 행동을 징계하기 위한 「대북제재 결의안 1874호」를 만장일치로 채택했다. 결의안에는 북한의 2차 핵실험에 대해 "가장 강력하게 규탄한다"는 높은 수위의 비난문구 이외에 무기수출 금지, 금융제재, 화물검색 등의 조치 확대와 이를 이행하기위한 구체적인 내용이 담겨있다.

**다) 북한 핵실험의 의미**

북한은 유엔의 제재와 국제사회의 우려에도 불구하고 결국 핵실험을 단행하였다. 미국을 비롯한 NPT 참가국들은 북한의 핵보유를 인정하지 않는다고 말을 하지만 북한이 핵무기를 생산하고 보유하고 있다는 사실을 부정할 수는 없는 것이다.

제2차에 걸친 핵실험을 통해 북한은 실질적인 핵 보유국가로 등장한 것이다. 현재 핵무기 보유를 인정받고 있는 국가는 미국, 러시아, 영국, 프랑스, 중국과 2006년에 미국으로부터 인정받은 인도 등 6개국이다. 핵무기 보유국으로 인정받고 있지 않지만 핵무기를 실질적으로 보유하고 있는 국가는 이스라엘과 파키스탄이었으나 북한이 추가됨으로써 3개국이 되었다. 북한은 세계에서 9번째 핵무기를 보유한 국가가 된 것이다.

핵보유국이 된다는 것은 국제정치적으로나 군사적으로 새로운 지위를 갖게 됨을 의미한다. 핵은 일거에 약소국을 강대국으로 만드는 특성이 있을 뿐만 아니라 핵무기를 보유하는 자체만으로도 재래식 군사력의 우열은 무의미해진다.

제2차 북한 핵위기는 북한의 은밀한 핵무기 개발과 미국이 이를 추궁하는 과정에서 비롯되었으며, 미국은 북한의 핵개발을 포기시키기 위해 중국과 러시아, 일본 등 한반도 주변국가들을 설득하여 6자회담을 성사시켰다. 6자회담의 틀 속에서 미국은 CVID 원칙을 고수하며 외교적 압력과 회유를 통해 북한의 핵을 폐기시키려고 노력하였다. 그러나 아무런 성과도 없이 북한의 핵실험으로 마감되고 말았다.

## 3. 북한 핵무기 개발의 위협

### 1) 한반도 군사력 균형 파괴

북한은 핵무기 개발과 병행하여 장거리 미사일을 개발하고 있으며, 현재의 기술은 대륙간 탄도탄을 발사할 수 있는 수준에 근접한 것으로 평가받고 있다. 또한 NPT를 탈퇴하여 국제적인 간섭 없이 지속적으로 플루토늄을 생산하고 있으며, 그 보유량을 지속적으로 증가시키고 있다. 멀지 않아 북한은 핵무기를 장착한 대륙간 탄도탄을 보유한 핵무기 강국으로 등장할 것이다.

재래식 무기(conventional weapon)란 적의 전쟁수행 능력을 파괴하는데 사용할 수 있는 무기로 적의 군사적 · 정치적 · 경제적 기반을 공격하는 무기이며, 핵무기와 대륙간 탄도미사일, 원자력잠수함, 전략폭격기 등을 이른다.

대량살상무기(Weapons of Mass Destruction)란 생화학무기 · 핵무기 등과 같이 짧은 시간 내에 많은 인명을 살상하는 파괴력을 가진 무기들을 통틀어 이르는 개념이다.

북한이 핵무기를 개발함에 따라 북한은 대량살상무기인 핵무기, 생화학무기와 그 운반수단인 장거리 미사일 등 전략무기체계를 모두 보유하게 된 반면, 한국은 무기체계를 획기적으로 현대화하고 있다고는 하지만 결국 재래식 무기만을 보유한 국가에 머물고 있는 실정이다.

북한이 핵무기를 개발함으로써 실질적으로는 남 · 북한 간의 전략무기의 전력 균형은 무너지기 시작하였으며, 한국은 미국의 핵우산 아래 가까스로 전략적 균형을 유지하고 있다고 볼 수 있다.

### 2) 동북아시아의 핵 확산

북한의 핵실험으로 인해 우려되는 것은 동북아의 핵확산이다. 한국, 일본, 대만 등 동북아 국가는 주변 강대국의 위협으로 인해 핵무기 개발에 대한 유혹을 많이 받고 있는 국가들이다. 특히 북한의 핵실험과 미사일 발사에 가장 민감한 반응을 보이고 있는 국가는 일본이며, 북한의 핵실험 직후 일본에서는 대북 선제 공격론이 높아지고 있는 등 민감한 반응을 보였다.

아소 다로 당시 일본 총리가 2009년 5월 26일 "적의 미사일 기지를 공격하는 것은 정당방위"라고 한 발언과 "북한의 미사일 공격에 대처하기 위해 미국의 안보지원에만 의존하지 말고 독자적으로 적의 기지를 공격할 수 있는 능력을 갖춰야 한다"는 아베 신조 전 총리의 주장이 일본 국민의 인식을 대변하고 있다고 볼 수 있다.

아소 다로 전 총리는 2009년 6월, 도쿄에서 열린 이명박 대통령과의 정상회담에서 "북한 핵문제가 심각해지면 일본 내부에서 핵무장을 해야 한다는 목소리가 강해질 것"이라고 말했다.

일본은 현재 50톤 가량의 플루토늄을 보유하고 있는 것으로 알려져 있다. 이는 핵탄두 수천 개를 만들 수 있는 양으로, 50kg 안팎으로 추정되는 북한 플루토늄 양의 1,000배에 달한다. 아베 전 총리는 "일본은 1주일 이내에 핵무기를 만들 수 있다"고 언급했다. 그리고 일본은 4톤에 달하는 탄두를 우주로 쏘아 올릴 수 있는 미사일 발사능력도 갖추고 있다.

일본의 입장에서는 북한과 같은 예측 불가능한 국가가 핵미사일을 일본에 겨누고 있다는 사실을 묵과할 수 없는 일이다. 따라서 일본의 핵무장 추진은 언제든지 일어날 수 있는 일이라고 보아야 한다.

우리나라도 1970년대 핵무기 개발을 시도한 적이 있으며, 현재 원자력 발전소에서 사용한 후 저장하고 있는 폐연료봉을 상당량 보유하고 있다. 우리나라가 미국과의 약속과 한반도 비핵화선언에 따라 핵 재처리를 하지 않고 있지만, 미국과의 재협상을 하고 이미 사문화된 비핵화 선언을 포기한다면 바로 핵 재처리가 가능하다.

북한의 제2차 핵실험 후 일부 국회의원들과 국민 사이에서 우리나라도 핵무기를 개발해야 한다는 여론이 강력하게 대두되었다. 많은 국민이 핵무기에는 핵무기 이외에 대처방안이 없다는 사실을 알고 있는 것이다.

현재 북한 핵무기 보유에 우리가 기댈 수 있는 건 미국의 핵우산뿐이다. 그러나 미국의 핵우산이 언제든지 우리가 원하는 대로 작동할 것이냐에 대해 반신반의하는 국민들이 적지 않다. 미국은 1991년 한반도 비핵화선언 추진을 뒷받침하기 위해 주한미군이 보유한 모든 핵무기를 철수한 상태이다. 한반도 비핵화 선언이 북한의 핵개발에 대한 통제력은 행사하지 못하고 우리나라 핵개발의 발목만 잡아왔으며, 미국이 핵무기를 철수함으로써 핵우산 공약만 악화시킨 셈이 되었다.

2009년 6월 17일, 이명박 대통령과 오바마 미국 대통령이 북한 핵 위험에 대한 미국의 한반도 핵우산을 포함한 '확장된 억지력'에 대한 한 · 미 방위공약을 명문화했다.

북한의 핵실험으로 한국과 일본이 핵무장에 나설 수 있다는 관측이 제기되면서 대만의 핵개발 가능성에도 관심이 쏠리고 있다.

대만의 핵무장은 북한 핵보유와 맞물려 동북아 정세와 역학관계에 큰 변화를 가져올 중대 사안임에 틀림없다. 대만이 오랫동안 핵무기 보유를 희망해왔고 극비 핵개발 프로그램을 진행했었다는 것은 국제사회에서도 비밀이 아니다.

1960년대 말 대만은 플루토늄 실험실을 운용하면서 남아프리카공화국에서 100톤의 우라늄광을 수입하고 캐나다에서 연구용 핵 반응기를 반입하여 본격적으로 핵개발에 나섰다. 1981년을 전후하여 이미 대만은 농축 우라늄 추출 기술을 확보했다. 따라서 기술수준으로 보면 대만이 당장 핵무장에 대한 결단을 내리면 단기간 내에 핵무기 몇 개 정도는 쉽게 만들 수 있을 것으로 평가되고 있다.

그러나 대만이 핵무기 개발에 나서는 것은 현재로선 쉽지 않은 것으로 전망된다. 대만의 비밀 핵개발 계획은 1992년 중수로가 미국에 의해 강제 폐기되면서 무산되었다.

IAEA는 2004년 대만에서 4차례의 핵사찰을 실시했으며, 미국도 대만의 원자력발전소의 핵연료를 정기적으로 조사하고 있다. 따라서 모든 핵연료는 미국에서 구입할 수밖에 없는 형편이다.

결국 대만은 미국의 묵인을 얻어야만 대만은 핵무기 개발계획을 추진할 수 있으나, 자주국방의 틀 안에서 미국과 대립할 각오를 하고 정치적 결단을 내린다면 주변국의 핵위협에 맞설 핵무기를 개발할 가능성이 아주 없는 것도 아니다.

이와 같이 동북아 국가들은 당장 핵무기 개발 가능성은 희박하지만 개발능력을 갖추고 있기 때문에 여건만 조성된다면 언제든지 핵개발에 뛰어들 것이다.

## 4. 핵 문제의 전망

한국은 북한 핵무기와 현존하는 핵 프로그램 및 탄도미사일 프로그램의 완전하고 검증 가능한 폐기를 목표로 정책을 추진하고 있다. 이를 위해 6자회담을 비롯한 주변강국과 적극적인 협력을 중심으로 세계 여러 나라와 국제적인 협력을 강화하고 있으며, 북한에 대해서는 핵 폐기와 경제원조를 일괄타결방식으로 접근하고 있다.

이명박 대통령이 2009년 9월 21일 뉴욕에서 공식화한 북핵 일괄타결(grand bargain) 방안이 과거에 추진됐던 북한과의 패키지 딜(package-deal)과 다른 점은 패키지 딜이 부분적 · 단계적 협상전략이었다면 일괄 타결은 원 샷(one shot) 딜이라고 할 것이다. 이명박 정부의 대북정책 기조인 '비핵 · 개방 · 3000 구상'에는 대북자원을 위해 400억 달러 규모의 국제협력자금을 조성하는 방안이 포함돼 있다.

그러나 일괄 타결 시 핵무기 폐기의 대가로 북한이 원하고 있는 한반도 평화체제 구축과 주한미군 철수를 맞바꾼다고 한다면 검증도 하기 힘든 북한의 핵 폐기 속임수에 말려들어 또다시 한국만 손해보고 마는 결과가 될까 우려하는 의견도 많다.

미 행정부의 대북한 정책기조는 확고하다. 미국은 북한의 핵무기 개발을 억제하기 위한 국제적인 활동의 핵심적 역할을 하면서 북한을 회유하고 압박해 왔다. "제1차 북한 핵 위기"를 타개하기 위한 북 · 미 단독회담에서 합의한 내용을 북한이 지키지 않자, "제2차 북한 핵위기" 때에는 북한의 비핵화를 위해 노력해 왔다.

오바마 행정부가 들어선 후에도 부시 행정부와 별다른 대북한 핵정책의 변화가 없자 또다시 핵실험을 감행한 북한에 대해 오바마 행정부는 한반도 정책원칙을 발표하였다.

한반도 관련 4대 정책기조는 첫째, 한반도의 완전하고 검증 가능한 비핵화라는 미국의 목표는 변하지 않는다. 둘째, 북한을 절대 핵무기(보유) 국가로 인정하지 않는다. 셋째, 핵무기나 핵물질이 국가나 비국가단체에 넘겨질 때는 미국과 동맹국에 심대한 위협이 될 것이므로 이런 행동에 대해 상응하는 결과가 뒤따르게 될 것이다. 넷째, 미국은 동맹국을 방어하기 위해 헌신하겠다는 내용이다.

북한은 김정일 집권 후 군부를 중심으로 한 선군정치를 펴고 있으며, 경제난으로 인한 체제 불안정을 극복하기 위해 강성대국을 목표로 주민을 단합시키려 하고 있다.

북한은 1999년 강성대국 구상을 밝힌 이후 매년 단계를 높이다가 목표연도를 2012년으로 못 박았다. 김정일이 자랑하는 강성북한의 핵과 미사일개발은 북한의 사활적 이익이 걸려 있는 문제임과 동시에 북한의 자존심을 지키고 체제를 안정시키는 핵심적인 사업인 것이다. 북한은 관영매체를 통해 핵실험 사실을 공식적으로 확인하면서 자위적 핵 억제력을 강화하기 위한 조치의 일환으로 지하 핵실험을 성공적으로 진행했다고 보도했다.

2009년 10월 5일, 김정일은 원자바오 중국 총리와 회담 시 6자회담에 조건부로 복귀하겠다고 하면서 "한반도의 비핵화를 실현하자는 것은 김일성 주석의 유훈"이라고 거듭 강조하고 "우리 조선은 한반도의 비핵화라는 목표를 실현하기 위해 노력하겠다는 점에 변화가 없다"고 말했다.

북한은 핵무기를 개발하고 핵실험을 하면서도 비핵화를 실현하겠다고 하는 상부적인 말을 천연덕스럽게 하고 있는 것이다.

북한은 '핵개발 포기'라는 미끼로 6자회담의 틀을 깨고 한국을 제외한 가운데 미국과 단독회담을 추구하여 많은 경제적 실리를 획득하려는 시도를 하고 있다.

그러나 북한의 핵 포기 의사를 나타내는 징후는 아직 어디에도 보이지 않고 있다. 북한은 핵개발이 유일한 국가안보수단이라는 인식을 하고 있기 때문에 이를 포기한다는 것은 국가생존을 포기하는 것을 의미한다.

따라서 북한이 협상에 나선다고 하더라도 진정으로 핵개발을 포기하기 위한 것이 아니고 이를 이용하여 국제적인 위상확대와 정전협정 폐기, 경제지원요청 등 정치, 경제적인 이득을 챙기고 지속적으로 핵개발을 할 시간을 벌기 위한 수단일 것이다.

저자소개

## 이동삼

대구대학교 대학원 졸업(교육학 석사), 계명대학교 대학원 졸업(교육학 박사)
육군 3사관학교 16기 임관, 육군소령 전역, 2군사령부 병력동원장교 역임
계명대학교 외래교수 역임
경북과학대학교 법인국장 역임
(현)경북과학대학교 교수, 학과장

**【논문/저서】**

『최신 안보학』 공저
"토론학습을 통한 수행평가 학습방안 연구"
"안보관광 프로그램 연구"
"대학 행정감사에 대한 인식 분석" 등 다수

## 송우근

서울대학교 졸업, 국방대학원 졸업(안보학 석사)
숭실대학교 대학원 졸업(정치학 박사)
ROTC 20기 임관, 육군대령 전역, 한남대학교 학군단 교수부장 역임
홍익대학교 외래교수 역임, 선린대학교 초빙교수 역임
(현)경북과학대학교 외래교수

**【논문/저서】**

『한국정치 특강』 공저, 『북한학 특강』 공저, 『군법개론』 공저
『북한학개론』 공저, 『최신 북한학』 저, 『최신 안보학』 공저
"한국의 핵 문제에 관한 연구"
"북한 군부의 쿠데타 성공에 관한 연구"
"인간 본성과 사회변혁의 관계에 관한 연구"
"합동 C4ISR 체계 구축 방안 연구"

# 최신 안보학

2012년 11월 5일 초판 1쇄 인쇄
2012년 11월 10일 초판 1쇄 발행

공 저 이 동 삼 · 송 우 근

발행인 寅製 진 욱 상

저자와의 합의하에 인지첩부 생략

발행처 백산출판사
서울시 성북구 정릉3동 653-40
등록 : 1974. 1. 9. 제 1-72호
전화 : 914-1621, 917-6240
FAX : 912-4438
http://www.ibaeksan.kr
editbsp@naver.com



값 15,000원
ISBN 978-89-6183-643-2